エキゾチックペットの皮膚疾患

小方 宗次 監訳

文永堂出版

Skin Diseases of Exotic Pets

Edited by

Sue Paterson MA VetMB DVD Dip ECVD MRCVS

RCVS and European Specialist in Veterinary Dermatology
Rutland House Veterinary Hospital, St Helens UK

Blackwell
Science

© 2006 by Blackwell Science Ltd
a Blackwell Publishing company

Editorial offices:
Blackwell Science Ltd, 9600 Garsington Road, Oxford OX4 2DQ, UK
 Tel: +44 (0) 1865 776868
Blackwell Publishing Professional, 2121 State Avenue, Ames, Iowa 50014-8300, USA
 Tel: +1 515 292 0140
Blackwell Science Asia Pty, 550 Swanston Street, Carlton, Victoria 3053, Australia
 Tel: +61 (0)3 8359 1011

The right of the Author to be identified as the Author of this Work has been asserted in accordance with the Copyright, Designs and Patents Act 1988.

All rights reserved. No part of this publication may be reproduced, stored in a retrieval system, or transmitted, in any form or by any means, electronic, mechanical, photocopying, recording or otherwise, except as permitted by the UK Copyright, Designs and Patents Act 1988, without the prior permission of the publisher.

First published 2006

ISBN-10: 0-632-05969-9
ISBN-13: 978-0-632-05969-0

Library of Congress Cataloging-in-Publication Data

Skin diseases of exotic pets / edited by Sue Paterson.
    p. cm.
  Includes bibliographical references.
  ISBN-13: 978-0-632-05969-0 (alk. paper)
  ISBN-10: 0-632-05969-9 (alk. paper)
  1. Exotic animals – Diseases. 2. Wildlife diseases. 3. Pet medicine. 4. Veterinary dermatology. I. Paterson, Sue.
SF997.5.E95S65 2006
636.089'65 – dc22

                                                        2005019311

A catalogue record for this title is available from the British Library

Set in 10 on 12 pt Palatino
by SNP Best-set Typesetter Ltd., Hong Kong
Printed and bound in Singapore
by Fabulous Printers Pte Ltd

The publisher's policy is to use permanent paper from mills that operate a sustainable forestry policy, and which has been manufactured from pulp processed using acid-free and elementary chlorine-free practices. Furthermore, the publisher ensures that the text paper and cover board used have met acceptable environmental accreditation standards.

For further information on Blackwell Publishing, visit our website:
www.blackwellpublishing.com

謝　辞

本書の編集にあたりご助力いただいた同僚，
特に惜しみなく写真を提供いただいた方々に深謝いたします．
また忍耐を強いた Bernie と Emma にも．

献　辞

Richard, Sam and Matt XXX

著者，編集者は，すべての薬剤と投薬量，使用量が正確となるように努めました．
しかし，獣医師は，自国の法で定めている範囲内で使用する責任があります．

薬剤の使用は獣医師の責任で行ってください．

List of Contributors

Mrs Sue Paterson
Rutland House Veterinary Hospital
Director of Dermatology
54 Cowley Hill Lane
St Helens
Merseyside
WA10 2AW

MA, VetMB, DVD, DipECVD, MRCVS
RCVS and European Specialist in Veterinary Dermatology

Simon Girling ················ 第1章, 第2章
Glasgow University Veterinary School
Bearsden Road
Bearsden
Glasgow G61 1QH

BVMS(Hons), CBiol, MIBiol, DZooMed, MRCVS
RCVS Specialist Zoo and Wildlife Medicine

Dr Mary Fraser ············· 第3章～第5章
Veterinary Nursing
School of Acute and Continuing Care Nursing
Napier University
74 Canaan Lane
Edinburgh EH9 2TB

BVMS, PhD, CBiol, MIBiol, CertVD, MRCVS

William Wildgoose ··········· 第11章～第13章
Midland Veterinary Surgery
655 High Road
Leyton
London E10 6RA

BVMS, CertFHP, MRCVS

Ms Gidona Goodman ········ 第6章～第10章
Royal (Dick) School of Veterinary Studies
University of Edinburgh
Hospital for Small Animals
Easter Bush Veterinary Centre
Roslin
Midlothian EH25 9RG

DVM, MSc, MRCVS

Ms Anna Meredith ··········· 第14章～第24章
Head of Exotic Animal Service/Senior Lecturer
Royal (Dick) School of Veterinary Studies
University of Edinburgh
Hospital for Small Animals
Easter Bush Veterinary Centre
Roslin
Midlothian EH25 9RG

MA, VetMB, CertLAS, D200 Med, MRCVS

監訳者序文

　おおよそ30年前とかなり前のことであるが，私がニューヨーク市のアニマル・メディカルセンターに滞在した頃，鳥，ヘビ，カメなどの診察が盛んで，しかもそれらの皮膚の疾患を取り扱っているのに驚いたものである．今でこそ，わが国でもエキゾチックアニマルを専門に扱う獣医師が増え，学会誌にも登場するようになったが，まだその頃，わが国には犬や猫以外のエキゾチックアニマルを診察するのはかなり稀であったからである．

　エキゾチックアニマルの皮膚病についての学会発表を私が初めて見聞したのは，1994年フランスのディジョンで開催された第1回世界獣医皮膚科会議（学会）の場であった．その後，わが国でも多様なエキゾチックアニマルが飼育されるようになり，今では研究会も設立されている．この時期に本書のような皮膚疾患を取り上げた専門書が翻訳出版されることは，機を得ており待望されるものであろう．

　本書は魚を含め，実にバラエティに豊んだエキゾチックアニマルの皮膚病を取り上げている．文章量は控え目でカラー写真が多いことは初学者にとっても理解しやすい．この種の動物の皮膚病の診断と治療には，動物ごとの解剖学や生理学はもとより，習性や飼育環境の知識が重要である．本書にはそのことが強調され，動物ごとに診断治療のポイントを置くべき要点が示されている．ただ，治療法の中には副作用や毒性に注意を払うべきものがあり，参考文献などを再読し，慎重に対応すべき箇所がある．

　本書の訳者お2人はエキゾチックアニマルに造詣が深い．斑目広郎先生は病理学について，また和田新平先生は臨床面での経験が豊かである．そのお2人の知識を駆使し，入念に訳出を進めていただいた．原著にはいくつかの誤植があり，幾度も辞書を捲り慎重を期した用語があった．また，学名については和名がないものがあり，それらについては原文のまま表示した．対象動物の特殊性から，訳出したものに注釈を要するものがあり，随所で訳者が解説を付記している．

　エキゾチックという動物の性格上，まだ獣医学上未解明な部分が多い．したがって，この書を手にされた読者は，本書の内容を基に，研究や経験の情報を取り入れ，より完成度の高い獣医療を行われることを期待する次第である．

2008年3月

小方　宗次

訳者一覧

■ 監 訳 者 ■

小方 宗次（麻布大学獣医学部附属動物病院）

■ 訳　　　者 ■
（訳出順）

斑目 広郎（麻布大学獣医学部附属動物病院）…… 第1節, 第2節, 第4節

和田 新平（日本獣医生命科学大学獣医学部魚病学教室）………… 第3節

目　次

第1節　鳥類の皮膚科学 ……………………………………………………… 1

第1章　鳥類の皮膚の構造と機能 …………………………………………… 3
第2章　鳥類の皮膚検査と診断試験 ………………………………………… 13
第3章　飼い鳥の皮膚疾患と治療 …………………………………………… 20
第4章　猛禽類の皮膚疾患と治療 …………………………………………… 45
第5章　水禽類の皮膚疾患と治療 …………………………………………… 56

第2節　爬虫類の皮膚科学 …………………………………………………… 67

第6章　爬虫類の皮膚の構造と機能 ………………………………………… 69
第7章　爬虫類の皮膚検査と診断試験 ……………………………………… 75
第8章　ヘビの皮膚疾患と治療 ……………………………………………… 84
第9章　トカゲの皮膚疾患と治療 …………………………………………… 97
第10章　カメ目の皮膚疾患と治療 ………………………………………… 111

第3節　魚類の皮膚科学 ……………………………………………………… 131

第11章　魚類の皮膚の構造と機能 ………………………………………… 133
第12章　魚類の皮膚検査と診断試験 ……………………………………… 138
第13章　魚類の皮膚疾患と治療 …………………………………………… 143

第4節　哺乳類の皮膚科学 …………………………………………………… 161

第14章　哺乳類の皮膚の構造と機能 ……………………………………… 163
第15章　哺乳類の皮膚検査と診断試験 …………………………………… 172
第16章　チンチラの皮膚疾患と治療 ……………………………………… 182
第17章　フェレットの皮膚疾患と治療 …………………………………… 191
第18章　スナネズミの皮膚疾患と治療 …………………………………… 206
第19章　モルモットの皮膚疾患と治療 …………………………………… 216

第 20 章　ハムスターの皮膚疾患と治療 ……………………………………… 233
第 21 章　ハリネズミの皮膚疾患と治療 ……………………………………… 246
第 22 章　マウスの皮膚疾患と治療 …………………………………………… 257
第 23 章　ウサギの皮膚疾患と治療 …………………………………………… 269
第 24 章　ラットの皮膚疾患と治療 …………………………………………… 291

索　引………………………………………………………………………………… 303

第1節

鳥類の皮膚科学

第1章
鳥類の皮膚の構造と機能

鳥の皮膚層についての記載

　鳥類の皮膚は2つの主要な層で構成されている（図1-1と図1-2）．
- 表　皮．
- 真　皮．

　全体としての皮膚の厚さは皮膚領域間でばらつきがある．羽毛のある皮膚は，所々で，わずか3あるいは4層の厚さのことがある（図1-3）．これに対して，羽毛で覆われていない脚のような領域では皮膚は多層性である（図1-4）．

　外層が硬質のケラチン構造で構成される脚の脚鱗や距(ケヅメ)は，換羽することはなく，徐々に摩滅していく．外層が軟質のケラチン構造で構成される皮膚，肉冠（鶏冠）と肉髯（肉垂れ）では外層が分離する．通常，これは換羽と同じ時期に起きる（p.11参照）．詳細な羽毛の消失パターンは鳥の種類と品種によりさまざまである．

表　皮

- 対応する哺乳類と対比して表皮層は薄い．
- 最下層は基底膜である．
- 胚芽細胞層が成熟し外側の角質層を形成する細胞を産生する胚芽細胞層内では，構成細胞を3つの異なる層に細分割することが可能性である．
  - 基底層（基底膜直上層）．
  - 中間層では，構成細胞が基底層の細胞より大きく，デスモゾームで連結し多角形を呈する．
  - 移行層では，構成細胞は高度に分化して角化徴候を示すが，細胞内のケラチン顆粒は，光学顕微鏡下では，鳥類の皮膚では哺乳類の皮膚ほどには明らかではない．
- 角質層では，硬質あるいは軟質ケラチンのどちらにもなる空胞化し扁平化した細胞を含む－軟質ケラチンは剥離し，硬質ケラチンは保持される．

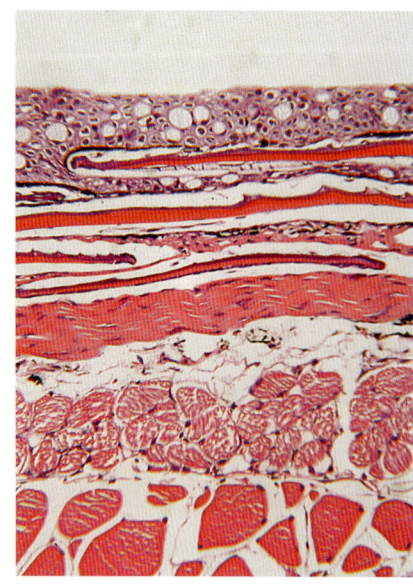

図 1-1 鳥の皮膚の組織切片.

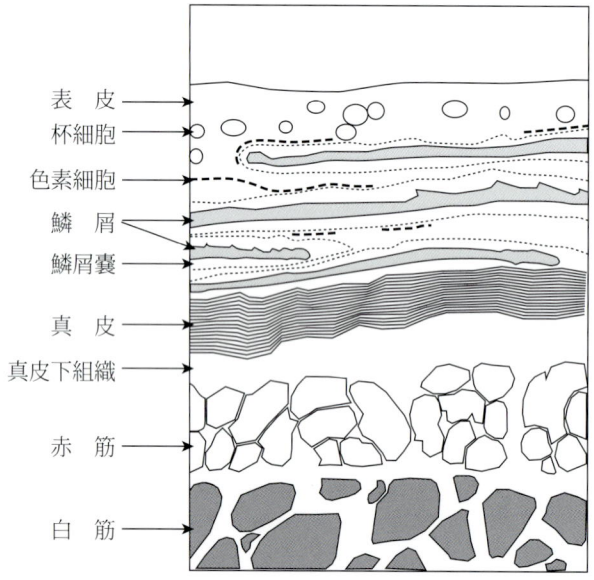

表　皮
杯細胞
色素細胞
鱗　屑
鱗屑嚢
真　皮
真皮下組織
赤　筋
白　筋

図 1-2 図 1-1 の模式図.

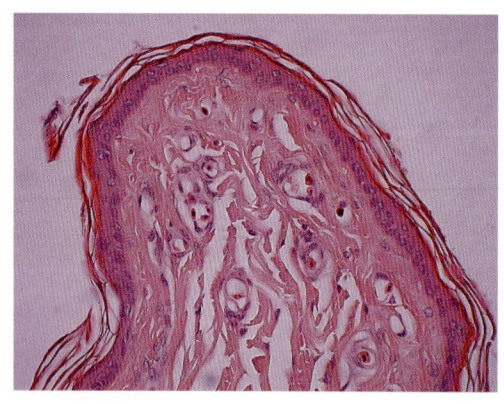

図 1-3 鶏の羽域の皮膚.
（原図：C. Knott MRCVS）

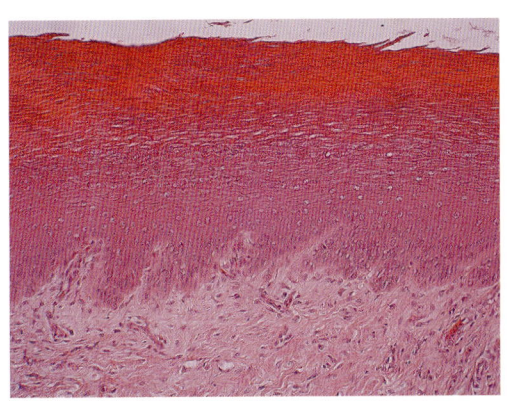

図1-4 鶏の脚の無羽域の皮膚.
（原図：C. Knott MRCVS）

真　皮

- 真皮は表層部と深層部に区別される.
  - 深部真皮はさらに緻密層あるいは疎性層として記載されることがある. 疎性層は最深部に位置し，加えて，筋肉と脂肪領域を含む下部の構造に付着する.
- 真皮全体に腱を形成する弾性線維が存在する. 前述の腱は羽毛を動かす筋肉に付着する.

真皮下構造物

- 真皮の下には弾性組織と結合組織が存在し，下部組織の可動性と付着性の両方を可能にしている.

その他の構造物

- 鳥類の皮膚には汗腺がないので，高熱になりやすい傾向にある. 鳥類の皮膚で腺が見つかるわずかな領域は尾腺，総排泄孔周囲腺（粘液を分泌）と耳道腺のある領域である. しかしながら，表皮細胞は脂肪物質を含み，皮膚それ自体が分泌器官として記述されていることがある.

特殊構造物

肉冠（鶏冠）

　肉冠の組織は血管の供給が非常に良い.
　解剖学的に肉冠は以下のように細分割できる.
- 基部（頭部に付着する部位）.
- 体部（中心部）.
- 先端部（背側突出部）.
- 翼部（後部）.

肉冠は全ての鳥類にみられるわけではないが，鶏では通常みられる．

肉髯

肉髯(肉垂れ)は家禽の多くの品種で顎の下部に見い出され，以下の成分から構成されている．
- 厚い表皮．
- 血管に富む真皮．
- 洞様毛細血管．

前頭部突起/スヌード（snood, 肉質の突起）

前述の構造は七面鳥の鼻領域の背側に見い出される．血管供給に富むので劇的に長くなる可能性があり，求愛行動表現に利用される．

肉阜

七面鳥の頭部と上頸部にみられる複数の皮膚突出部．

蝋膜

蝋膜はいくつかの種類の鳥で上嘴の基部にみられる．
- 蝋膜は角化上皮細胞層で構成される．
- いくつかの種類の鳥では蝋膜は雌雄鑑別に利用される（特にセキセイインコ）．
- 疾患によっては蝋膜の変色の原因となる．
- 蝋膜では三叉神経からの感覚神経終末がよく発達している．

抱卵斑

いくつかの種類の鳥では雌雄ともに胸部領域で抱卵斑が認められる．
- 抱卵斑の真皮は肥厚している．
- 抱卵斑の真皮では血管が高度に発達している．
- 体のほかの部位と比較して羽毛がまばらである．
- 抱卵時には，抱卵斑は孵卵中の卵に熱が伝導するように多量の血液供給を受ける．

脚

脚の皮膚には通常は被覆する羽毛はないが，いくつかの種類の鳥では羽毛がある．大部分の種類の鳥では，表皮は肥厚し，脚鱗となり，脚を保護する．
- 大鱗は大型の鱗で，中足骨の前方部表面と趾端部の背側表面にみられる．
- 小鱗は大鱗より小型で鶏の中足骨の後側部表面にみられる．
- 網様鱗（reticula）は認識可能な最小の脚鱗である．
- 細網鱗（cancella）は微小の脚鱗で細網鱗間にみられる．

鉤　爪

　鉤爪は脚上（図1-5）に存在するが，ダチョウやレアなどいくつかの種類では翼にも存在する．解剖学的には犬や猫の爪に類似する．

嘴（図1-6）

　上嘴と下嘴は角化した角鞘として知られる角のように硬い物質で覆われる．
- 角鞘は角化物質で，厚い角質層に相当し，角鞘に強度を与えるリン酸カルシウムとヒドロキシアパタイトを含む．
- 真皮が角鞘に存在する．真皮には血管がよく発達し，下部に位置する骨骨膜に付着する．
- 特に三叉神経からの大型の感覚終末が嘴内に存在する．

尾腺／皮膚分泌

　尾腺は尾の基部にみられる二葉性のホロクリン腺である．
- 全ての鳥類にみられるわけではない（例えば，エミュー，数種類のオウムとガンには尾腺

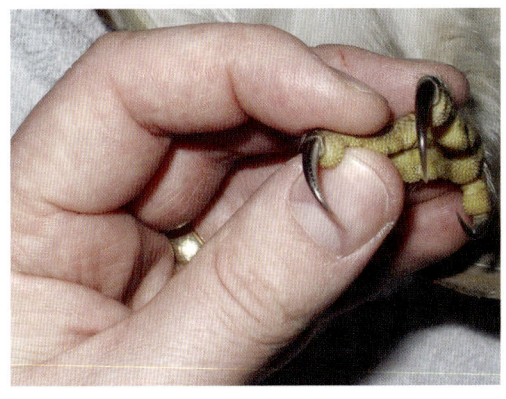

図1-5　メンフクロウ（Barn Owl，別名：納屋フクロウ）の鉤爪．

図1-6　チゴハヤブサ（*Falco subbuteo*）の嘴．

はない).
- 尾腺を欠くことは羽毛の防水効果を減弱させるものではない.
- 尾腺は尾腺管を介して開口する2個の葉で構成される．大部分の種類では単一の細長い開口部であるが，最大8個までの開口部が存在することがある．乳頭は通常は羽毛で覆われていないが，少数の綿毛が乳頭先端部に見い出されることがある（尾腺輪または尾腺毛として知られる）.
- 尾腺は脂肪，脂腺物質を分泌するので，羽毛の保護と防水には重要と考えられている．前述の分泌物は，細菌と真菌の発育を阻止し，皮膚の保湿性と羽毛の柔軟性を維持する．ビタミンD前駆体の供給源である可能性があることも示唆されている.
- 羽繕いは羽全体の前述の分泌物の分布に重要と考えられる．羽繕いは羽毛の小羽枝相互の組合せと防水性の確保にも必要である.
- 表皮の細胞は脂腺物質も含んでいる．鳥類の皮膚は脂腺物質を分泌する腺を含んでいないが，皮膚自身が皮脂腺物質の供給源として機能する.

翼状

翼状（patagia）は扁平な膜様の構造で，翼部，頸部，脚部と尾部が体部と連結する部位に見い出される.
- 翼状は鳥類の部位に関わらず必ず存在する．これと比べて水かきは特定部位の翼や脚の皮膚領域に存在する.
- 翼状は，しばしば潰瘍性皮膚炎に罹患する部位として重要である.

羽（毛）

- 羽の配列にはパターンがあり，正羽域として区別される一定の区域に生える.
- 正羽域間の皮膚領域は無羽域として区別される.
- 鳥の種類と同一種内でも品種により特定の羽域があり，体の異なる領域ごとに特定の名称が与えられている〔詳細に関してはLucas & Stettenheim（1972）参照〕.

羽（毛）の型

- 雛綿羽（幼綿羽）は初めに雛を覆い，綿羽で構成される．通常は孵化後の時点に存在し，雛綿羽は幼羽によって押し出される.
- 幼羽は正常の羽の形態を呈するが，成鳥の羽よりも小型で細い.
- 羽鞘（外鞘）は羽包から羽毛が発育する時に羽毛を覆い，前述の羽毛は筆毛（pin feather，血毛）と呼ばれる．羽鞘は破裂し羽枝が放出される.
- 成鳥羽は第3回目の換羽の時に出現し，構造，機能と存在する身体の部位により2つの異なるタイプに分けられる.
    - 正羽（大羽）は優勢な羽で，翼と躯幹に存在する主要な羽である．正羽は正羽域に存在し，

図 1-7　アオサギ（蒼鷺，grey heron）の翼の飛翔羽．

図 1-8　メンフクロウの尾羽．

羽のない領域（無羽域）で区切られる．
● 翼の飛翔羽（風切羽と尾羽の総称）は風切羽としても知られ，前肢末端部の初列風切羽と前腕部（前肢近位部）の次列風切羽に分けられる（図 1-7）．尾の飛翔羽は尾羽として区別される（図 1-8）．風切羽と尾羽の基部を覆う羽毛は雨覆として区別される．

羽の構造

正羽について記述し，他の羽の型をこれと比較する．羽は毛髪と比較して高度に発達している．

● 羽毛は真皮内の羽包から発育する（図 1-9）．羽包は構造的に哺乳類の毛包に類似する点が多い．羽毛が羽包に付着する点には真皮羽乳頭が羽の基部から内部に突出し，成長中の羽毛は血液供給を受ける．
● ハーブスツ小体（herbst corpuscle）は羽包の基部に見い出される．振動を感知する．羽包の基部には断熱効果を増すために羽毛を立てるための平滑筋も存在する．
● 羽軸根は羽の羽包に付着する部位である．成長中の羽では羽軸根は中胚葉成分と羽軸動静脈を含む．羽毛が成熟すると，前述の中胚葉組織と血管は変性し羽軸根は空虚となる．しかし

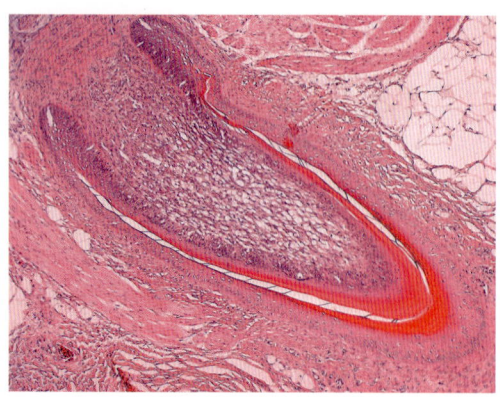

図 1-9 鶏の羽包の組織像.

ながら，髄帽と呼ばれる区画は断片化されて羽軸根に残存する．羽包の底では真皮羽乳頭が下臍として知られる羽軸根の先端部内に入り込む.

- 羽軸は羽の主軸をなす．羽軸が羽軸根に付着部位は上臍として区別される髄帽である．上臍にはより小型の羽が付着していることがあり，後羽として区別される．羽軸の両側には羽枝として区別される突出した構造があり，それから小羽枝として知られる突起が出ている．全てではないが大部分の小羽枝には小鉤として区別されるフックがあり，羽枝と小羽枝を連結している．羽枝と小羽枝は組み合わされて羽軸の片側の羽弁となる.

異なる羽毛型の物理的特徴

綿　羽 down（幼芽 plumules）	微細な羽毛で羽枝に付く小羽枝はない.
毛状羽 filoplume	個々の正羽の羽包に近接してみられる．遠位端に羽枝または小羽枝の房をもつ長い軸部がある.
剛羽毛 bristle	この種の羽は羽枝がほとんど全くなく，非常にしっかりした羽軸を有する．嘴の基部や眼球周囲にみられ，感覚小体を包囲する.
粉綿羽 powder	粉綿羽は羽毛の防水性に重要な微細なケラチン顆粒を剥離する.
半綿羽 semiplume	半綿羽は綿毛で覆われた羽弁をもつ大型の羽軸を有する（図1-10）．正羽の下部に存在し断熱に重要である.

皮膚と羽の色あい

皮膚と羽の色は発生中に沈着した色素沈着（化学色）と光の吸収と反射を制御する羽の構造（物理色）により決定される.
- メラノサイトは褐色，黄色と黒色のメラニンを産生し，羽と表皮の両方に存在する.
- カロチノイドとキサントフィルは赤色と黄色色素を産生するが，餌料から供給され羽包に沈着し，尾腺からの分泌物に存在することがある.

図 1-10 後羽（after feather）から突出する半綿羽（semiplume）．

- ポルフィリンなどの他の色素と構造色も鳥の色の決定に寄与する．
- 尾腺色素は羽の色に寄与することがある．腺からの脂肪は光の反射に影響することがあり，羽に虹色の輝きをもたらす．

換　羽

　換羽（**訳者注**：飼鳥用語では，換羽）は全ての鳥類で起きる．大部分の鳥類では換羽は年1回で，毎年，繁殖期の後に換羽が起きる頻度が高い．しかし，一部の種類の鳥では換羽は明らかではなく，少数の羽が周年にわたって抜け落ち，また別の種類では換羽は2年に1回で，種類によっては1年間に3回まで換羽が起きることがある．換羽は新しい羽が発育し，羽包内の古い羽が押し出されることで起きる．換羽は通常は以下のような明らかな羽毛消失パターンを取る．
- 翼基部の初列風切羽（主翼羽，第一翼羽）が最初に抜ける．羽の消失はほぼ半数の初列風切羽が抜けるまで遠位部に向かって進行する．
- 次列風切羽（副翼羽，第二翼羽）が遠位部から近位部に向かって抜ける．
- 軟羽が次に抜ける．
- 尾羽ははじめに正中線から失われ，側方に進行する．
- 粉綿羽は連続的に生え替わる．

　換羽頻度に依存して，1羽の鳥が数回の異なる換羽時の羽毛で覆われていることがある．しかし，多くのカモ類にみられるように，一度に多数の羽毛が失われた場合は，新たな羽毛が生えるまでは飛べなくなる可能性がある．

換羽に影響する要因

　換羽の時期には多数の因子が影響すると考えられ，換羽の時期は複合する異なった因子により決定されると仮定するのが妥当である．
- 環境因子には光周期，温度，栄養，湿度とストレスがあげられる．
- ホルモン性の誘発因子は，甲状腺ホルモンである T_3 と T_4 に焦点があてられる傾向にある．T_4 は羽毛乳頭の発育を刺激する．新しい羽毛の発育は古い羽毛が抜け落ちる原因となるため，T_4 の増加は羽毛の消失と関連する．このことは新しい羽毛の発育と同時に起きる傾向にある T_3 の増加と対比される．カテコールアミンやプロラクチンなどの他のホルモンの増加も換羽と関連する．

参考文献

Lucas, A.M. and Stettenheim, P.R.（1972）*Avian Anatomy − Integument. Parts* I and II, *Agriculture Handbook 362*. US Government Printing Office, Washington DC.

第2章
鳥類の皮膚検査と診断試験

はじめに

鳥類の皮膚疾患には多彩な型が存在する可能性がある－異常な羽毛の発育，毛引きおよび羽むしり，羽毛間の皮膚の炎症，あるいは嘴あるいは鉤爪の異常．どの鳥類の皮膚障害でも一連の基本的検査は犬または猫と全く同じである．詳細な病歴と臨床検査の重要性に関してはいくら強調しても，強調しすぎるということはない．検査をすべき主要領域を以下にあげる．

病　歴

- 病鳥の年齢と性別．
- 主訴は何か．
- 発症期間．
- 肥育羽数／罹患羽数．
- 病鳥をどこから導入したか．
- 飼い主はどのくらいの期間飼育しているか．
- 通常の餌は何か．
- 病鳥は正常に餌を食べているか／飲水しているか．
- 病鳥は正常に排泄しているか．
- 何らかの体重減少はあるか．
- 病鳥は何回換羽したか／換羽は正常に行われたか．
- 病鳥は羽毛あるいは患部領域を咬んでいないか．
- 病鳥の飼育されている囲いの型（図2-1）－屋内か屋外か．
- 家の中で飼育している場合，どこで飼われているか．
- 病鳥は長時間にわたって孤独ではないか．

図 2-1　屋内で飼育されているのか，屋外で飼育されているのか．

臨床検査

臨床検査を実施する場合に網羅すべき要点．
- 体　調．
- 患　部．
- 羽毛の状態，換羽は完了しているか．
- 一般臨床検査．
- 皮膚科学的検査．

次に皮膚の病態に則して実施すべき特定の試験を行う．

羽毛検査

- 羽毛異常は病鳥の臨床検査ですぐに明らかとなることもあるし，異常がより微妙なために，顕微鏡的評価が必要となることもある．羽毛と羽柄の正常顕微鏡形態を知ることが重要である（図 2-2，図 2-3）．全ての皮膚の病態が羽毛に影響するわけではないが，羽毛異常または障害が多くの病態でみられる可能性がある．
- 全般的な鳥の外貌：全ての羽毛がその鳥固有の正常な形態，大きさおよび色合いを示して

図 2-2　羽毛の正常な顕微鏡学的形態像．

図 2-3　羽軸の正常な顕微鏡学的形態像.

いるかどうかを評価する必要がある．換羽が起き，完了していること．羽毛は障害されていないか．病変分布も記録すべきである．例えば，鳥の頭部周辺の羽毛が失われている場合は，毛引き症が原因である可能性は低い．

● 個々の羽毛の検査をその後に実施する．病態に従って，個々の羽毛の検査としては，十分に発育した羽毛あるいは筆毛の検査をあげることができる．羽毛は覚醒状態のあるいは鎮静下の鳥から手で引き抜く．外部寄生虫の存在，侵食跡（fret marks，**訳者注**：羽が成長している間に羽軸，羽弁に生じた脆弱部分）または咬みとられた領域を羽毛の拡大鏡または顕微鏡検査で確認することが可能である．もし顕微鏡検査のため，羽毛をスライドグラス上に載せようとするのであれば，羽毛を薄切し切片にするほうがよい．

羽髄細胞診

羽軸根内容物を羽包の感染の有無を見い出すために検査する．

● 第一に選択した羽周囲皮膚に無菌的に塩酸クロルヘキシジンを投与し，羽を注意深く引き抜く．
● 羽軸根は羽の残りの部分から切り離し 2 枚のスライドグラスを用いて押しつぶす．別の方法として，羽軸根内容物をメスの刃で取り出すことも可能である．
● 一度スライドグラス上に塗抹したら風乾し，グラム染色（細菌検査のために）するか，ディフ・クイック（Diff Quik®）染色（細胞診検査のために）する．細菌，炎症性細胞，封入体，酵母と皮膚糸状菌を上記の方法で見い出すことが可能である．
● 羽軸根全体を培養と感受性試験のために検査機関に送ることも可能である．

羽毛消化法

羽軸ダニ（quill mite）は羽髄検査では発見するのが困難なことがある．

● ダニの同定率を向上するために，羽柄を 10％水酸化カリウム（KOH）内に浸漬し，多少加熱し，その後遠心することで，ダニがより見つけやすくなることがよくある．どんなダニも遠

心沈渣の顕微鏡検査で見い出されるはずである．

患部の培養と感受性試験のための採材

- 全ての皮膚病変は細菌培養と感受性試験のためのサンプリングが可能である．
- 汚染を避けるために羽毛を抜いておくほうが望ましく，あるいは表面のスワブを採取するよりは感染組織の生検が望ましい．しかしながら，潰瘍性皮膚疾患のように患部組織から容易にサンプルが採取できる場合には，綿棒を滅菌生理食塩水に漬けて皮膚スワブをとることにより，患部表面の細菌，酵母を検出することが可能である．

粘着テープ法検査

- 粘着テープ法検査は外部寄生虫，酵母と細菌感染を見い出すのに用いることが可能である．汚染物を病原体と混同することのないように留意すべきである．
- アセテートテープを皮膚に貼り付けディフ・クイック（Diff Quik®）染色する．鳥の皮膚は犬や猫の皮膚と比較してずっと薄いので，強く押し付けすぎると皮膚が傷害される可能性がある．

押捺塗抹法

- 湿性病変の押捺塗抹は表在性のフローラ（細菌叢）を見い出す迅速な方法となる．しかしながら，粘着テープ法についても，汚染菌を観察する理想的な方法である．粘着テープ法は皮膚潰瘍性疾患等の病変のサンプリングには有用な方法である．

生検法

- 一般に全身麻酔が必要である．
- 表面細胞と生体情報が除去されるので，サンプリング前に患部を洗浄すべきではない．
- 鳥の皮膚は犬や猫の皮膚と比較してずっと薄い．本章の著者はより長い皮膚切片を採取するためには，生検パンチよりもメスを使用する．もし生検パンチを使用した場合は，アセテートテープを生検部位を覆うように貼ると，サンプルと周囲組織の構造を維持することが可能である（Nett ら，2003）．鳥の皮膚の解剖に従えば，腱のネットワークが皮膚を走行し，もしテープを貼らずに皮膚を除去した場合は，周囲組織が収縮し，大きな穴が開く可能性がある．異常組織と隣接正常組織の一部からなる切片を採取することが重要である．
- 皮膚はホルマリンに浸漬する前に，皮膚辺縁がねじれないように厚紙に貼り付けるべきである．生検標本は羽包を含んでいるほうがよい．

皮内皮膚試験法

- 鳥類がアレルギー性皮膚疾患に罹患するかどうかは大いに議論があるところである．大型鳥では皮内皮膚試験を実施することが可能だが，鳥の種類によっては，オウムのように，皮膚

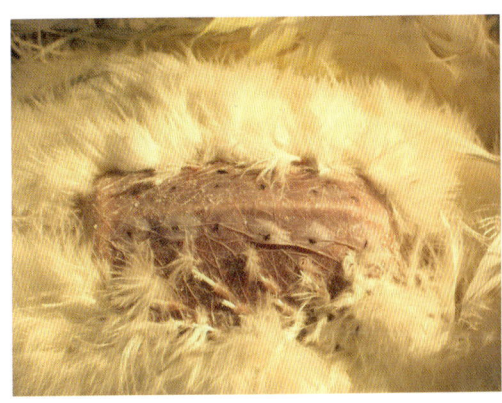
図2-4 鳥の皮内アレルギー試験.

が非常に薄く27ゲージ針が必要である−それでも皮下に注射しないようにするには熟練を要する（図2-4）．
- Columbiniらの研究（2000）では，ヒスタミンは鳥類の場合には良好な陽性コントロールとはならず，その代わりに1：100,000w/v希釈でリン酸コデインを使用すべきであるとしている．
- 解釈が難しい可能性がある．皮膚が薄いので，原因となる抗原に対する炎症性反応は非常に軽度で陽性反応が存在するのかどうかを判断するのが非常に難しい．

採血法

血液サンプルは精密な臨床検査に重要である．毛引き症の鳥あるいは痛風などの症例でみられる痛みのある領域周辺の羽をむしり取る鳥には皮膚科学的病態を引き起こす肝臓疾患あるいは腎臓疾患等が存在することがある．
- 血液サンプル採取は鳥の種類ごとに異なった血管から採取可能である．一般に体重の1％までの血液が採取可能で，セキセイインコでは，実際のところ，多量には採血できない．繰り返すが，鳥の種類によっては血液採取の前に麻酔をする必要がある．
- 25ゲージ針を使用して右頸静脈からの採血が一般に用いられる（図2-5）．キジ目とガン・カモ目では内側足根静脈，猛禽類と鳩目では尺側皮静脈が利用可能である（図2-6）．いくつかのテキストでは小型の鳥からの採血に足用の爪切りを用いることが記載されているが，止血が困難で，得られるサンプル量が少ないので，避けるべきである．
- 鳥類の血液細胞は脆弱なので，塗抹は血液採取時に作成し，血液サンプルとともに検査機関に送るべきである．血液検査用のサンプルには通常はEDTA（エチレンジアミン四酢酸）を添加し，血液生化学用のサンプルにはヘパリンを添加するが，鳥の種類によってはヘパリンを添加したサンプルが血液検査用にも必要である．個々の検査機関と連絡を取り，サンプルをどのように保管すべきかを決める．
- 検査機関と連絡を取ることは，鉛あるいは亜鉛値測定あるいはホルモン測定などの特別の

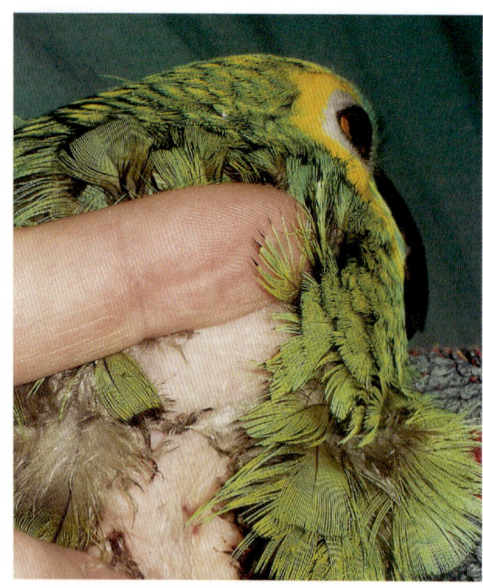

図 2-5　右頸静脈穿刺部位.

図 2-6　尺側皮静脈および尺骨静脈穿刺部位.

試験を実施するには必要である.

　測定すべき一般的なパラメータのいくつかを表 2-1 に示した.

画像診断法

● 皮膚疾患が全身性障害の主徴候であることがある．X 線検査は，毛引き症の原因となるアスペルギルス症および前胃拡張性疾患のような病態を診断するのに重要となる可能性がある．

雌雄鑑別／体腔鏡検査法

● 内視鏡検査では鳥の性別（抱卵したがっている雌鳥が，その結果として羽の障害を起こしているのに対処するには有用）およびアスペルギルス症等の異常が明らかになる．

表 2-1　血液サンプルにおける主要な生化学的パラメータ

パラメータ	適応症
胆汁酸	肝臓機能を示唆する
アスパラギン酸アミノトランスフェラーゼ（AST） 乳酸脱水素酵素 クレアチンホスホキナーゼ（CPK）	肝臓と筋肉障害の指標．AST は肝臓と筋肉障害で見い出されるが，CPK は筋肉でのみ認められる
尿酸	腎臓機能
カルシウムとリン	腎臓機能，栄養欠乏またはヨウムの低カルシウム血症症候群
総蛋白質	栄養と肝臓機能

胃 - 腸内容の検査法

- そ嚢の洗浄液はそ嚢の内容を調べるために利用可能である．そ嚢領域一帯に毛引き症がある鳥のそ嚢洗浄液またはスワブでは，トリコモナスあるいはカンジダが同定される可能性がある．
- 糞便の塗抹標本の検査では正常，異常腸フローラを示すことが可能である．多数のグラム陰性菌あるいは出芽中の酵母は病的意義があり，治療が必要な状態を示唆する．
- 寄生虫同定のために糞便サンプルの採取と糞便直接検査あるいは糞便浮遊検査/糞便沈渣検査が用いられることがある．例えば，毛引き症の鳥では，*Ascaris platycerca* あるいは腸の吸虫が寄生している可能性がある．

羽毛切片の電子顕微鏡検査法

- あまり一般的ではない羽毛の診断手技として電子顕微鏡検査があげられる．電子顕微鏡検査は羽軸内のダニの同定のための羽軸根の検査を可能にするが，前述のダニが存在することの真の意義については議論がある．

参考文献

Columbini, S., Foil, C.S., Hosgood, G. and Tully, T.N.（2000）'Intradermal skin testing in Hispaniolan parrots（*Amazona ventralis*）'. *Veterinary Dermatology* 11:271-276.

Nett, C.S., Hodgin, E.C., Foil, C.S., *et al.*（2003）'A modified biopsy technique to improve histopathological evaluation of avian skin'. *Veterinary Dermatology* 14:147-151.

第3章

飼い鳥の皮膚疾患と治療

外部寄生虫

ダ　ニ

　飼い鳥の外部寄生虫で最も重要なのはダニ〔mite，**訳者注**：小型ダニ．比較的体の大きなマダニ（tick）に対する用語〕である．ダニは以下のものに分けられる．
- 皮膚ダニ．
  - 皮膚潜伏性ダニ－トリヒゼンダニ科〔トリヒゼンダニ（*Cnemidocoptes pilae*）〕，ヒョウヒダニ科．
  - 表在性ダニ－ワクモ科〔ワクモ（*Dermanyssus gallinae*）〕，オオサシダニ科（トリサシダニ属）．
- 羽毛ダニ．
- 羽軸（根）ダニ．

皮膚ダニ

皮膚潜伏性ダニ－トリヒゼンダニ科

鳥疥癬　鱗状嘴症/鱗状脚症（scaly leg）または房状脚症（tassle foot）（トリヒゼンダニ属）
原因と病理発生
　鱗状嘴症（scaly beak）は，トリヒゼンダニ科のトリヒゼンダニが初めに蝋膜に感染した時に，セキセイインコ（*Melopsittacus undulatus*）で頻繁にみられる．主に羽包と顔面と脚のと角質

---

sp. は属名の後に続く場合，「～属の一種」を，spp. は「～属内の複数の種」を，ssp. は亜種を指す．

層に感染する．ダニは通常，孵化直後の雛に感染し，その後，潜在感染状態で存在するが，成鳥間に広がることがある．そのライフサイクルは3週間で，全期間を宿主の皮膚で過ごす．

臨床徴候

このダニは痂皮の増量を引き起こし，皮膚は小孔形成（図3-1と図3-2）によって，しばしば蜂巣状となる．アオハシインコ（red-fronted parakeet）の症例では，全般的な羽毛消失徴候を示した．他のトリヒゼンダニ（*Cnemidocoptes* spp.）のダニでは，フィンチ類等のツグミ科の鳥で，足と脚の角化亢進性病変を引き起こすことがある．臨床的には，本疾患は，免疫抑制，栄養不良（例えばビタミンA欠乏症）または併発する感染性疾患の結果として起こると考えられている．

診断と治療

- 診断は，典型的な円形の体の外周を越えて突出していることのほとんどない短い円錐状の脚を有する丸い寄生虫を，皮膚搔爬標本内に見い出すことで可能となることがある．ダニは，時折，病理組織切片（図3-3）上でも同定可能である．
- 治療は，プロピレングリコールで1：10に希釈した0.2mg/kgのアイバメクチンを1週間に1回で3回塗布するか，あるいは皮下に1回当たりアイバメクチン0.2mg/kgを投与し，

図3-1　トリヒゼンダニの寄生した顔（原図：J.D. Littlewood）．

図3-2　トリヒゼンダニの寄生した脚（原図：J.D. Littlewood）．

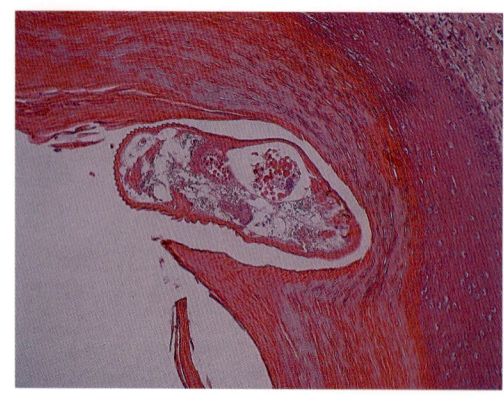

図 3-3　鶏の落屑性の脚の病理組織切片にはダニが認められる（原図：C. Knott）．

7〜10日間隔で3〜6回反復することを基本とする．別にビタミンA欠乏症などの障害がある場合は改善すべきである．

皮膚潜伏性ダニ−ヒョウヒダニ科

トリ皮膚ダニ（羽ダニ，ヒョウヒダニ科）

原因と病理発生

　この種のダニ寄生は飼い鳥では比較的まれである．ダニは角質層に潜み，潜伏中の洞内で見つかることがある．羽ダニ（depluming mites）寄生によるワタボウシミドリインコ（*Brotogeris pyrrhoptera*）と，未同定のダニによるベニコンゴウインコ（*Ara chloroptera*）の症例が報告されている．

臨床徴候

　通常，体部と頭部の二次的な自己外傷を伴う痂皮と鱗屑徴候の原因となる．翼と脚に及ぶ，皮膚の剥離，痒みと羽毛消失の原因となることがある．

診断と治療

　診断には卵円形のダニを同定するために必要な皮膚掻爬標本を作成する．多くの種で脚の末端部には鉤爪のような突起を有し，卵は腎臓型である．

　上記のベニコンゴウインコ症例の治療では，アイバメクチンに無反応であった（Reavillら，1990）．

表在性ダニ−ワクモ科

ワクモ

原因と病理発生

　この吸血性ダニは，その生活環の大部分を宿主から離れて宿主の環境中の裂け目や割れ目に潜んで過ごす．ワクモは夜間の吸血時にのみ，宿主で発見されるのが普通である．

図 3-4 ワクモ（*Dermanyssus gallinae*）．

臨床徴候

皮膚病変はまれだが，丘疹状の皮疹が起きることがある．臨床徴候はカナリア類では脚刺激に関連するが（Lupu，1992），より一般の影響は，その吸血能に関連する貧血や，皮膚刺激による過剰な羽繕いである．

診断と治療

診断は，このダニが宿主から離れて生活するという性質のために困難である可能性がある．ダニは卵円形の体形と長い脚（図 3-4）により同定可能である．

治療は，ペルメトリン／ピリプロキシフェンスプレー（Indorex®，Virbac）を鳥の飼育環境に散布することとケージと局所の環境を厳重に清掃することを基本とする．

表在性ダニ－オオサシダニ科

トリサシダニ

原因と病理発生

トリサシダニ（*Ornithonyssus* spp.）は，飼い鳥ではまれな吸血性外部寄生虫である．小型齧歯類が偶生宿主（付随宿主）となる可能性がある．生活環として，トリサシダニは終生，宿主に寄生する．

臨床徴候

羽毛は，灰黒色に変色し，しばしばもつれたようになる．皮膚は，肥厚し，鱗状になることがある．ダニが活発に吸血すると貧血が起こることがある．

診断と治療

診断には患部領域の皮膚掻爬標本を作成する．ダニは卵円形で，長く突出した脚を有する．治療にはアイバメクチンが有効かもしれない．

羽毛ダニと羽軸ダニ

羽毛ダニ

原因と病理発生
Protolichus lunula 等の羽毛ダニは翼と尾羽の羽髄間で生活し，*Dubininia melopsittaci* はセキセイインコの体部で生活する．ダニが仮に多数寄生している場合，あるいは宿主が免疫抑制状態になければ，通常は無症状である．

臨床徴候
多数のダニが存在すると，灰色 / 褐色調の色合いを帯びた羽毛が生え，鳥は自らを傷付ける可能性がある．

診断と治療
診断は，羽毛を直接顕微鏡で検査することによって可能である．治療は通常必要でないが，ペルメトリン（例えば，Harker's Louse Powder®, Harkers）またはピペロニルブトキシド / ペルメトリン（例えば，Ridmite Powder®, Johnson）で実施可能である．

羽軸ダニ

原因と病理発生
羽軸ダニ（ウジケダニ科 Syringophilidae）は羽包の組織液を餌としている．採餌活動に起因して羽毛が脆弱化することがある．羽軸（根）壁ダニ（Laminosioptidae, Fainocoptinae）は羽柄の外側を餌としているので，羽鞘の角化亢進の原因となる．

臨床徴候
この種の寄生虫の大部分は少数しか寄生せず，発病することはない．しかし，衰弱した鳥においては，または，多数寄生において，臨床徴候がみられることがある．鳥は痒みの所見を示し，寄生を受けた羽を抜く．

診断と治療
診断には羽毛の直接顕微鏡検査あるいは消化標本検査が有効である．治療が必要であれば，羽毛ダニと同様である．

内部寄生虫症

ジアルジア症

原因と病理発生
原因は小腸の原虫性内部寄生虫であるジアルジア属である．

臨床徴候
ジアルジア症はオカメインコ（*Nymphicus hollandicus*）の胴全体の毛引きとビタミン E 欠乏

症に関連してよくみられる．オカメインコとボタンインコの翼の羽弁の自損傷の原因としても記録されている．

診断と治療

診断は，糞便標本をヨウ素またはカルボールフクシンで染色し顕微鏡検査によってなされる．

治療は 20mg/kg メトロニダゾールを経口で 1 日 2 回，7 〜 10 日間投与することを基本とする．1 週間に 1 回，0.06mg/kg のビタミン E サプリメントを筋肉内投与したことが記録されている．

皮膚外傷

咬傷は，グループで飼育されているオウム（図 3-5），特にコッカトウ（訳者注：オーストラリア地域に分布するオウム科の鳥の総称）で，頻繁にみられ，雄は雌の仲間の鳥に対して過剰に攻撃的になることがある．これにより脚部，頭部と翼部の広範な挫傷が発生するかもしれない．十分な鎮痛，傷をおおう抗生物質と再建手術が，しばしば必要である．皮膚フラップでおおうにはあまりに大き過ぎる傷は，Granuflex®（図 3-6，図 3-7，図 3-8）のような包帯を用いて修復し，傷の肉芽組織形成を可能にするように縫合する．Biosist®（Cook UK Ltd），Softban® と Coflex® のような他の製品も，同様の目的に，広く使用され，成功している．

そ嚢の熱傷

原因と病理発生

熱傷は特に若い鳥で，熱過ぎるさし餌を与えた際にみられることがある．特に温度が不均一で極端に熱い部分を含んでいる可能性のある電子レンジで調理した，さし餌を与えた場合にみ

図 3-5 足根間関節（飛節）にかかるヨウムの咬傷．

図 3-6　Granuflex®による一次包帯.

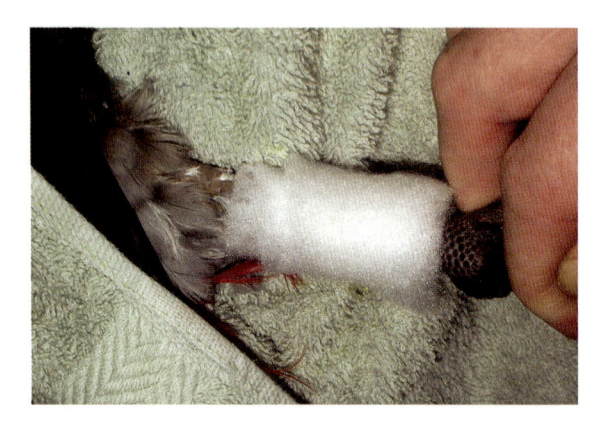

図 3-7　Softban®による二次包帯.

図 3-8　Coflex®による三次包帯.

られる.

臨床徴候
　罹患領域は黒色化し，分離し始め，しばしば内部に存在するそ嚢から胸部の皮膚上に，流動性の餌が漏れ出す.

治療
　鳥では大量の組織壊死によるショックが起きることがあるので，初期の安静は必須である.

積極的な輸液療法，傷をおおう抗生物質治療とできれば非ステロイド性の抗炎症剤を使用することは全てに推奨できる．
- 治療は，2，3日後が最適期である．あまり早期に治療を始めると，まだ変性途上である可能性のある組織と再生組織を共存させることになるだろう．一旦壊死組織が剥離した場合には，傷を外科的に修復することもある．
- 鳥に麻酔をし，そ嚢内容物の逆流が起き，誤嚥しないように，しかし，鳥の気管には全周性の軟骨があり，膨張することはないので，気管に損傷を与えない程度に，内-気管カフを細心の注意を払って膨らまし，挿管する．気管チューブは近位部食道とそ嚢の境界部を目安にそ嚢内に挿管し，頸部と胸筋部領域の羽毛は引き抜いておく．
- 皮膚・そ嚢が合体する境界部を明確化するために，壊死性の全層性の熱傷のデブリドマン（壊死組織切除）が行われることがある．前述の境界部は，そ嚢と皮膚が分離して再形成されるように，無菌的に分離しなければならない．
- そ嚢はポリグラクチン910（Vicryl®，Ethicon）またはポリジオキサノン（PDS II®，Ethicon）を用いて二重内反縫合を行い，それから皮膚を非吸収性ナイロン縫合糸で1列，単純結節縫合する．
- 皮膚欠損があまりに大きく周囲組織を侵食し，傷口を閉じられない場合は，以下の，2つの手技のうちの1つを用いることがある．
  - 側頸部では転位皮弁が用いられることがある．この部位の皮下組織は疎性で神経と血管が密に分布するので多くの問題がある．下部にある胸筋にしっかりと付着する胸部領域の皮膚を簡単に転移することはできない．
  - 豚由来の無菌的な異種移植片（Biosist®）を欠損部修復に用いることで，その下部に上皮再生を起こそうという試みが行われ高率に成功する手技であることが著者らにより報告されている．

竜骨突起（胸骨稜）亀裂形成

原因と病理発生
竜骨突起亀裂形成は，羽切り（断翼術）が失敗したか不十分な鳥でみられることがある．これらの鳥は，着地に失敗し，竜骨突起をおおう皮膚が裂け，さらに自咬に至ることがある（p.38参照）．

治療
治療には壊死組織切除と傷の縫合と，できれば切り落とした羽の修正を実施する．羽切りの修正は，短く切ってしまった羽軸に古い羽を"接ぎ羽"（インピング，imping）する．前述の羽切りの修正は，短く刈り込まれ過ぎ，整形された翼の羽軸の中にカクテル用の木串またはケバブ用の竹串を削って挿入し，エポキシ樹脂で接着する．慎重に飛翔に必要な羽を選んで再構築することで，新たな飛行のための翼羽を再形成することは可能である．これにより，換羽のパターンまたは時期は影響を受けない．

潰瘍性皮膚炎

原因と病理発生

　多くの小型オウム類，例えばボタンインコ（Agapornis spp.），オカメインコと若干のインコ類でみられる病態である．本病態の原因は正確には分かっていないが，ストレスの多い環境が関係するとされている．加えて，局所的な腫瘍形成，接触性刺激，ボタンインコポックスウイルスとオカメインコのジアルジア属腸内感染症まで多彩な病態も，これまで本病態と関連して記載されている．前述の病変には，大腸菌（Escherichia coli），緑膿菌（Pseudomonas spp.）とレンサ球菌（Staphylococcus spp.）のような細菌とアスペルギルス属等の真菌類が，しばしば二次的に感染している．

臨床徴候

　潰瘍性皮膚病変は，罹患した鳥が，おそらく重度の瘙痒感があるために，繰り返し自分自身でつつくことにより，羽弁または飛膜上部および翼腋部領域の翼下部に頻繁に発生する．

診断と治療

　種々の基礎疾患を除外するために，病変部皮膚の培養と皮膚生検を含む，多種多様な診断テストが必要となる可能性がある．腸内寄生虫は，新鮮糞便の検査で，典型的な対をなす"眼点"のある運動性の栄養型虫体を示すことで診断可能となることがある．

　治療は難しい．ジアルジア感染症はメトロニダゾール（20mg/kg，経口，1日2回，10日間）で治療されるかもしれないが，局所性の細菌性および真菌性の感染症に対して適宜対処しなければならない可能性がある．コルチコステロイドを含む治療を実施する場合は全身性免疫抑制を引き起こす恐れがあるので，最大限の注意を払うべきである．自傷を防ぐための身体防御用具，例えばエリザベスカラー，ネックブレース（首固定器）または腹帯も，しばしば必要となる．

細菌性皮膚炎

細菌性／潰瘍性足底部皮膚炎（"趾瘤症"）

原因と病理発生

　飼い鳥，特にセキセイインコ，カナリア（Serinus canaria）とオカメインコでは，老齢での体重超過が頻繁にみられる．

　これまで以下のような因子が関係していた．
- 自然状態でビタミンAの不足している，種子のみの餌を与えることに起因するビタミンA欠乏症．
- 止まり木が磨り減ることにより，不適切な形になった止まり木，特に，やすりがかけられて同じ直径に整えられた止まり木，全てが等しい直径の止まり木に止まることにより，脚の同じ部位に圧力が加わり，それにより脚の足底部表面の特定の部位への血流減少に至る．
- 一般に本病態を呈する飼い鳥から分離される細菌は，ブドウ球菌属と大腸菌（E. coli）があ

げられる．

臨床徴候

　脚の足底部表面への障害は血液供給不足によるもので，鶏眼（魚の目）の発生とその後の二次感染を伴う褥瘡形成に至る．

診断と治療

　診断は，診断に矛盾のない病歴と臨床徴候に基づいてなされる．押捺塗抹標本では細菌の存在が明らかになる．培養と感受性試験，抗生物質治療時の抗生物質の選択に役に立つことがある．治療は極めて困難なことがある．飼料の改善，直径の異なる止まり木を準備すること，包帯材料で止まり木にクッションを付けること，そして感染症に対する治療（第4章参照）の全てが必要である．加えて，ビタミンAサプリメント給餌も推奨される．

他の細菌感染症

　一般細菌による皮膚疾患は，飼い鳥で比較的発生頻度が低い．病原体として主に分離されるのは，ブドウ球菌属のようである．（Reavillら，1990）（図3-9）．壊疽性皮膚炎は，家禽における同様の病態と類似して，通常は翼と脚の皮膚の黒変化として発生するがブドウ球菌属とクロストリジウム属細菌の混合性の細菌集簇が観察される（Gerlach，1994）．罹患した鳥は毒血症で急死することがある．治療は，増強アモキシシリン，150mg/kg，1日2回（Synulox®，Pfizer），あるいはマルボフロキサシン，5〜10mg/kg，1日2回（Marbocyl, Vetoquinol）のような，広域スペクトルの抗生物質による治療と，可能であれば，支持療法としてのラクトリンゲル補液とともにメロキシカム（Metacam®，Boehringer-Ingelheim）のような非ステロイド性の抗炎症薬を0.2mg/kg投与することを基本とする．

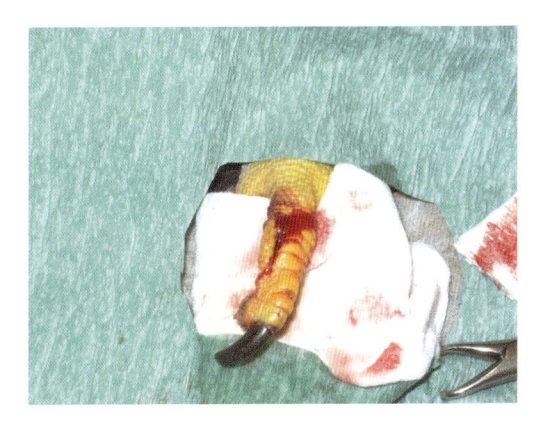

図3-9　足の膿瘍．

真菌性皮膚炎

アスペルギルス症

原因と病理発生

　皮膚のアスペルギルス属感染症の結果として，二次的な自傷（潰瘍性皮膚炎，p.28 参照）が起きることがある．鳥のアスペルギルス症は *Aspergillus fumigatus* 感染が最も一般的であるが，*A. flavus*，*A. niger*，*A. nidulans* と *A. terreus* も臨床徴候を引き起こす例がある．真菌は環境中のいたるところに存在し，腐敗した植物や有機物で繁茂する．免疫学的に欠陥がある鳥は罹患しやすい．

臨床徴候

　皮膚病変の表面が空気に曝されると，*A. fumigatus* の分生子柄が発育可能となり，皮膚の上に特徴的な緑色がかった青色または暗い灰色の斑が形成される．

診断と治療

　診断は臨床徴候と病変部から病原体を培養することに基づいて可能となる．細胞学的診断は難しい可能性がある．

　治療は適当な濃度に希釈された局所用の抗真菌薬，例えばエニルコナゾール（Imaverol®, Janssen）による洗浄，局所用のクロトリマゾール（Canestan®, Bayer）の塗布または獣医療用殺菌薬であるF10®（Health and Hygiene Pty）を使用して行われることがある．より深部の感染症では10mg/kg（経口，1日2回）のイトラコナゾール（Sporonox®, Janssen-Cilag）で治療することがあるが，ヨウムではこの薬は有毒で，代替の全身性抗真菌薬としてはテルビナフィン（Lamisil®, Novartis）を経口で10〜15mg/kg，1日2回用いるべきである（Dahlhausenら，2000）．

カンジダ症

原因と病理発生

　オウム類とカナリア類では，皮膚炎の原因として *Candida albicans* が記録されている（Perryら，1991；Wade，2000）．素因としては，栄養不良，抗生物質投与と何らかの基礎疾患があげられている．

臨床徴候

　カナリアでは，本疾患は頭頸部に激しい痒みを引き起こす．カンジダ症は過度の毛引きとも関連するとされている．

診断と治療

　診断は臨床徴候と羽髄と羽毛生検からの細胞学的標本と培養に基づいてなされる．

　慢性真菌感染症の治療の選択肢としては 5mg/kg のフルコナゾールを1日2回，経口で2週間投与することが勧められている．

ウイルス性皮膚障害

オウム嘴羽病

原因と病理発生

オウム嘴羽病（PBFD）の原因は，サーコウイルスである．多くのオウム科の鳥がオウム嘴羽病に罹患するが，サーコウイルスはフィンチ類，ハト科，カモ科，カモメ科，ダチョウを含む他の鳥でも報告されている．感染は成鳥から若齢鳥まで，糞便，羽毛粉塵とそ嚢分泌物を介して起こる．

臨床徴候

主要な2つの病型が報告されている（Girling, 2003）．

急性型は，しばしば，白血球数が 1×10^9/L より低い免疫抑制に至る．若いヨウム（*Psittacus erithacus*）でよくみられる．このような個体は，一般に二次感染（しばしばアスペルギルス症のような全身性真菌性疾患）で死亡する．

慢性型は嘴羽病を呈する．

- 羽毛疾患．

羽毛の色調の変化を伴ってジストロフィーがみられる．ウスズミインコ（クロインコ）（*Coracopsis vasa greater*）はしばしば羽が白くなり，ヨウムではしばしば体部と翼部の羽が赤くなる．しばしば綿羽がはじめに罹患する．結果として綿羽形成を欠き，コッカトーなどの，正常では繊細な綿羽層で嘴がおおわれる，嘴が"くすんで艶のない"オウム科の鳥で非常に気づかれやすい．嘴では綿羽が減少し嘴が黒く光沢を有するようになる（shiny beak）．羽毛は次第に影響を受け，各々の換羽の際に顕著に悪化する．多くの種において，全身性の，しばしば免疫抑制性の徴候がより著明であるけれども，羽毛異常も観察されるかもしれない．ボタンインコとセキセイインコでは，PBFDに随伴する多発性毛包炎を引き起こすことが示唆されている（Cooper & Harrison, 1994）．尾羽と背側頸部の羽が罹患し，組織学的には，1つの羽包から複数の羽毛が出現しているように見える．これが罹患領域の慢性炎症の原因となる．

- 嘴と爪．

長期感染例では，爪床と上嘴と下嘴の角鞘（rhamphotheca と gnatotheca）（角質性嘴）の成長床が罹患する．結果として嘴と爪は変形し最終的に脱落する．

診断と治療

診断は，臨床徴候とさらに羽髄由来の血液材料のPCR（ポリメラーゼ連鎖反応）に基づいてなされる．陽性反応を示す鳥は全て，すぐに隔離し，60〜90日後に再テストする．もしまだ陽性ならば，鳥がずっと感染し続けることを考慮しなければならない．現状では利用できる治療法はないが，若干の種〔例えばボタンインコ（*Agapornis* sp.）〕といくつかの南米産のオウムは臨床的な疾患から回復した．

ポリオーマウイルス

原因と病理発生
　鳥ポリオーマウイルスは，パポバウイルス科の構成ウイルスである．それは，糞便，羽毛の粉塵，呼吸器の分泌物，そ嚢の分泌物および糞便中の尿酸塩を介して水平伝播すると考えられている．垂直伝播としては介卵伝播も知られているが，セキセイインコのみである．

臨床徴候
- "セキセイインコ雛病（budgerigar fledgling disease：BFD）"（**訳者注**：これまで "セキセイインコの生羽期疾患"，"セキセイインコの巣立ち前のヒナの疾病" 等の訳が付されている）では，生後15日未満の若いセキセイインコが突然死を起こす．
- "フレンチモルト" はポリオーマウイルスを含む多くの異なる原因により発生する．フレンチモルトは，生後15日齢以上のセキセイインコで発生し，腹囲膨張，皮下出血と綿羽の消失と大（正）羽形成不全を呈する．形成された羽は，しばしば変形している．生残した個体も神経学的徴候を示す可能性がある．

　セキセイインコ以外の種においては，無症状を呈する例が非常に多い．皮下および羽包の出血がみられるが，羽毛異常は頻度が低い．しかし，生後4〜5週齢未満のより若い鳥は死亡することもある．

診断と治療
　診断は，総排泄腔のぬぐい標本において，PCR法を用いて，ウイルスDNAを直接検出することで行われる．陽性反応が示された場合は，4〜6週間隔離後に再テストを実施しなければならない．さらに陽性である場合，持続感染し，ウイルスを排出していると推定されるので，他の鳥から永久的に隔離しなければならない．現時点ではこの病気に対する治療法はないが，米国にはワクチンがある．

禽　痘

原因と病理発生
　オウム科の鳥では禽痘による皮膚病はまれである．感染は以下のいずれかで発生する．
- サシバエを介して罹患した宿主からもたらされること．
- 体表面がポックスウイルスと直接的に接触するか，またはポックスウイルスで汚染された空気と直接的に接触すること．

　ウイルスが擦過傷のある皮膚あるいは粘膜から侵入すると感染症が起こる．

臨床徴候
　ボタンインコにおいて，（ボタンインコポックスウイルスに起因する）結膜炎または皮膚の暗調化領域がみられるかもしれないことが報告され，このウイルスがボタンインコの潰瘍性皮膚疾患の原因である可能性が示唆された．大多数の感染において，病変は潰瘍を伴って眼瞼マージンに発生するが，上部気道感染症も引き起こす．前述の病変はボウシインコで重度のことが

図 3-10 ハトの顔面のポックスウイルス感染症.

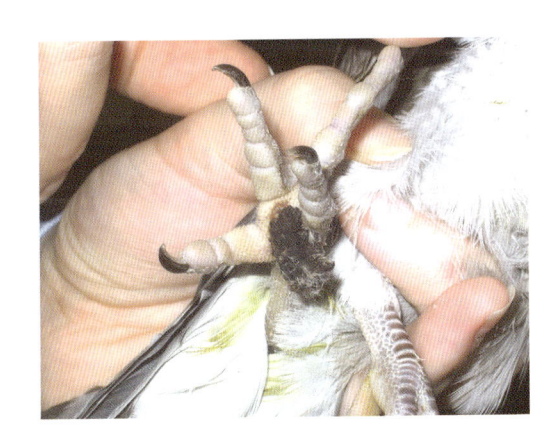

図 3-11 ハトの足のポックスウイルス感染.

ある．カナリアも，カナリアのポックスウイルス（カナリア痘）に罹患し，敗血症型で急死するか，あるいは頭部が罹患して皮膚病変を形成することがある．このポックスウイルスと関連して，生残した個体では肺腫瘍が認められた．ポックスウイルスは，ハトにも記録されている（鳩痘）（図 3-10，図 3-11）．

診断と治療

臨床徴候と病理組織学的検査により典型的なボリンゲル小体（封入体）を示すことで診断する．餌にビタミン A（体重 300g 当たり 25,000～10,000IU）とビタミン C を添加することは，感染防止に有効であった（Ritchie, 1995）．

乳頭腫

脚の乳頭腫様病変は，コンゴウインコ，コッカトウ，フィンチ，セキセイインコとオカメインコで認められている．本病変は，しばしば増殖性である．病態はウイルス（おそらくヘルペスウイルス）によると推定されている．他の乳頭腫は，総排泄腔と口腔などの粘膜でより頻繁にみられ，これらもウイルスにより誘発されると考えられている．

前胃拡張症

前胃拡張症（症候群）(PDD) は，ウイルス（おそらくパラミクソウイルス）に起因すると考えられる病態である．この病気は古典的には消化管に関連する神経疾患であるが，感染している鳥では胸部領域の毛引きと自傷が記録されている（Chitty, 2003）．

栄養性皮膚障害

ビタミンA欠乏症

原因と病理発生

ビタミンAは飼い鳥では必須のビタミンで，皮膚と羽毛を維持するために必要である．ボウシインコはビタミンA欠乏症になりやすい．ビタミンAが豊富な餌には，タラ肝油，調理した肝臓，卵の黄身，アプリコット，トウモロコシ，ニンジン，カボチャ，サツマイモ，ブロッコリー，ホウレン草とパセリがあげられる．種子にはビタミンAが欠乏していることは周知の事実で，種子を他の餌に比べて好んで食べる鳥ではビタミンA欠乏症の臨床徴候が発生する傾向にある．

臨床徴候

皮膚角化亢進症が明らかで（図3-12），口腔粘膜に白色のプラーク（局面）を伴う．プラークがあると食欲の消失を招く．鼻炎と眼瞼炎もよくみられる．

診断と治療

診断は不適当な餌を与えられていたという病歴と臨床徴候で行われる．治療はニンジンやタ

図3-12 皮膚角化亢進症を示すオウムのビタミンA欠乏症．

ラ肝油等のビタミンAの豊富な食餌に変更することで可能である．ビタミンAの筋肉内投与も1回5,000〜20,000IU/kgで行うことが可能である（Pollockら，2005）．

皮膚腫瘍

腫瘍の型

線維肉腫は飼い鳥の頭部と翼の先端部の腫瘍としてより頻繁にみられる腫瘍の1つである．線維肉腫は非常に硬固で，臨床家に診察に連れて来られる時点では皮膚表面がしばしば潰瘍化している．

リンパ（肉）腫も飼い鳥の頭部に報告されている．リンパ肉腫は，線維肉腫のように皮下組織に由来し，皮膚に拡大しているというよりはむしろ，皮膚との固着性がより強い．線維肉腫よりも質感が軟性でより黄色調である．

扁平上皮癌は飼い鳥ではほとんど報告されていない（Leach，1992）．しかし，コッカトウからサイチョウに至る多くの異なる飼い鳥の種で報告がある．しばしば，嘴とそれに関連する構造を病変に巻き込むが，翼，脚と体幹部にも報告されている．

診断と治療

可能であれば，外科的切除と病理組織検査を行うことをお勧めする．皮膚リンパ肉腫は小動物内科で用いられているのと同様の化学療法方式で治療が成功している（France，1993）．光感受性物質（hexylether pyropheophorbide-α）を静脈内投与し，光源により活性化させる光ダイナミック療法が一時的に成功しているが，オオサイチョウ（*Buceros bicornis*）の頭上突起（casque）に扁平上皮癌が再発している（Suedmeyerら，2001）．

非‐腫瘍性病変

黄色腫症

原因と病理発生

本病態は腫瘍に類似するが，さまざまの量の線維化を伴う脂肪を含むマクロファージの集積に起因すると考えられている．小型種のオウム類に頻繁にみられ，び漫性の皮膚肥厚の原因となる，黄褐色の色調の皮膚腫脹からなる分離性の領域として見える．しばしば黄食腫は体の末端部，特に翼先端部にみられる．重度瘙痒症と自己外傷を伴う．現在のところ原因不明であるが，高脂肪飼料，患部領域の外傷とおそらく脂肪代謝異常が関連すると考えられている．

診断と治療

診断は細針吸引標本または生検標本で，空胞化した脂肪を含むマクロファージを示すことでなされる．治療は餌を低蛋白質，低脂肪に切り替えることと可能な部位であれば外科的切除を行う．一部の症例では，L‐サイロキシンの長期にわたる投与を含む，甲状腺ホルモンの補助療法に反応する可能性がある．0.84mg/L（0.1mg錠剤を120mlの水に溶解）の用量を推奨し

行動性の皮膚と羽毛の障害

毛引きと毛咬み

原因と病理発生

毛引きと毛咬みには多くの異なる原因がある（下記参照）．毛引き/毛咬みの原因が前述の非-行動的原因が体系的に除外された場合のみ，真性の行動性毛引き/毛咬みという診断が可能となるが，初めに説得力のある病歴があるかもしれない．

毛引きと毛咬みの非-行動性の原因

- アレルギー性皮膚疾患．
- クラミジア症（*Chlamydophila psittaci* 全身感染症）．
- 外部寄生虫症（例えば *Myialges* spp. ダニ）．
- 内部寄生虫症（例えば *Giardia* sp.）．
- 環境性エーロゾル/汚染物（例えば，タバコの煙，香水，エーロゾル）．
- 重金属中毒（例えば，鉛と亜鉛中毒）．
- 甲状腺機能低下症．
- 感染性羽包炎：
  - ウイルス性（例えば，PBFD，ポリオーマウイルス）．
  - 真菌性（例えば，アスペルギルス症，カンジダ症）．
  - 細菌性（例えば，ブドウ球菌感染症）．
- 栄養障害．
- 腫　瘍．
- 他の全身性疾患（例えば，アスペルギルス症，前胃拡張症候群）．

行動が原因の毛引きと毛咬み

- 特に1日の大部分を飼い主から引き離されることによる鳥の動揺が誘引となる不安症．
- 飼い主の反応を促すために，毛引きにより注意を引く．
- 退屈することにより正常の社会的行動が失われ，毛引きを引き起こす．野生の鳥では餌を探すことと群れのメンバーとの相互の社会活動に生活の大部分が費やされる．
- 鳥を新しい籠に移動する，あるいは家族の一員に猫が加わるといった環境の激変．
- 飼い主とつがいの関係にあると考えている鳥には性的な欲求不満があるが，飼い主は明らかに鳥の性的な誘いに報いることはできない．この結果，過剰な欲求不満と毛引きを引き起こす．

診断と治療

診断は病歴と臨床徴候，特に病変分布に基づいてなされる（図3-13，図3-14）．自己外傷はウイルス病と異なり，頭部には病変がない．行動療法に着手する前に，全ての非行動的誘引を一連の診断検査により除外しなければならない．

行動障害の治療は複雑で，しばしばライフスタイルの変更を必要とする．高度の強迫性障害または常同行動を治療するために，クロミプラミン（Clomicalm®，Novartis）のような行動を変容させる薬を0.5〜1mg/kg（経口で1日2回）あるいは，ハロペリドール0.1〜0.2mg/kgを経口で，1日1回または2回の使用が推薦されている．

図3-13 毛咬みのタイハクオウム．

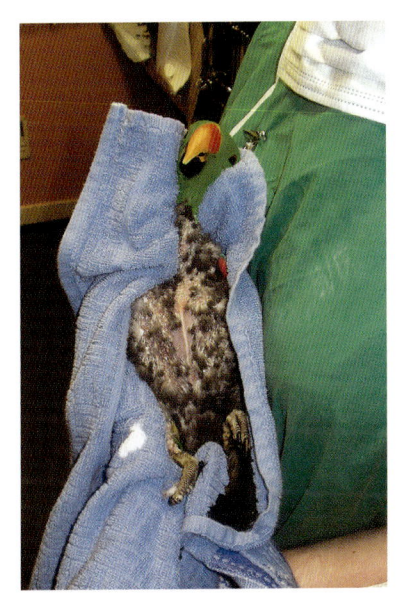

図3-14 毛引きの雄のオオハナインコ．

自傷

原因と病理発生

　皮膚の自傷（self mutilation）は，飼い鳥で比較的まれである．原因としては，痛みと不快感が起こす内臓・全身性疾患が，刺激のある部位をおおう皮膚を咬むことにつながっていることがあげられる．行動障害は特にタイハクオウム（*Cacatua alba*），オオバタン（*Cacatua moluccensis*），コミドリコンゴウインコ（*Diopsittaca nobilis*），とヒメコンゴウインコ（*Ara severa*）にみられた．前述の鳥では，しばしば羽切りが上手くいっていない鳥が着地の失敗により，竜骨に亀裂が入るというような外傷の後，皮膚を咬み始める例がある（自咬）．皮膚，下部の筋肉と竜骨に損傷を与え続ける鳥に注意を払う．いくつかの種，特にコッカトウでは，原因が純粋に行動に関連することがあり得る（図 3-15）．

診断と治療

　外傷歴と身体検査は，基礎をなす原因を特定するのに役立つ．自己外傷（self-inflicted trauma）が行動に起因する場合は，エリザベスカラー，ローマンカラー（聖職服用のカラー）またはネックブレース（Kruuse 社製）が自傷を防ぐのに役立つ．大きな皮膚損傷では，一時的な移植片としての Biosist®（Cook UK Ltd）または傷を Granuflex®（Convatec UK）包帯を縫合することで，損害を受けた組織の再 - 上皮形成と肉芽形成を可能にする可能性がある．

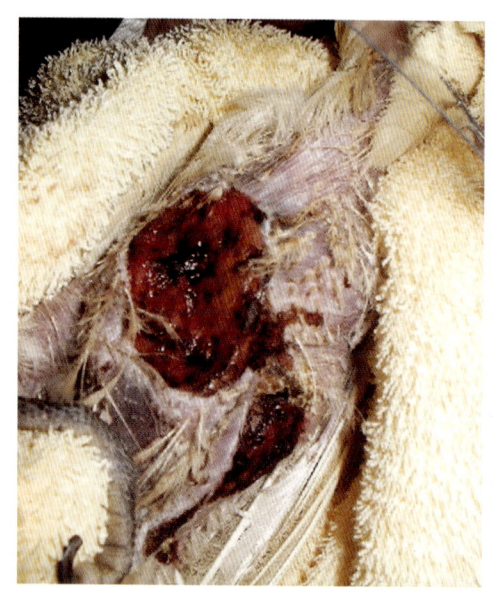

図 3-15　胸部自傷のシロビタイムジオウム．

ホルモン性皮膚障害

蝋膜の褐色過形成

原因と病理発生

　この病態は，特にセキセイインコで頻繁にみられる．蝋膜の厚みが増し，それにより鼻孔の通過障害に至ることがある．老齢の雌鳥で一般にみられるが，雄に認められることもあり，エストロジェン産生生殖腺腫瘍の存在を示唆する．

診断と治療

　診断は，身体検査と蝋膜に影響を及ぼす他の病態を除外する．鼻孔が閉塞されている場合は，蝋膜の一部を慎重に取り除くことがあるが，治療は雌鳥ではめったに必要ではない．雄鳥において，生殖腺腫瘍は通常，手術適応症ではない．

甲状腺機能低下症

原因と病理発生

　甲状腺機能低下症は，オウム類，特にコンゴウインコとヨウムに起きて，脂肪沈着による体重増加，換羽遅延と大羽のび慢性喪失を伴う（Oglesbee, 1992；Hillyer, 1989）．類似した病態はセキセイインコでも知られているが，症例の多くが原発性甲状腺機能低下症というよりむしろ，実際は栄養学的なヨウ素欠乏症によるとの考えが一部にある．

診断と治療

　診断は，筋内投与した1回投与量1IUの甲状腺刺激ホルモン（TSH）に対する反応の減少を実証することによりなされる．総サイロキシン濃度は4時間以上にわたって2倍を維持しなければならない．TSH濃度を追求することは困難な可能性があり，高コレステロール血症，低アルブミン血症，軽度の非再生貧血症と偽好酸球増多症のような他の臨床所見も有用な指標となり得る．皮膚生検標本では角化亢進症と羽包被覆上皮細胞の空胞変性が明らかとなる．

　コンゴウインコの場合の治療としては，上述の記載では，経口で1日2回，0.02mg/kgのL-チロキシン投与があげられている．

その他の皮膚の病態

アレルギー性皮膚疾患

原因と病理発生

　鳥類の皮膚科学では，この領域については非常に議論が多い．飼い鳥（特にオウム類）では，アレルギー性皮膚疾患に感受性があることを示唆する多くの証拠がある．アレルギー性皮膚疾患は毛咬み，毛引き，と皮膚の重度の損傷に至る可能性がある．罹患した鳥はしばしば過敏性で，動揺すると，足底部を咬むことがある．

診断と治療

　診断は，皮膚掻爬標本，生検標本，羽毛標本等により，まず他の皮膚病を除外する（第2章参照）．前述の全ての結果で陰性であるならば，皮内皮膚試験を試みる価値がある．

　治療は，必須脂肪酸添加（EFAs）と皮膚試験によって同定された，いかなる抗原も可能な限り除去することを基本とする．飼い鳥における必須脂肪酸（EFA）の用量は算出されていないが，著者はViacutin® (Boehringer-Ingelheim) を1日1回，体重1kgにつき1カプセルから2滴の割合で使用する．小型哺乳類と同様に，臨床的改善がみられるまで，3～4週間，服用量を維持する必要がある．抗ヒスタミン剤は鳥では作用しないようであり，コルチコステロイドは1回の服用でさえ鳥の免疫系を重度に障害するので危険である．

趾収縮症候群 （constricted toe syndrome）

原因と病理発生

　孵化したての幼若オウム類で，しばしばみられる病態である．皮膚のわずかな全周性の収縮が1本以上の趾に発生する．この病態は低湿度環境と関係していると考えられているが，証明されていない．

診断と治療

　診断は，病歴，臨床徴候と除外診断によって行われる．治療は収縮部を注意深く切除し，趾を，圧力を軽減するために趾骨と平行に縦方向に切開する．発生予防のために孵卵器の環境湿度を70～80％に増やすように助言する．

羽包嚢胞

原因と病理発生

　羽包嚢胞は，遺伝性であると考えられている．羽包嚢胞は，セキセイインコやカナリアのような小型の飼い鳥によくみられ（図3-16），Norwich & Gloucester は羽包嚢胞が好発するカナリアを作出した．若干の羽包嚢胞は，羽包への外傷によっても発生することがあり，一部は栄養不足のために起こり得る．

診断と治療

　診断は病歴，身体検査と他の病変を除外診断することで行われる．

　羽包嚢胞の完全な切除は，第一選択肢である．被膜と罹患している羽毛への栄養動脈を除去するマイクロサージェリー法が記載されている（Harrison, 2003）．この方法は，特に翼にある大型の羽包嚢胞において，嚢胞壁と羽包が下部にある骨に密着している可能性がある場合は困難である．このような嚢胞は放射線手術の技術を用いて部分的に切除し，残りの嚢胞被膜は皮膚面に造袋術（嚢腫あるいはその他の被包化された腔の外界への開放する手術）を実施するのもよい．

　全ての遺伝的な性格の嚢胞をもつ疑いのある症例は，嚢胞を有する鳥との交配を避けることが望ましい．

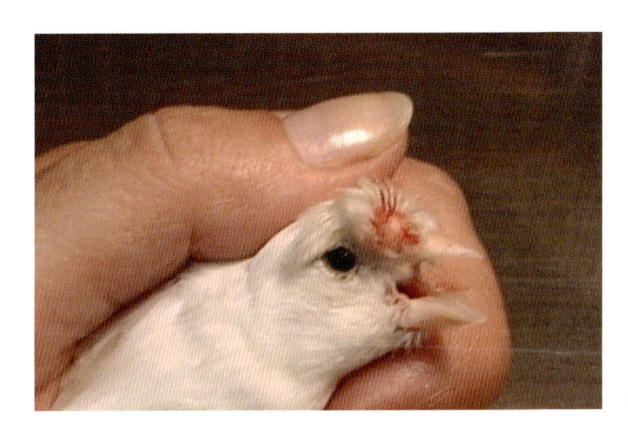

図 3-16　カナリアの羽包嚢胞.

嘴と鉤爪の過剰発育

原因と病理発生

　嘴と鉤爪の過剰発育は，食餌のアンバランス，例えば，カルシウムとビタミンAのようなビタミン類の相対的な欠乏を伴う，蛋白質とカロリーの過剰とのために起こることがある．そのような鳥では羽毛の状態が悪く，絶えず羽毛が抜け代わっているかもしれない．セキセイインコと他の小型のオウム類では嘴の過剰発育は肝臓病変（例えば肝臓リピドーシスまたは肝臓腫瘍）を示唆している可能性がある．大型のオウム類においては，同様のことは起こるかもしれないが，しばしば他の外傷性の原因がみられる．これは，窓に飛び込んだことが原因の上顎前部の短小化による相対的な顎短小症がみられる場合にはよくあることである．顎短小症は，上嘴を支持している骨の骨折の結果として，前部が短縮して治癒することに起因する．

　若干の爪病変は外傷起源であるか，あるいは，角質成長板の障害としばしばコルク栓抜き型の爪をもたらす，特にカナリア類のようなスズメ目でダニの寄生と関係しているかもしれない．

診断と治療

　診断は，臨床徴候と感染症と外部寄生虫の除外診断後になされる．

　可能ならば，治療は鳥自身に任せるべきである．鳥が齧ることができる柔らかい木でできた止まり木とイカの骨を準備すると鳥は自然に自身の嘴と爪を成形する．凹凸の多い表面が紙やすりのような止まり木は脚を刺激し，規則的な爪の発達の助けとならない．爪と嘴は，爪切りで慎重に切る．小型の鳥においては，爪やすりを爪切りに用いることがある．出血をコントロールするための止血（収斂）棒剤は爪切りの時に利用できるようにしておくべきである．爪からの出血は，特に小型の鳥の場合は危険であり得る．

羽毛の色調変化

原因と病理発生

　羽毛の色調変化は栄養学的なアンバランスや不足によるか，全身的あるいは局所的疾患による可能性がある．体幹，翼と尾羽を横断する，特徴のある帯と線条，いわゆる"フレット文様（**訳者注**：fret lines＝雷文，稲妻形の模様）"をなす色調欠損領域は，前述の羽毛の色調変化を形成した，ストレス，栄養不足または全身的疾患が持続していた期間を示唆する．したがって，「フレット文様」は鳥の健康状態についての病歴を提供することがある．

感染性疾患

● ウイルス病であるPBFDは，ヨウムとクロインコ（上記参照）の羽色変化とオカメインコでは羽毛構造を保護する粉羽の損失のために羽が汚れた印象を与える．

栄養不足

● 若干の種，例えば赤色の遺伝素因を有するカナリア（red factor canary）は餌のベータカロチン，ビタミンA前駆体が不足していると，換羽ごとに色が次第に淡くなる．アミノ酸欠乏症のような他の栄養素のアンバランスも羽毛の色調の変化，例えば，コリンとリボフラビンの欠乏はオカメインコの色素異常をもたらすことが報告されている（Cooper & Harrison, 1994）．

全身性疾患

● 羽色の黒化は，特に黒色の羽がボウシインコのような種で出現した場合は，肝臓疾患を示唆することがある．さらに，ケラチノサイトから放出される脂質であるビリベルジンによる染色のため，オカメインコで白色の羽毛の黄ばむことも，肝臓機能不全も示していることがある．

診断と治療

　完全な病歴，特に鳥の餌に注意することは重要である．身体検査と血液学的プロフィールにより，根本原因の同定と治療に至る場合がある．

遺伝学的異常

　飼い鳥の若干の種は，羽毛の異常がある種として品種改良されている．例えば，セキセイインコの遺伝的な"羽ばたき（duster feather）"と"わら（straw feather）"スタイルがあげられる．羽毛の異常がある個体によってはウイルス病の病歴があるかもしれないが，羽の状態の多くはウイルス感染によるものではなく，純粋に遺伝的であると考えられている．そのような個体は繁殖に使用しないことをお勧めする．

腰腺嵌頓

　腰腺（uropygial）または尾腺は尾の背面基部にあるが，全ての飼い鳥で十分に発達している

というわけではなく，ボウシインコ類には存在しない．この腺は全分泌腺で，皮下に陥入していることがあり，それはビタミンＡ欠乏症のような栄養不足と関係している可能性がある．感染性になる可能性があり，あるいは，腺腫または腺癌が発生することもある．

参考文献

Baker, A.S. (1999) *Mites and Ticks of Domestic Animals*. The Natural History Museum, The Stationery Office.

Chitty, J.R. (2003) 'Feather plucking in psittacine birds 1. Presentation and medical investigation'. *Journal of Veterinary Postgraduate Clinical Study In Practice*, 25(8):484-465.

Cooper, J.E. and Harrison, G. (1994) 'Dermatology'. In: *Avian Medicine: Principles and Application* (Ritchie, B., Harrison, G. and Harrison, L.) (eds). Wingers Publishing, Lake Worth, Florida, pp. 607-639.

Dahlhausen, B., Lindstroom, J.G. and Radabaugh, C.S. (2000) 'The use of terbinafine hydrochloride in the treatment of avian fungal disease'. *Proceedings of the Association of Avian Veterinarians*, pp. 35-39.

France, M. (1993) 'Chemotherapy treatment of lymphosarcoma in a moluccan cockatoo'. *Proceedings of the Association of Avian Vets*. Nashville, pp. 15-19.

Gerlach, H. (1994) 'Bacteria'. In: *Avian Medicine: Principles and Application*, (Ritchie, B., Harrison, G. and Harrison, L.) (eds). Wingers Publishing, Lake Worth, Florida, pp. 949-983.

Girling, S.J. (2003) 'Viral diseases in psittacine birds'. *Journal of Veterinary Postgraduate Clinical Study In Practice*, 25 (7):396-407.

Harrison, G.J. (2003) 'Microsurgical procedure for feather cyst removal in a citron-crested cockatoo (*Cacatua sulphurea citrinocristata*)'. *Journal of Avian Medicine and Surgery*, 17 (2):86-90.

Hillyer, E. (1989) 'Basic avian dermatology'. *Proceedings of the Association of Avian Vets*. Seattle, pp. 102-121.

Leach, M.W. (1992) 'A survey of neoplasia in pet birds'. *Seminars Avian Exotic Pet Medicine*, 1:52-64.

Lupu, C. (1992) 'Feather mites'. *Journal of the Association of Avian Vets*. 6 (4):201.

Oglesbee, B.L. (1992) 'Hypothyroidism in a macaw'. *Journal of the American Veterinary Medical Association*. 201:1599-1601.

Perry, R.A., Gill, J. and Cross, G.M. (1991) 'Disorders of the avian integument'. *Veterinary Clinician North American Small Animal Practice*. 21:1307-1327.

Pollock, C., Carpenter, J.W. and Anrinoff, N. (2005) 'Bird', In: *Exotic Animal Formulary* (Carpenter, J. W.) (ed.). WB Saunders, Philadephia, pp. 195-346.

Reavill, D.R., Schmidt, R. E. and Fudge, A.M. (1990) 'Avian skin and feather disorders: A retrospective study'. *Proceedings of the Association of Avian Veterinarians*, pp. 248-255.

Ritchie, B. (1995) 'Poxviridae.' In: *Avian Viruses: Function and Control.* Wingers Publishing, Lake Worth, Florida, p. 298.

Suedmeyer, W.K., McCaw, D. and Turnquist, S. (2001) 'Attempted photodynamic therapy of squamous cell carcinoma in the casque of a great hornbill (*Buceros biconis*)'. *Journal of Avian Medicine and Surgery*, 15 (1):44-49.

Wade, L.L. (2000) 'Yeast dermatitis / conjunctivitis in a canary (*Serinus canaria*)'. *Proceedings of the Association of Avian Veterinarians*. Portland, Oregon, pp. 475-478.

第4章

猛禽類の皮膚疾患と治療

外部寄生虫

猛禽類に寄生する外部寄生虫として重要なグループはマダニ類とその他の寄生性ダニとその他の昆虫である．

ダ　ニ

猛禽類にはダニが頻繁に感染する．ダニは以下のように分けられる．
- 皮膚ダニ．
  - 皮膚穿孔性ダニ（burrowing mite）－トリヒゼンダニ属（*Cnemidocoptes pilae*）．
  - 表在性ダニ（surface mite）－ワクモ科〔ワクモ（*Dermanyssus gallinae*）〕，（トリサシダニ属）．
- 羽毛ダニ．
- 羽軸ダニ．

皮膚ダニ

皮膚穿孔性ダニ－トリヒゼンダニ属

鳥疥癬　鱗状嘴症，顔面症（scaly beak face）/ 鱗状脚症（scaly leg）（トリヒゼンダニ属）

原因と病理発生

トリヒゼンダニ属のダニは，猛禽類でまれである．しかし臨床的疾患がハイタカ（northern sparrowhawk）（Malley & Whitbread, 1996）とアメリカワシミミズク（Schulz ら，1989）で報告されている．素因としては，何らかの他の全身性疾患による可能性のある免疫抑制とビタミンA欠乏症等のような不十分な栄養があげられる．

臨床徴候

ダニ寄生ではダニは猛禽の脚か蝋膜で見つかり，"鱗状脚症"または"鱗状嘴症"の原因となる．

蝋膜が罹患した場合，一見すると禽舎のワイヤーで蝋膜を絶えず傷つけているように見えるかもしれないが，そのような鳥をその禽舎から移動させても，病変は治癒しない．脚が罹患すると，乾燥し痂皮で覆われるかあるいは鱗屑で覆われたような外観を呈し，脚は肥厚，硬化して見える．

診断と治療

- 診断は，丸い体の周囲にわずかに突出する短い円錐状の脚のある典型的な小型のダニ（mite）を皮膚掻爬標本中に見つけ出すことによって可能となるかもしれない．
- 治療は基本的にプロピレングリコールで1：10に希釈した0.2mg/kgのアイバメクチンを局所に週に1回，3週間塗布するか，あるいは，皮下に0.2mg/kgのアイバメクチンを1回投与し，3〜6回，7〜10日間隔で繰り返す．ビタミンA欠乏症のような随伴する障害も是正すべきである．
- 治療は，フィプロニルスプレー〔フロントライン（Frontline®），Merial〕で行うことができる．これは，低体温症のリスクがあるので，直接，鳥にスプレーすべきではない．その代わりに，少量を脱脂綿に浸して，後頭部，翼の下部と尾の基部に塗布する．2〜4週ごとにこれを繰り返す．

ワクモ科

ワクモ

原因と病理発生

家禽と同様に，猛禽類にもワクモ（red mite，*Dermanyssus gallinae*）は時折みられる寄生虫である．ワクモは日中は，止まり木の隅や割れ目で隠れて過ごし，夕暮れになると吸血するために活動する．一部の鳥では，特に近位胸部あたり，または，ちょうど足根間関節遠位部の羽毛が傷害されたり，羽毛が消失するといった徴候を示す．

臨床徴候

皮膚病変は珍しいが，丘疹性の発疹が起きることがある．最も一般的な影響は，貧血のような吸血能力に関連する徴候と，皮膚刺激による過剰な羽繕いである．

診断と治療

診断は，このダニが宿主から離れて存在するという性質のために難しいかもしれない．ダニは，卵形の体形と長い脚で同定できる．

処置は，飼育環境にペルメトリン/ピリプロキシフェンスプレー（Indorex®，Virbac）を撒くことと局所環境の厳密な掃除を基本とする．フィプロニルスプレー〔フロントライン（Frontline®），Merial〕だけでなく，0.2mg/kgのアイバメクチンも局所的に使用可能である．

表在性ダニ－オオサシダニ科

トリサシダニ

原因と病理発生
　トリサシダニ（northern fowl mite, *Ornithonyssus sylvarium*）は古い禽舎で飼われている猛禽類から回収される．ワクモとは異なり，トリサシダニは常に宿主に寄生しているので，診断が簡単である．小型齧歯類が，偶発的に宿主となる．このダニは，その全生活環を通して宿主に寄生する．

臨床徴候
　羽毛は，灰黒色に変色し，しばしば，もつれたようになる．皮膚は，肥厚し，鱗状になるかもしれない．ダニが活発に吸血することにより，貧血が起こることがある．

診断と治療
　診断は，病変部領域の皮膚掻爬標本によってなされる．ダニは，卵形の体と長く突き出た脚をもつ．治療は，アイバメクチンまたは，フィプロニルスプレー〔フロントライン（Frontline®），Merial〕により成功することがある．

羽軸ダニ

原因と病理発生
　羽軸ダニ（*Harpyrhychus* spp.）は，よくみられる寄生虫ではないが，重要な寄生虫である．このダニは"飛翔血羽"の羽軸内で生活し，ダニの成長が完結する前に羽毛が抜けて消失する原因となる傾向がある反応を引き起こす．

臨床徴候
　大部分の羽軸ダニは少数存在しても，病気を引き起こさない．しかし衰弱した鳥では，あるいは，多量寄生においては，臨床徴候がみられることがある．鳥は痒みがあり，羽軸ダニが寄生した羽を引き抜く．

診断と治療
　診断は羽毛の直接鏡検でなされるが，羽毛消化処理標本も有用である．アイバメクチンを駆虫剤として，羽軸ダニの制御を試みることがあるが，必ずしも効果的ではない．

マダニ

原因と病理発生
　マダニは周囲を木々で囲まれ，木の枝で覆われた飼育場で飼われている猛禽類で頻繁にみられるが，これは以前に寄生していた野鳥（および，齧歯類）宿主からマダニが離れて，猛禽舎内に落ちやすいことによる．

臨床徴候
　マダニ（通常，英国では *Ixodes ricinus*）は，しばしば猛禽の頭部の領域に付着して，急速

に鳥を殺す．臨床的に，広範な頭部浮腫は，しばしばマダニの唾液中に放出される毒素の結果として起こる（Forbes & Simpson, 1993）．加えて，血液中の寄生虫，ウイルスとリケッチアが鳥の血流中に放出される．

診断と治療

診断は，病歴と臨床徴候によって行う．

治療としては，マダニの用手除去，経口的／経皮的な 0.2mg/kg のアイバメクチン治療と補助療法として積極的な輸液療法と広範囲スペクトルの抗生物質，例えば，増強アモキシシリンとエンロフロキサシンの投与があげられる．

その他の虫

- シラミ．
- クロバエ（キンバエを含む）．
- シラミバエ．
- 蚊．
- 甲　虫．

シラミ

原因と病理発生

シラミは羽のない昆虫で，最も一般的な鳥類の外部寄生虫である．猛禽類ではハジラミ類のみが記録されている．長さ 2～10mm の特徴のある体を有し，背側腹方向に扁平である．猛禽類で記載されているハジラミ類としては，以下のような属があげられる．*Laemobothrion, Degeeriella, Falcolipeurus, Colpocephalum, Craspedorrhynchus, Aegypoecus* と *Kurodaia*（Krone & Cooper, 2002）．ハジラミは宿主特異的である傾向があり，全生活環を宿主に寄生して過ごし，宿主から取り除かれると，長期間は生きられない．伝達は，感染個体間の直接接触による．

臨床徴候

ハジラミ（feather lice）は鳥を苛立たせる原因となるが，真の危害をもたらすことはなく，羽毛物質を餌として生活する．一般に，少数のハジラミは，非病原性である．しかし，多量に寄生すると，元気消失，睡眠不足，過剰な羽繕いと食欲減退につながる可能性がある．過剰な羽繕いとハジラミの活発化により，羽毛は見かけ上，ぼろぼろになりことがあり，一部は次第に弱体化し，脱落する．

重度のハジラミ寄生が確認される場合は，通常，鳥は羽繕いをすることができないか，何らかの他の重篤な全身性疾患に罹患していることが予想される．特に，1グループの中の1羽の鳥が罹患している場合は，基礎疾患となる原因を発見するための検査を実施すべきである．

診断と治療

ハジラミの成虫については羽毛周囲を動き回っているのを簡単に見つけることができ，卵については羽毛に付着しているのを見ることができるかもしれない．治療は，フィプロニルスプ

レー〔フロントライン（Frontline®），Merial〕で行われることができる．

クロバエ

原因と病理発生

　クロバエは実際には，猛禽類では，孵化したてのひな，まだ巣立ちしていない幼鳥で問題になるだけである．理論的には，*Calliphora*, *Lucilia* と *Phormia* 等の種が本病態に関与する．

診断と治療

　診断は病歴と臨床徴候によって行う．治療はウジを全て手で除去することと加えて，支持療法を行うことである．後者には，輸液〔乳酸加リンゲル液®（ラクトリンゲル液）を1日につき50〜75ml/kg，静脈内/骨内/皮下に投与〕することと，例えば，クラブラン酸増強アモキシシリン（Synulox®，Pfizer），150mg/kgを1日2回，経口投与またはマルボフロキサシン（Marbocyl®，Vetoquinol），10mg/kgを1日1回，5〜7日間投与のような広域のスペクトルをカバーする抗生物質による治療があげられる．

シラミバエ

原因と病理発生

　シラミバエとは *Pseudolynchia* 等で，シラミバエ科に属する．これらの外部寄生虫はヒツジシラミバエと近縁で，通常，非病原性であるが，咬まれると痛いことがある．宿主特異的ではない．いくつかの種では羽を欠くが，他の種は飛ぶことができる．いくつかの種ではその全生活環を宿主上で完結するが，他の種では巣や亀裂内で生活し，宿主体外に産卵することがある．寄生による危険性としては，溶血性貧血に至る可能性のあるヘモプロテウス属等の住血性原虫を伝播する可能性があることである．

臨床徴候

　シラミバエは痒みを引き起こす可能性があり，重症例ではで貧血（特に若い鳥で）を起こすことがある．

診断と治療

　背腹方向に扁平化した大きなハエが簡単に認められる．蔓延している場合の対処法としては局所的に殺虫剤が用いられることがある．

蚊とブユ

　ブユ（*Simulium* sp.）は，猛禽の巣立ち前のひなに影響を及ぼすことが記載されており，住血性のロイコチトゾーンの伝搬に関与することがある．ロイコチトゾーンは，若い猛禽類では重要な病原体で貧血の原因となる．

甲虫

原因と病理発生

　カツオブシムシ科の甲虫〔しばしば，死んだ動物の皮革を利用して生活し，スカベンジャーとして行動し"ハラジロカツオブシムシ（hide beetles）"として知られている〕が，生存している野生のセイカーハヤブサ（*Falco cherrug*）の皮膚疾患に随伴していた（Samour & Naldo, 2003）．

臨床徴候

　Samourによって記述された症例（上述）では，カツオブシムシは主に尾腺の近傍の尾基部の背面領域に寄生していた．寄生を受けた鳥では，尾を低い位置に保った姿勢をとり，患部領域の皮膚には水腫，炎症と潰瘍がある．

診断と治療

　診断は外皮に甲虫を確認する．治療は麻酔下で行う．ペルメトリン/ピペロニルブトキシドを基礎とする殺虫剤（Falcon Insect Liquidator®，Vetafarm）を塗布してカツオブシムシを駆虫し，感染症に対する全身療法としてはマルボフロキサシン（Marbocyl®，Vetoquinol），10mg/kgを1日1回筋肉内投与し，感染症に対する局所療法としては，微温湯で1：500に希釈した4級アンモニウムとビグアニジン合成物を基礎とする殺菌剤（F10SC®，Health and Hygiene Pty）と，局所用のフシジン酸ナトリウム（Fucidin®，Leo Pharmaceutical Products）を5日間用いる．

皮膚外傷

原因と病理発生

　頭部外傷は，ワイヤーネット製の目の粗い禽舎で飼育されている猛禽類，特に，オオタカで頻繁に普通にみられる．猛禽類においては，鳥を紐につなぐために鳥の脚領域に付ける皮製の足緒（足革，脚革）（leather jess）（脚に縛りつけ，引きひもに結びつける短い革紐）で脛骨足根骨を覆う皮膚が擦られるための外傷が頻繁にみられる．泥やほこりが革の下に入り込み，擦れることは，この領域の皮膚表面に非常に近接している腱を含む軟部組織構造の重度の障害を引き起こす原因となる．

診断と治療

　頭部の外傷は広範なことがあり，しばしば欠損部を覆うために茎状移植片または豚の異種移植片（VetBiosist®，Cook）が必要となる．脚の傷の治療は難しいことがある．痂皮を注意して全て取り除くことが最初のステップで，その後，肉芽の形成を促進するためにGranuflex®（Convatec UK）のような包帯をする．Dermisol®（Pfizer）のような局所用の製品が感染防止に用いられ，患部領域への血流を刺激し回復速度を速めるためにPreparation H®（Whitehall Lab）が利用される．

細菌性皮膚炎

細菌性足（底部）皮膚炎（"趾瘤症"）

原因と病理発生

趾瘤症は，鳥の片側または両側の趾の感染を記述するのに用いられる慣用表現である（図4-1）．Oaks（1993）により，その程度に従ってグレード付けが行われ，Remple（1993）は，Ⅰ（最も軽度で，下部の組織に感染を伴わない外皮のみの病変）〜Ⅴ（最も重度で，骨髄炎と機能障害がある）に等級分けした．ビタミンA欠乏症と肥満は，おそらく誘発要因である．

診断と治療

診断は臨床徴候に基づいてなされる．滲出物の細胞診と病変部の培養は，適切な抗生物質投薬計画を決定するのに役立つことがある．傷の程度にしたがって，治療と予後が決まる．Redig & Ackermann（2000）は食餌の改善の重要性を説いている．適当な止まり木と囲いを用意することと定期的な脚のモニタリングも必要である．趾瘤症に罹患した猛禽類は治癒にかかる時間を短縮するために，趾への圧力を除去し患部領域への血液循環を助けるべく定期的に飛行させるべきである（Harcourt-Brown, 1996）．抗生物質治療は可能であれば培養に基づくべきである．重症例では，抗生物質は長期間にわたって（何ヵ月も）必要なことがあり，治療経過中に，連続的に変化する細菌叢により変更する必要があるかもしれない．

軽度－中等度趾瘤症の治療

軽度趾瘤症（カテゴリーⅠおよびⅡ）は単に局所的，非経口的治療方法および管理方法のみで治療できることがある．猛禽類はパッドの付いた止まり木のある禽舎に飼うべきで，合成品であるAstroturf®の使用が推奨される．加えて，ピペラシリン，リファンビシンとリンコマイシン等の抗生物質とジメチルスルホキシド（DMSO）局所投与とともに趾の表層性外傷部の創面切除が行われている．より深部の感染症である（カテゴリーⅡ〜Ⅲ）には，外科的切除前に非経口抗生物質が望ましい（図4-2）．Harcourt-Brown（1996）は，最低7日間リンコマイシ

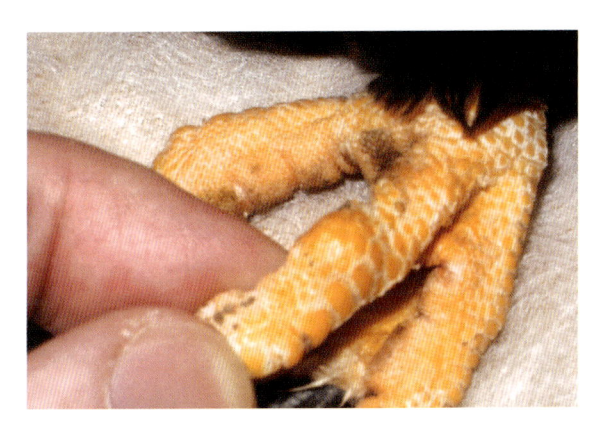

図4-1　モモアカノスリ（腿赤ノスリ）の脚膿瘍（鶏眼，うおのめ）．

図 4-2 図 4-1 の膿瘍摘出後の被膜と膿瘍.

ン（50mg/kg, 経口, 1日2回）またはクロキサシリン（250mg/kg, 経口, 1日2回）を推奨している. Harcourt-Brown らは, 5〜10mg/kg の経口的マルボフロキサシンも使用した. フシジン酸ナトリウムナトリウム（Fucidin®, Leo）は, 痂皮の局所治療に用いられることがある.

　両脚に包帯をすることは, 脚から圧迫を軽減することによって, 治癒を促進する. 脚は底面がガーゼまたは填綿によって"球包帯法（ball bandage）"で包帯することがあり, 趾（足趾）は包帯で包む. 鳥はもう一方の包帯をしていない脚を好んで用い, "正常"な脚への圧力が増加するため, 趾瘤症が包帯をしていない脚にも発生する可能性が劇的に増大するので, 必ず両脚に包帯をすることが望ましい. 他にエポキシ接着剤でコートされた Vetrap®/Coflex® のような非接着性弾性包帯による軽量のギブス包帯作成を含む手法が記述されている. 技術的には, 各趾の P2（第2趾骨）領域周囲に小さな帯状の包帯をする. 次に1巻きの柔らかい包帯を足底面にぴったり合うように整形し, 整形した包帯で前述の各趾の包帯を施した領域の外縁よりも十分に広くなるように足底部側から包む. この柔らかい綿性包帯の周囲を, さらにより伸縮性のある包帯で包み, 全体をエポキシ接着剤で趾の周囲を取り巻く細い包帯の足底面側（末梢側）に接着する. ここまで記述してきた補正用の"靴"を猛禽類の脚にもっとしっかり固定するためには, より伸縮性のある包帯で趾と足底部の"靴"の周囲を包む. それから全体を, エポキシ接着剤で覆い, 乾燥させる. 乾燥後, "靴"底を切り落とし, 詰めていた綿を取り除く. これにより, 足の主要部である足底面への入り口ができ, 全ての圧力を各趾に分散し, 物理的なびらん, 潰瘍 / 感染域に対するどんな物理的作用についても治癒経過を観察できる. 繰り返すが, 片側性, 両側性の趾瘤症にかかわらず, 両脚について同じように処置すべきである.

　同様の原則は趾の P2 レベルに接触する材料のリングを作り, 脚の足底面を持ち上げる, "ドーナツ"包帯を用いる際にも記載されている（Burke ら, 2002）. Harcourt-Brown（1996）は, 同じく足底表面の罹患部分を地面から持ち上げ, 傷への圧迫を軽減させる, メタクリル樹脂性の脚用のギブス包帯を使用する類似した手技を記述している.

重度趾瘤症の治療

重度趾瘤症（カテゴリーⅢ～Ⅴ）は治療できない可能性があるが，Remple & Forbes（2000）が記載した，感染領域の広範囲にわたる挫滅組織切除後に，抗生物質含浸ポリメタクリル酸メチルビーズ（AIPMMA）を移植する方法は成功する可能性があることを示した．あるいは，広範囲な掻爬と傷口の予備的な閉鎖に続く非経口抗生物質（上記参照）は，役に立つ．もし，利用可能な皮膚が足りないために，足底部欠損部を完全に閉鎖できない場合は，polydioxanoneまたはナイロン糸を使った巾着縫合で，部分的に傷を閉じる方法を用いてもよい．手術後に，先に述べたような広範囲の支持包帯が必要で，もし足底面への出入り口が形成されれば，さらに治癒を促進するためのポビドンヨードを浸漬した綿棒，局所Dermisol®またはプロフラビン油による治療を用いることが可能となる．

真菌性皮膚炎

原因と病理発生

真菌性皮膚炎は，猛禽で比較的まれである．*Aspergillus* spp. が，ハヤブサーシロハヤブサのハイブリッド（*Falco peregrinus* × *Falco rusticolus*）の眼瞼炎と頭部皮膚炎の症例から分離された（Abramsら，2001）．

診断と治療

診断は羽髄染色標本の検査または羽軸根からの通常培養で可能となるはずである．Abramsらにより記載された症例（上記）では，皮膚生検標本の病理組織学的検査により診断された．治療はイトラコナゾール（Sporanox®, Janssen）15mg/kgを経口的に1日2回投与し，ミコナゾールクリーム局所に塗布することで成功した．

ウイルス性皮膚炎

ポックスウイルス

原因と病理発生

通常，猛禽では乾燥型のみがみられるが，英国ではまれである．ウイルスは，蚊によって媒介される．フクロウ目（フクロウ）では，アビポックス・ウイルス（禽痘ウイルス）感染症は報告されていない．

臨床徴候

臨床徴候としては，眼球辺縁部，趾と脚の無羽毛部と蝋膜の丘疹と小水疱があげられる．これらの病変はしばしば痒みを伴い，二次感染する．

診断と治療

診断は，臨床徴候と病理組織学的に古典的なボリンゲル小体を示すことで行われる．対処方法は，二次的な細菌性感染症に対する処置に基づく．希釈した四級アンモニウム化合物または他の殺ウイルス性消毒薬（例えば，F10® Health and Hygiene Pty）を使って建物を含む敷地

の消毒を行う．

皮膚腫瘍

　猛禽類の皮膚腫瘍は頻度が低い．扁平上皮癌と翼端部の紡錘形細胞癌が報告されている（Malley & Whitbread, 1996）．

その他

凍　傷

原因と病理発生

　凍傷は伝統的な3面の囲いのある禽舎〔鷹を戸外につないで外気に慣れさせる場所（晒し場）として知られる〕で，止まり木につながれる猛禽によくみられる．鳥はトレーニングシーズンの間だけ，晒し場に収容されるで，凍傷は通常，初秋から晩秋に観察される．

臨床徴候

　病変が，単に皮膚疾患にとどまらず，より深部の組織壊死を伴うことが多い．皮膚は，翼端部辺りの水疱様の発疹を伴う腫脹として観察される．病変は，その後，色調が変化し，暗調となることがある．しかし，治療をしても，翼端部の末梢部への脈管分布が失われ，脱落することがある．

診断と治療

　診断は，病歴と臨床徴候に基づいてなされる．治療は，イソクスプリン（5～10mg/kg，1日1回，3～4週間経口投与）Preparation H®（Whitehall Labs）のような脈管刺激剤を投与することと鳥を暖めることが最もよく行われている．脈管障害があり翼の先端部の脱落が起きている場合は，全身的な抗生物質治療をお勧めする．

行動性毛引き

原因と病理発生

　特に定期的に展示に利用されるモモアカノスリ（*Parabuteo unicinctus*）での報告がある（Malley & Whitbread, 1996）．

臨床徴候

　毛引きは，胸部両側と脚の内側面で認められる．毛引きは自傷行為なので，頭部には病変はみられない．

診断と治療

　診断は，特に非行動性の原因である感染性および寄生虫誘発性の毛引きを除外してから行う．治療はストレスとなる因子の除去により達成されるが，一度，毛引きを行うとその虜になることがあり，問題解決は困難となる．研究は限られているが，多少良い結果が得られている，必須脂肪酸（マツヨイグサ油のサプリメント）をサプリメントとして餌にする試みがある．

参考文献

Abrams, G.A., Paul-Murphy, J., Ramer, J.C. and Murphy, C.J.（2001）'*Aspergillus* blepharitis and dermatitis in a Peregrine falcon － Gyrfalcon hybrid（*Falco peregrinus* × *Falco rusticolus*)'. *Journal of Avian Medicine Surgery*, 15(2):114-120.

Burke, H.F., Swaim, S.F. and Amalsadvala, T.（2002）'Review of wound management in raptors'. *Journal of Avian Medicine and Surgery*, 16（3):180-191.

Forbes, N.A. and Simpson, V.（1993）'Pathogenicity of ticks on aviary birds'. *Veterinary Record*, 133:532.

Harcourt-Brown, N.H.（1996）'Foot and leg problems'. In: *Manual of Raptors, Pigeonsand Waterfowl*（Benyon, P. H., Forbes, N. A. and Harcourt-Brown, N.H.（eds)). BSAVA, Cheltenham, pp. 163-167.

Krone, O. and Cooper, J.E.（2002）'Parasitic diseases'. In: *Birds of Prey: Health and Disease*（Cooper, J.E.（ed.)). Blackwell Science, Oxford, pp. 105-120.

Malley, D. and Whitbread, T.（1996）'The Integument（Raptors)'. In: *Raptors, Pigeons and Waterfowl*（Forbes, M.A. and Harcourt-Brown, N.（eds)). BSAVA, Quedgeley, Glos, pp. 129-139.

Samour, J.H. and Naldo, J.L.（2003）'Infestation of *Dermestes carnivorus* in a Saker falcon（*Falco cherrug*)'. *Veterinary Record*, 153:658-659.

Oaks, J.L.（1993）'Immune and inflammatory responses in falcon Staphylococcal pododermatitis'. In: *Raptor Biomedicine*（Redig, P.T., Cooper, J. E., Remple, J.D. and Hunter, D.B.（eds)). University of Minnesota Press, Minneapolis, MN, pp. 72-87.

Redig, P.T. and Ackermann, J.（2000）'Raptors'. In: *Avian Medicine*（Tully, T.N., Lawson, M.P.C. and Dorrestein, G.M.（eds)). Butterworth-Heinemann, Woburn, MA, pp. 180-214.

Remple, J.D.（1993）'Raptor Bumblefoot: A new treatment technique'. In: *Raptor Biomedicine*（Redig, P.T., Cooper, J.E., Remple, J.D. and Hunter, D.B.（eds)). University of Minnesota Press, Minneapolis, MN, pp. 154-160.

Remple, J.D. and Forbes N.A（2000）'Antiobiotic-impregnated polymethyl methacrylate beads in the treatment of bumblefoot in raptors'. In: *Raptor Biomedicine III*(Lumeij, J.T., Remple, J.D., Redig, P.T., Lierz, M. and Cooper, J.E.（eds)). Zoological Education Network Inc., Lake Worth, Florida, pp. 255-266.

Schulz, T.A., Stewart, J.S. and Fowler, M.E.（1989）'*Knemidocoptes mutans* acari（Knemidocoptidae) in a Great Horned Owl（*Bubo virginianus*)'. *Journal of Wildlife Disease*, 25（3):430.

第5章
水禽類の皮膚疾患と治療

外部寄生虫

水禽類で重要な外部寄生虫にはマダニ，その他の昆虫とヒルがあげられる．

その他の昆虫

その他の昆虫として重要なもの．
- シラミ
- クロバエ

シラミ

原因と病理発生

羽のない昆虫であるシラミは水禽類では最も頻繁にみられる外部寄生虫である．ハジラミ（ハジラミ目）のみが記録されている．多くの種類のシラミが同定されている．シラミは宿主特異的な傾向があり，その全生活環を宿主に寄生して送る．伝播は感染個体との直接的な接触で起きる．一般に，水禽類では，シラミの感染は，例えば，*Trinoton* spp. あるいは *Anaticola* spp. などの寄生では無症候性で，重篤な疾患の原因となることは滅多にない．例外は羽軸ダニ(shaft louse, *Holomenopon* sp., 図 5-1, 図 5-2) で，"ウエットフェザー病（wet feather disease）"〔**訳者注**：ウエットフェザー（wet feather）については「濡れ羽」とする成書もある〕と呼ばれる病態の原因となることがある（下記参照）．この場合は重度の刺激があり，過剰に羽繕いすることで，羽毛に水が浸み込み，羽毛の構築と防水性が障害される．

クロバエ

原因と病理発生

クロバエは，特に，アヒルウイルス性腸炎（アヒルペスト，ヘルペスウイルス）に罹患して，

図 5-1 ハクチョウシラミ（英名：swan-louse，学名：*Ornithobus cygni*）．

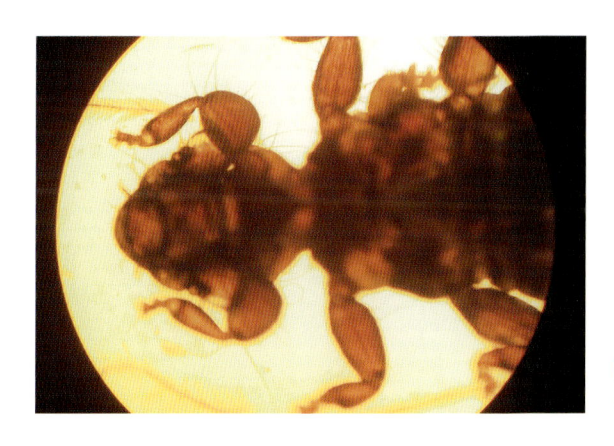

図 5-2 ハクチョウシラミの頭部の拡大（× 20）．

重度の下痢に苦しみ糞で土壌を汚染するアヒルでは，疾患の原因となることがある．キンバエ（green bottles）とクロキンバエ（black bottles）などの種類がしばしば関係する．皮膚に潜伏するウジが総排泄腔領域で重度の障害の原因となる．

診断と治療

ウジの存在で診断する．ショック，二次的な菌血症に対する処置と全てのウジを麻酔下で手を用いて除去する．

マダニ

原因と病理発生

マダニは時に水禽類の頭部に見い出され，高度の水腫の原因となる．マダニ寄生による腫脹はマダニの唾液内の毒素に対する反応と考えられている．*Ixodes ricinus* は通常英国全土に分布する．マダニは細菌，寄生虫とウイルス感染も広める可能性がある．

診断と治療

マダニの存在と臨床徴候から診断する．治療は見つけた全てのマダニを注意深く手で取り除くことである．さらに感染しないようにアイバメクチン 0.2mg/kg の経口投与が用いられるこ

とがある．

ヒル

原因と病理発生

　ヒルは水禽類の眼球と鼻腔周囲で，特に衰弱している場合に大きな問題となることがある．水禽類に寄生するヒルはヒル綱に属し，アヒルの鼻のヒルが特に問題となる（*Theromyzon tessalatum*）．

臨床徴候

　ヒルの寄生は結膜炎，失血，創傷感染の原因となることがあり，鼻にヒルが寄生している症例では，頭部をそり返す動作を示し，くしゃみをする．

診断と治療

　診断は臨床徴候とヒルの存在に基づく．治療は用手除去と経口的または経皮的にアイバメクチン 0.2mg/kg を 1 回投与する．

皮膚と羽毛の外傷

皮膚外傷

　頭部と頸部領域に対する外傷は頻繁にみられ，しばしば釣り針と関連する．加えて，頭蓋背側部と頸部領域への外傷は上腕骨（epibranchial bones）の端に出現する．前述の部位は後部の頭蓋骨と関節する舌骨装置の最背側部である．

　足底部皮膚炎あるいは趾瘤症も多くの種類の水鳥で頻繁にみられるが，しばしば水場や池の周囲の鳥が止まるための場所の質が劣悪であること関連する．粗く，ごつごつしたコンクリートまたは過剰にどろどろした地面は擦過傷を起こさせ，感染への効果的な防御を減弱させ，潰瘍や深部の軟部組織や骨への感染を起こさせる．

　同一種内および種間の闘争は外傷に至る可能性がある．エジプトガン（*Alopochen aegyptiacus*）とツクシガモ（*Tadorna* spp.）は他の鳥と頻繁にけんかし，ナキハクチョウ（*Cygnus buccinator*）は同一種内で闘争するので，単一のつがいのみで飼育すべきである．

　胸部潰瘍は衰弱した個体でみられることがあるか，脚が弱るか，脚に障害があり，多くの時間横たわらざるを得ない鳥にみられる．そのような病態には敗血症性関節炎や腱滑膜炎（例えば，*Mycoplasma synoviae* 感染症），鳥結核症と，腎臓腫大の原因となり，脚を支配する坐骨神経を圧迫する，腎臓コクシジウムである *Eimeria truncata* 感染症があげられる．前述のような個体に対しては，胸部潰瘍の治療の前に，（もし可能であれば）明らかに原因となる疾患に対する治療が必要である．

　その他の外傷としては捕食者に攻撃されることによる外傷，あるいは濡れた道を水路と間違えて誤って着地することによる外傷（ハクチョウでよくみられる）あるいは銃創がある．

ウエットフェザー

原因と病理発生

　ウエットフェザーは，羽毛の構造が，油（p.63参照），泥，糸状菌胞子または外傷などの羽毛の表面を汚染する物質によって強く障害を受け，羽弁の健全性が破壊されることに起因する．これにより撥水性が減弱し，羽毛は浸水状態に至る．羽の汚れは，水浴して，羽繕いするための，淡水の浅瀬がないために起こる可能性がある．水辺に突き出た木々はススカビ類（*Cladosporum herbarum*）で汚染されているかもしれず，それが下にいる水鳥に降りかかり，ウエットフェザーを生じさせる．羽軸ダニ（p.56参照）は本病態にも関与する可能性がある．加えて，重度の虚弱を引き起こし，そして，羽繕い行動を停止させる，どんな病気でも（例えば鳥結核症，アヒルペストウイルスなど），ぼろぼろで汚く見える羽毛をもたらす．人工的に育てられている，若齢のアヒルの雛も羽毛の撥水性を失いやすいことに留意しなければならない．自然の状態では，両親がアヒルの雛の羽繕いに多くの時間を費やし，確実に効果的な防水性が発揮させる．したがって，人工的に育てられたアヒルの雛には泳ぐのに十分な量よりむしろ，飲料水のみを供給すべきである．

診断と治療

　診断は感染症と外部寄生虫を検索するための診断試験とともに臨床徴候に基づく．ウエットフェザーの治療は，界面活性剤（油汚染に関しては，p.63参照）を使って体表面の汚染物質を全て除去し，局所の環境を修正することが必要である．全身的に虚弱状態にある場合は，羽毛の感染性または寄生虫性疾患について治療をしなければならないのと同じように，それに対する対処を要する．

凍　傷

原因と病理発生

　フラミンゴなどのエキゾチックの水鳥の中の数種類では頻繁にみられる病態である．

臨床徴候

　凍傷は翼の先端部あるいはもっと頻繁に脚先端部にみられることがある．乾性壊疽が凍傷の後に起き，末端部が剥離し重度の場合には敗血症が，その結果として起きることがある．

診断と治療

　診断は寒冷暴露されたという病歴と臨床徴候に基づいて行う．凍傷の治療は鳥を徐々に暖めること，輸液療法とPreparation H®やイソクスプリン（Navicox®，Univet）などの脈管刺激薬を5〜10mg/kg，経口的に1日2回，2〜3週間使用することを基本とする．

光線過敏症

原因と病理発生

　水鳥では，セイヨウオトギリソウ（オトギリソウ属）を摂取することによる光線過敏症が報

告されている（Robinson, 1996）.

臨床徴候
脚と足の皮膚が日光に暴露されると，発赤と痒みを伴い水腫様となる．

診断と治療
診断は，臨床徴候と，鳥の生息環境下に光線過敏症の原因体が認められるかどうかに基づく．治療は鳥の体から毒素が代謝され，除去されるまで，支持療法を実施する．光線過敏症の原因体は鳥の生息環境下から必ず除去し，日光への直射暴露は避けられなければならない．

細菌性皮膚炎

細菌性足（底部）皮膚炎（"趾瘤症"）

原因と病理発生
趾瘤症は大型カモとハクチョウで頻繁にみられる．特に下地の表面が質の悪いコンクリートで，日常的に擦り傷が生じていること，免疫を低下させる何らかの全身性疾患があることと，特にビタミンA欠乏症に至る栄養不良との複合に起因する．

臨床徴候
大型の乾酪化膿瘍は，病変が進行した症例では，遠位足根-中足骨とP1（第1趾骨）の関節を覆って形成される可能性がある．初期の徴候は，明瞭な，うおのめ（鶏眼）または単に表面の亀裂形成であるかもしれない．

診断と治療
診断は病歴と臨床徴候に基づく．治療は難しい．感染領域の外科的創面切除では，抗生物質PMMAビーズ（第4章を参照）が移植の有無にかかわらず必要かもしれない．猛禽類と同様に，骨髄炎が存在する場合は，予後は要注意である．他の局所治療法として上手くいっている方法には，ジメチルスルホキシド（DMSO）（30ml），デキサメタゾン（2mg）とコハク酸クロロマイセチン（200mg）（または感受性試験により適当な他の抗生物質）（Olsen, 1994）の混成投与があげられる．治療は4～8週間，毎日3回繰り返す．足底表面があまり磨り減らないようにするためには，例えばAstroturf®または高圧ブチルゴムも，足底表面への障害を減少させるために役に立つ．

鳥結核病

原因と病理発生
鳥型結核菌（*Mycobacterium avium*）感染症は水禽類では頻繁にみられる疾患である．感染は通常，食餌中あるいは漏出した廃水，下水，堆肥などで汚染された水の中の細菌の摂取によって起きる．吸入と直接的な接触によっても拡大する．

臨床徴候
大部分の鳥は特に衰弱と痩削いった全身的な徴候を示す．下痢と腹囲膨満（通常は腹水が原

因）は病気が進行した例ではみられることがある．皮膚病変は非常にまれである．皮膚病変が起きると通常は脚に結核性病変が存在し，跛行に至る．まれに皮膚病変が膿瘍としてみられ，結節性増殖は眼球周囲，顔面側部，嘴の基部，翼の関節または両脚に認められることがある．

重症例については安楽死をお勧めする．

その他

羽髄炎（羽毛の血管髄の感染）に関連した病態が，水鳥で報告されている．翼を整形した鳥では，刈り込まれた羽毛の中空の羽軸内に水と細菌が充満し，感染した鳥では過度の羽繕いや羽包感染が起こることがある（Suedmeyer，1992）．

皮膚外傷は，環境中の細菌〔例えば緑膿菌属（*Pseudomonas* spp.）と *Aeromonas hydrophila*〕により，二次感染しやすい可能性がある．傷病鳥，特にガチョウとハクチョウでは，敗血症の徴候を示す例があり，細菌の侵入口に水腫性あるいは壊死性皮膚病変をも示すことがある．

真菌性皮膚炎

真菌による皮膚炎が水鳥に生じる．感染は，しばしばアスペルギルス属とカンジダ属等の日和見感染する真菌（図5-3）により，衰弱個体に起きる．

カンジダ属

原因および病理発生

カンジダ症は一般に日和見感染で，衰弱した鳥が通常罹患する．

臨床徴候

最も一般的には，カンジダ症は口腔，食道の感染症として存在する．しかしながら，カンジダ症は特に眼球と口のまわりに，ケワタガモのようなウミガモにおいてもよくみられる．さらに，水鳥の天然孔領域の病変を引き起こすことも報告されている（Bauck，1996）．

図5-3 アオサギの翼の壊死部における真菌性皮膚炎．

診断と治療

診断は臨床徴候と，病変からの掻爬および塗抹標本をディフ・クイック（Diff-Quik®）染色することにより，卵円形／円形の，壁の薄い出芽性の酵母様細胞と菌糸の断片が存在することに基づいて可能となる．

病変の局所療法はクロトリマゾール（Canestan®, Bayer）あるいはナイスタチンを含む化合物を使用して試みられることがある．

クラドスポリウム（クロカビ）属

水鳥の羽毛の汚染が，川岸木に生育するススカビ類（*Cladosporum* sp.）からの胞子で生じることがある．これがウエットフェザー病に至ることもある．

アスペルギルス属

アスペルギルス属は食材で成育し，若い鳥の翼と肢に血管の変化をもたらすことのあるアフラトキシンを生産することがあり，脚と足を覆う皮膚のチアノーゼを起こす．しかしながら，一般にアフラトキシンが引き起こすより頻繁にみられる肝臓障害と比較した場合には些細な臨床徴候である．

ウイルス性皮膚炎

ポックスウイルス

原因と病因

ポックスウイルス感染症は水鳥では滅多にみられない．伝播は擦過傷のある皮膚あるいは結膜を介する接触で生じると考えられている．節足動物は，機械的媒介者の役割を果たすかもしれない．

臨床徴候

病変は淡黄色の痂皮として，羽毛がない領域に認められる．病変は通常は嘴，特に口との連結部に存在するが，頭部，脚部あるいは足部（通常水かきの足底部表面）にも見い出される．病変はごくわずかの瘢痕を残して治癒するであろう．ポックスウイルスは二次的に感染する可能性がある．

診断と治療

診断は，臨床徴候および組織病理学検査でウイルス封入体〔いわゆるボリンガー（Bollinger）小体〕を示すことでなされる．病変は，自己限定的で6～8週以内に消散する．

その他のウイルス感染症

ウイルス性乳頭腫

ウイルス性乳頭腫は水鳥の足および頭部に認められる．原因体は確定されていないが，ヘルペスまたは乳頭腫ウイルスであろうと推定されている．

オルトレオウイルス

オルトレオウイルス（orthoreovirus）が飼育下のガチョウの伝染性心筋炎を引き起こすことが報告されている．二次的な徴候としては嘴と足の皮膚が剥げることがあげられる．ガチョウの雛は1～3週齢で感染し，死ぬか，ずっと発育不良（ひね鳥）のまま残ることがある．

タイワンアヒル（バリケン）では，ガチョウでみられるウイルスとは異なるオルトレオウイルスが，孵化後3週間頃に羽毛発育（および身体発育）阻止を引き起こす原因体として報告されている．致死率は感染個体では90％に達する（Gaudry & Tektoff, 1973）．

その他の病態

油汚染

臨床徴候

油による汚染は水鳥に気が滅入るほど定期的に発生し，特に海ガモ，ウミスズメとウミバトに最も頻繁に起きる．原油が羽毛を覆い，羽毛の防水性と断熱性を破壊し，低体温症に陥らせる．加えて，油による障害の多くは罹患した鳥が油を摂取することに起因する．これにより，下痢，二次的な消化管感染と溶血性貧血が起きる．そのような重度に衰弱した鳥では *Aspergillus fumigatus* による呼吸器のアスペルギルス症のような，二次的な内臓真菌感染症の発生の好適な標的となる．

診断と治療

診断は油に接触したという病歴と臨床徴候で行う．油の除去を前述した油中毒の全身的な効果に対する治療に平行して行う．

支持療法としては下痢に関連する脱水に対する積極的な輸液療法があげられる．輸液はラクトリンゲル（lactated Ringer's®）液を用い，内側中足（後脛骨）静脈（medial metatarsal）または上腕静脈から瞬時に投与することを勧める．鳥の体液を維持するための数値は，犬・猫と同じく1日当たり50ml/kgと見積もられ，不足分を同様に計算し，2～3日間にわたって分割投与する．溶血性貧血は症状に従って，30％未満に低下した場合，デキストラン鉄（10ml/kgを筋肉内投与）で治療することがある．あるいは，もしヘマトクリット値が15％未満に低下した場合は，輸血によって治療を行うことがある．被覆剤としての抗生物質または抗真菌薬が二次的な細菌感染およびアスペルギルス症を予防するのに必要かもしれない．

羽毛からの油の除去にはFairy Liquid™（Proctor & Gamble）などの界面活性剤が最適である．界面活性剤は羽毛の重度の油の残留物に直接塗布するか，あるいは汚染が軽い場合は2％溶液として用いる．界面活性剤を水で洗い流すことは，低体温症のリスクを減らすためと，鳥のおよその内臓温度を保持（例えば42℃付近になるように）するために必須である．油の残留物が全て羽毛から取り除かれるまで，これを繰り返すべきである．水洗過程では，何らかの羽毛の耐水性あるいは防水性が回復したことを示唆する，羽の上の水玉，小水滴形成が認められなければならない．羽毛を乾かすために，ヘアドライヤーが使用されることがあり，ほとんどの水鳥は，暖房のある環境で飼育すべきであり，さらに4，5日間，水に入れないが，海生鳥類では羽毛が再び完全に耐水性になるのに，さらに長くかかる可能性がある（10〜14日ほど）．

エンジェルウイング（angel-wing）*

原因と病理発生

本疾患は真の皮膚障害ではなく，整形外科的な発生異常である．一般にガチョウやハクチョウといった大型の水禽類に発生する．誘引は栄養，特に過度に高蛋白質性で高エネルギー性の餌の過食と関連していると考えられている．相対的なビタミンE欠乏症（高成長率に対して低値の場合）も関与していることが示唆されている．

臨床徴候

片側または両側の翼が手根関節から背-外側方向にねじれるために体幹部から突出する．生命に関わる病態ではないが，罹患した鳥は飛べない．

診断と治療

診断は臨床徴候に基づき行われる．病態に気づいた場合は，すぐに翼を手根部で獣医療行為として屈曲させ，食餌中の蛋白質含量を減らし，疾患の進行を抑える．疾患が進行している場合は，元へは戻らない．

参考文献

Bauck, L.（1994）'Fungal diseases'. In: *Avian Medicine: Principles and Application*（Ritchie, B., Harrison, G. and Harrison, L. eds）. Wingers Publishing, Lake Worth, Florida, pp. 997-1006.

Beynon, P.H., Forbes, N.A. and Harcourt-Brown, N.H.（1996）*Manual of Raptors, Pigeons and Waterfowl*. BSAVA, Cheltenham.

Gaudry, D. and Tektoff, J.（1973）'Essential characteristics of three viral strains isolated from Muscovy ducks'. *Proceedings from 5th International Congress of the WVPA*, pp. 1400-1405.

Olsen, J.H.（1994）'Anseriformes'. In: *Avian Medicine: Principles and Application*（Ritchie, B.,

---

*訳者注：別名 slipped wing, crooked wing または drooped wing．なお，「天使の羽」あるいは「天使の翼」という訳もあった．

Harrison, G. and Harrison, L. eds). Wingers Publishing, Lake Worth, Florida, pp. 1235-1275.

Robinson, I. (1996) 'Feathers and skin (Waterfowl)'. In: *Manual of Raptors, Pigeons and Waterfowl* (Beynon, P.H., Forbes, N.A. and Harcourt-Brown, N.H. eds). BSAVA, Cheltenham, pp. 305-310.

Suedmeyer, W. (1992) 'Trimming wings in waterfowl'. *Journal of the Association of Avian Vets*, 6 (4):205.

第2節
爬虫類の皮膚科学

第6章
爬虫類の皮膚の構造と機能

爬虫類の皮膚の機能

- 脱水，摩滅，UV放射線からの身体を保護する．
- 水，ガスと熱交換の制御を補助する．
- 社会的相互作用の役割を担う．イグアナ科，キノボリトカゲ科，カメレオン科とヤモリ科のトカゲには体色を変化させる能力がある．

爬虫類の皮膚の状態は，その健康状態を反映し，環境と栄養因子によって影響される．爬虫類の皮膚における病気の経過と病理像の一部を理解するためには，正常の解剖学と生理学の概説が重要である．多くの疾患の過程で外被のみが疾患に関係する唯一の器官でないことが記述されてきている．全身性疾患が皮膚徴候を示す可能性がある．敗血症の場合，皮膚，鱗または腹甲における多数の小型点状出血が明らかである．腹部における水腫の発生は，腎臓および肝臓疾患でみられる．

獣医師は，爬虫類の医学と飼育管理の全般的な概論に関しては，参考文献リストに掲げた文献を参照のこと．

解剖学と生理学

表 皮

爬虫類の皮膚は，鱗により修飾されている．鱗の名称に使用される用語は，分類されている群，大きさ，形と体における局在部位に依存し，例えば，趾下板（scansor）はヤモリが非水平面をよじ登ることを可能とする趾の下部の鱗または層板を指す．表皮は，3層から構成される（図6-1）．

- 最外層の角質層は高度に角質化した層で構成される．
- 中間層（胚芽層，有棘細胞層）はさまざまの発生段階にある胚芽層細胞で構成される．

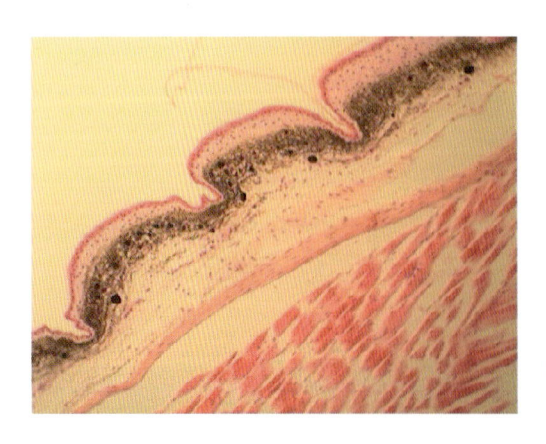

図 6-1　表皮と真皮を示す爬虫類の皮膚横断切片.

- 最深部の胚芽層（基底層）は立方上皮細胞で構成される．
  角質層は以下の層にさらに細分割される．
- オーバーハウチェン（oberhautchen）層．
- β-ケラチン層は硬固で，脆弱な成分で鱗の表面を形成する．
- α-ケラチン層は弾性で，しなやかで，鱗の間の継ぎ目の役を果たす．スッポンとオサガメでは，甲羅の表面はα-ケラチンで構成される．

真　皮

- 真皮は大部分が膠原線維，血管とリンパ管，平滑筋線維，神経，無数の色素胞と「皮膚骨格」を形成する多彩な骨構造（皮骨）が交錯する結合組織で構成される（Davies, 1981）．
- カメ目といくつかのトカゲ類の鱗または鱗甲（例えば，プレートトカゲ，ヨロイトカゲとスキンク）下の真皮内には，皮下骨（osteoderm または osteoscute）と呼ばれる骨性のプレートが存在する．
- カメ目では背甲と腹甲（それぞれ甲羅の上部と下部を構成する）の皮下骨が，背側部では椎骨と肋骨と合体し，腹側部では胸骨と合体する．ドクトカゲ属のトカゲでは背側の頭蓋骨部分と癒合する．
- 皮骨（dermal bone）は代謝が活発であり，体重算定に組み入れられるべきである．

腺

爬虫類には皮膚（付属）腺は非常に少ないが，例外的に，以下のようなものが記載されている．
- カメには臭腺（musk gland）またはラトケ腺（Rathke's gland）が存在する（ヌマガメ科のカメは例外）．前述の腺は背甲と腹甲間の橋梁部内に両側性に対をなして存在する．雄のカメには下顎先端部のすぐ裏側におとがい（頤）腺（mental gland）がある（Zug ら，2001）．
- 一部のヤモリとイグアナでは分泌性の大腿(腺)孔(femoral pore)と前肛門(腺)孔(precloacal pore)がある．これらの孔はトカゲが性成熟に達するまで開孔せず，しばしば雄のみにみられる．

第6章　爬虫類の皮膚の構造と機能

- 数種のカメレオンでは口角に側頭腺（temporal glands）を有し，臭気のある蝋様物質を含む，皮膚起源の全分泌腺と記載されている．防御行動の際に腺を裏返し，縄張り行動あるいは，おそらく昆虫を誘う時にも使用するとされている（Klaphake，2001）．
- ヘビ類と autarchoglossan lizards〔**訳者注**：autarchoglossa はトカゲ下目とオオトカゲ下目をまとめた名称（Camp，1923）〕では尾の基部に有対の肛門腺（scent gland）があり，個々の腺は総排泄腔の外縁に開口する．
- 数種の海および砂漠に生息するカメ目と鱗竜類〔lepidosaur, **訳者注**：鱗竜亜綱（lepidosauria）にはムカシトカゲ目（sphenodontia）が含まれる〕には塩腺がある．

角質構造

- 鉤爪は末端部趾節骨の先端を包む角質性の鞘である（図6-2）．3層で構成され最外層はβ-ケラチンで構成される．鉤爪はカメ目のように全てが角質性円錐であるか，鱗竜類のように一部が角質性円錐であるかのどちらかである．
- 顎－カメ目の上下両方の顎鞘（jaw sheath, **訳者注**：鳥類の嘴と同じような口縁部の角質性の鞘）はともに歯に代わって咬み砕く機能のある角質性構造物である（図6-3）．

体　色

　爬虫類には2つの型の色素産生細胞が存在する．
- メラノサイトは表皮の基底層全体に散在する．
- 色素胞は真皮の外側部分に積み重なっている．色素胞は表層部から底部に向かって，黄色素胞（xanthophores）（黄色，オレンジ色および赤色色素），虹色素胞（iridophores）（白色または反射性）と黒色素胞（melanophores）（黒色，褐色または赤色）である．体色を変化させない，いくつかの種類では層状の色素胞は存在しない（Zugら，2001）．

図6-2　強力な鉤爪のあるトカゲ．

図6-3　カメの顎の接写．

脱　皮

内分泌学

　甲状腺ホルモンはトカゲ類とヘビ類では明らかに逆説的効果を示す．トカゲ類（促進的）に対してヘビ類（抑制的）（Maderson, 1985）．
- ヘビ類では休止相はホルモンによって維持され，更新相はホルモン依存性ではない．
- トカゲ類では甲状腺は脱皮に影響し，甲状腺を摘出した動物では脱皮は中断する．

脱皮相

　脱皮過程は，トカゲとヘビでは，およそ14日で完了する．この期間中，脱皮中の爬虫類は食餌を拒絶し，物陰に隠れていることがあり，より攻撃的となり，触れられることをひどく嫌がる可能性がある．中間層（上部胚芽層）の細胞は，複製し，全てが新規の3層（角質層，胚芽層，基底層）からなる表皮〔新規の内部表皮発生層（the new inner epidermal generation）と呼ばれる〕を形成する．一旦，表面部分が完全に新しくなると，リンパ液が表面部分と内部表皮発生層の間の領域に滲出し，酵素活性により裂開帯（cleavage zone）が形成され，その後，分離する．

　脱皮過程には，6つの異なった相が記述されている．

　休止層（ステージ1）に，爬虫類の栄養状態と年齢に従い数週間または数ヵ月がかかることがある．

　更新層（ステージ2～6）は，およそ14日続く．
- ステージ2：胚細胞層から産生される新規娘細胞が外部表皮発生層（outer generation layer）を置換する．分化は外層に始まり，胚細胞が分裂し始める．
- ステージ3：ステージ2において胚細胞層から産生された細胞が角化し始め，新しい内層（inner layer）または内部表皮発生層（new inner epidermal generation）を形成し，体色の艶を失い始める．
- ステージ4：皮膚はこの時期に最も光沢を失いスペクタクルは内および外表皮世代間に中間層ができることで半透明となる．この時期のハンドリングは避けるべきである．
- ステージ5：中間層が崩壊する．
- ステージ6：眼球が透明化してから4～7日後に脱皮が起きる．2つの表皮発生層（外部表皮発生層と内部表皮発生層）は，外部表皮発生層の最内層細胞層の酵素により誘導された崩壊と内外表皮発生層の両者間に介在する間隙内へのリンパ液の拡散により，物理的に分離されて最後に脱落が起きる．

脱皮パターン

　脱皮は爬虫類の生存期間を通して，連続して起こる．脱皮パターンは，異なる爬虫類グ

ループ間でさまざまである．脱皮過程の生理学につては，爬虫類グループ間で類似している．
● カメ目では胚芽層の細胞は生存期間を通して連続的に分裂し，冬眠と麻痺状態の間だけ停止する（Zugら，2001）．
● トカゲ類とカメ目では，大部分が，皮膚は小片となって脱皮する．陸生のカメでは甲羅の外側の部分から小型の薄片が剥がれるようにして脱皮が行われるが，水生のカメでは甲羅全体から外側の部分が剥がれ落ちて脱皮する．カメ目では，甲羅の脱皮で形成される年輪を数えることでカメの年齢を決定することはできない．
● ヘビ類と一部のトカゲでは，皮膚（スペクタクルも含めて）が一塊となって脱皮が行われる．ヘビは，最初に顎の終末部から脱皮し始める．ヘビは体の頭側方向から尾側方向へ向かって（皮膚）脱皮殻を反転させて這い出てくる．

脱皮の頻度

脱皮の頻度と長さに影響する因子としては，以下のものが含まれる．
● 年齢，例えば，急速に成長する若いヘビは5～6週間に1回の頻度で脱皮する．成体では1年間に3～4回しか脱皮しないことがある．
● 温度は重要である．一般に代謝回転が増大するので，脱皮の頻度は温度に依存して増加する（Maderson，1985）．
● 栄養，環境温度と湿度も脱皮の頻度に影響を与える．もし不適当な場合は，脱皮不全（dysecdysis）の原因となる可能性がある．
● 疾患，瘢痕化およびホルモン失調も正常な脱皮に影響する．

参考文献

Davies, P.M.C.（1981）'Anatomy and physiology'. In: *Diseases of the Reptilia* Vol. I（Cooper J.E. and Jackson O.F. eds）. Academic Press, London, pp. 9-73.

Frye, F.L.（1991）*Biomedical and Surgical Aspects of Captive Reptile Husbandry*, Vols I and II. Krieger Publishing Company, Malabar.

Klaphake, E.（2001）'Temporal glands of chameleons: medical problems and suggested treatments'. *Proceedings of the Association of Reptilian and Amphibian Veterinarians.* Orlando, Florida, pp. 223-225.

Lackovich, J.K, Brown, D.R., Homer, B.L., et al.（1999）'Association of herpes virus with fibropapillomatosis of the Green turtle *Chelonia mydas* and the Loggerhead turtle *Carretta carreta* in Florida'. In: *Diseases of Aquatic Organisms*, 37, pp. 89-97.

Lynn, W.G.（1970）'The Thyroid'. In: *Biology of the Reptilia*, Vol. III. Academic Press, NewYork, NY, pp. 201-234.

Maderson, P.F.A.（1985）'Some developmental problems of the reptilian integument'. In:

Biology of the Reptilia, Vol. XIV. John Wiley and Sons, New York, pp. 523-598,

Zug, G.R., Vitt, L.J. and Caldwell, J.P.（2001）'Anatomy of amphibians and reptiles'. In: *Herpetology － An Introductory Biology of Amphibians and Reptiles*, 2nd edn. Academic Press, San Diego, pp. 45-49.

第7章
爬虫類の皮膚検査と診断試験

履歴と飼育方法

　詳細な臨床的履歴は全ての症例において重要である．臨床的履歴は以下の情報を含んでいるべきである．
- 飼育下での環境（図 7-1）．
- 飼　料．

　爬虫類に対処する時には，飼育下での管理に関する知識または情報の入手は必須である．爬虫類の他の病態と同じく，不適切な管理は，病気の主因かあるいは皮膚病態持続要因のいずれかである．

臨床検査

　全身の検査は皮膚科学的検査に加えて実施されるべきである．正常の爬虫類皮膚に関する予備知識は必須である．例えば，痒みはダニの寄生と関連していることがあり得るが，脱皮が差し迫っている時は，自然な事象とみなされる．爬虫類の皮膚は，脱皮前に，光沢を失うことがあり，若干のトカゲ類では，ハンドリングの間あるいは疾病の際に，体色が暗調化する可能性がある．

　全身性疾患では皮膚徴候があることがある．典型的病変としては，擦過傷，水疱，痂皮，嚢胞，点状出血（敗血症性の毛細管の怒張），変色または"腫脹"があげられる．皮下腫脹のように見える可能性のある病変の鑑別診断リストは以下の変化があげられる．膿瘍，水腫，内部寄生虫（蠕虫），腫瘍，肉芽腫と外骨（腫）症．

図 7-1　爬虫類の生息環境に必要な事柄に関して精通することは必須である．

検査サンプルの採取

細針吸引

- 皮膚腫瘤からの細針吸引は細胞診検査と微生物検査に提出可能である．
- 感染と腫瘍間の鑑別に有用な手技である．

皮膚生検

　腫瘍性病変の確定診断には病理組織標本が必要だが，細菌あるいはマイコバクテリウム性の病原体（図 7-2）の培養にも役立つ．

手　技

- 局所麻酔（2％キシロカインまたはリドカイン）は皮膚生検材料採取時に利用可能である．
- 肉眼観察可能な，表在性病変には切開あるいは切除生検法が有効である．

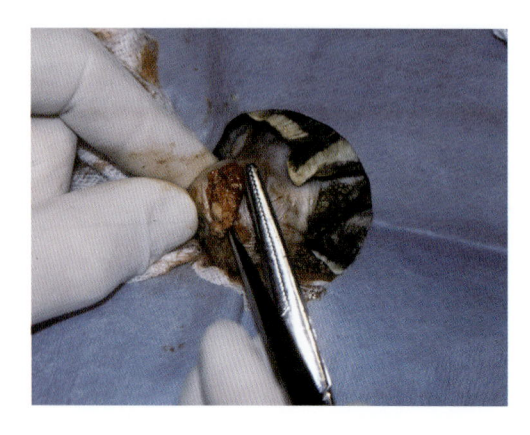

図 7-2　病理組織検査に皮膚生検標本を提出すべきである．表皮下組織は表面に存在する生物に汚染されている可能性が少なく，細菌感染において，病原体を純培養できる可能性が高い．（原図：S. MacArthur）

- パンチ生検用の器具は，ヘビのような大型の鱗を有する爬虫類の皮膚では，鱗が標本採取により障害されたり，あるいは鱗により適切な標本採取が障害されることがあるため，役に立たない（Hernandez-Divers, 2003）．皮膚を閉じるためには縫合が必要となる可能性がある（傷が閉じ治癒するのに 4 〜 8 週かかる）．
- カメの甲（羅）からの楔状生検には全身麻酔が必要となる．甲は生検あるいは組織学的評価が難しい．
- 皮膚腫瘤は全身麻酔下で切除および組織学的検査への材料の提出が可能である．
- 最低 2 個の皮膚生検標本を採取すべきで，1 個は組織学用に提出し，他は微生物学検査に提出すべきである（理想的には，標本は無菌的に機械で破砕されるべきである）．

微生物学

- 細針吸引サンプル（図 7-3）からのスワブを提出するかまたは生検時に無菌的に採取された組織標本を培養することが可能である．
- 分離された微生物が，周囲環境中に頻繁に見出される微生物かあるいは二次的な病原体か，結果を解釈するのが困難である可能性がある．
- サンプルの取扱いについては，マイコバクテリウム，サルモネラ，舌虫〔**訳者注**：Pentastoma（Linguatulida），英名；tongue worm，和名；舌虫（したむし），五口動物，舌形動物〕とヘビダニは人獣共通感染症の原因となる恐れがある．

脱皮不全（脱皮異常）

脱皮不全は通常，多因子性である．しばしば飼育様式が不適切あるいは誤っていることによ

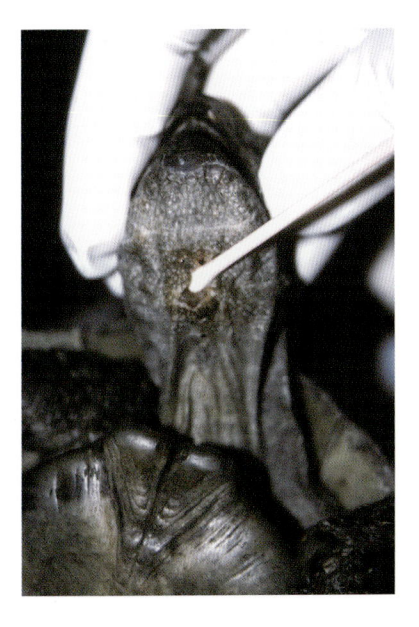

図 7-3　皮膚病変と感染巣は細菌，真菌とマイコバクテリウムの培養，細胞診検査と病理組織学的検査に利用できる．（原図：S. MacArthur）

る症候群である．

脱皮不全に関連する要因には以下のような因子があげられる．
- 環境中の温度と湿度．
- 栄養状態．
- 寄生虫感染．
- 古い外傷性瘢痕．
- 手術または熱傷．
- 全身性疾患．
- 椎骨癒合等の脱水または運動機能障害の原因となる潜在性疾患．

脱皮不全（dysecdysis）はヘビとトカゲの若干の種でより高頻度にみられ，カメ目ではあまり一般的ではない．完全な病歴聴取，身体検査と皮膚科学的検査が，脱皮不全の原因を特定するために必要である．最初の病歴によっては，さらに診断試験を進めることが可能である．脱皮不全を未処置のままにしておくことは感染の原因となることがある．残存する皮膚は，細菌，真菌類と寄生虫の温床となる可能性がある．これ以上の詳細は，それぞれの種の章で記載する．

膿　瘍

膿瘍は，外傷（咬傷または穿刺傷）または血行性拡大（図7-4）が原因となる可能性がある．膿瘍から分離された細菌のリストには際限がないが，少し例をあげれば，アエロモナス属，パスツレラ属，ブドウ球菌属と緑膿菌属があげられる．場合によっては，マイコバクテリウム属とレプトスピラ属のような人獣共通感染性細菌も分離される（Frye, 1991）．膿瘍と肉芽腫から共通的に分離される細菌には，緑膿菌属，アエロモナス属，シトロバクター属，大腸菌

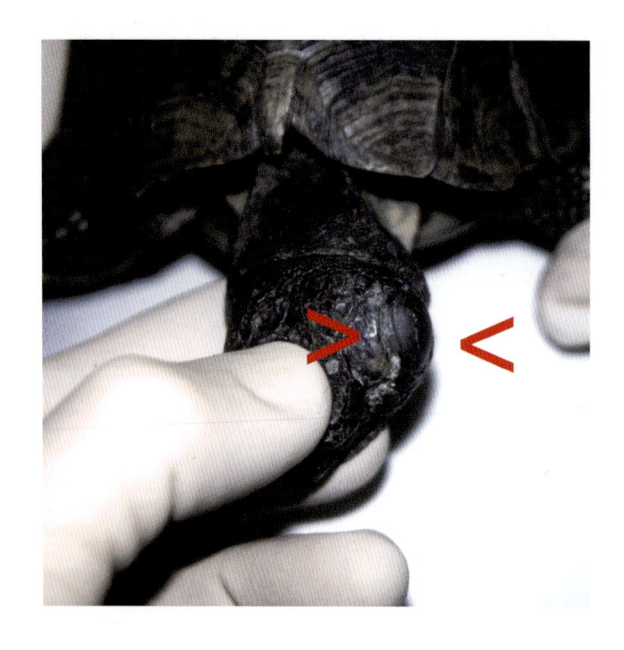

図7-4　モロッコ産のギリシャリクガメの鼓室盾（矢頭）領域における頭部の側方への腫脹．本病変は慢性化した耳の膿瘍の結果である．（原図：S. MacArthur）

(*Escherichia coli*)，プロテウス属，サルモネラ属，セラチア属，ナイセリア属，レンサ球菌属と *Corynebacterium pyogenes* がある．

　イグアナ類では *Corynebacterium pyogenes*，*Serratia marcescens*，*Salmonella marina*，ミクロコッカ（ク）ス属とナイセリア属が分離されている．時折，バクテロイデス属，クロストリジウム属，フゾバクテリウム属とペプトストレプトコッカス属のような嫌気性細菌がみられる（Rossi，1996）．メトロニダゾール等の選択的抗生物質の使用を考慮すべきである．

臨床徴候

　膿瘍は体表面のほとんどどこにでも見つかる可能性があるが，頭部と四肢が頻発する部位である．膿瘍は，皮下の固形性腫脹として出現する．半流動性の乾酪膿瘍であるため，非常に大きくなるまで，潰瘍化することは滅多にない．ほとんどの膿瘍が線維性被膜を有する．感染が拡大し，骨に病変が及んだ場合以外は，孤立性膿瘍が問題となることは滅多にない．したがって，頭部または四肢周辺の膿瘍では，骨への病変波及の有無を検査するためにX線撮影を実施すべきである．

検　査

　細針吸引は，鑑別診断の補助となる．膿瘍が外科的に対処される場合は培養の必要はない．

治　療

　ランセットによる膿瘍切開よりむしろルーチンの創縫合が可能な部位では，膿瘍は外科的に完全切除することが最良の対処法である．採取された材料は微生物の培養と感受性検査とに提出することが可能で，培養と感受性試験の結果を得て，抗生物質による治療を開始する．なるべく，グラム陰性菌に対する抗菌スペクトルをもつ殺菌性抗生物質を使用すべきである（表7-1）．

寄生虫性疾患

　以下の種々の寄生虫が皮下組織へ移行する可能性がある．
- 条虫類，スピロメトラ属．
- 吸虫類，*Spirorchidae*（Proparorchidae）〔spirorchid fluke "blood fluke"（住血吸虫類）〕．
- 旋尾線虫類．
- 舌虫（舌形動物）類は人獣共通感染性なので，感染動物を取扱う時には手袋を装着すべきである．有用な唯一の治療法は幼虫除去である．

　爬虫類は地を這うように生息しているので，爬虫類はダニの宿主または偶発宿主（図7-5）であることがあり，大型トカゲと野生のヘビの60％にダニの感染があると推定されている．

表 7-1 爬虫類における薬物の処方

薬物	用量（mg/kg）	コメント
抗生物質		
acyclovir（アシクロビル）	80mg/kg，経口，1日2回，10日間 局所5％軟膏	カメ（ヘルペスウイルス）
amikacin（アミカシン）	初回用量5mg/kg，以後2.5mg/kg，72時間ごと，筋肉内	
cefotaxine（セフォタキシン）	20〜40mg/kg，筋肉内，1日2回	
ceftazidime（セフタジジム）	20mg/kg，筋肉内，皮下，静脈内，72時間ごと	
chloramphenicol（クロラムフェニコール）	40〜50mg/kg，皮下，12〜72時間ごと 50mg/kg，経口，1日1回	ヘビ
enrofloxacin（エンロフロキサシン）	5〜10mg/kg，経口，皮下，筋肉内，24〜48時間ごと	
metronidazole（メトロニダゾール）	25〜40 mg/kg，経口，1日1回	
marbofloxacin（マルボフロキサシン）	2mg/kg，経口，皮下，48時間ごと（カメ） 2〜10mg/kg，経口，皮下，1日1回（ヘビとその他のトカゲ）	
penicillin benzathine〔ベンジルペニシリン・ベンザチン（ベンジルペニシリン ベンザチン塩）〕	10,000IU/kg，筋肉内，48〜96時間	
抗真菌薬		
itraconazole（イトラコナゾール）	23.5mg/kg，経口，1日1回	トカゲ
ketoconazole（ケトコナゾール）	15〜30mg/kg，経口，1日1回，2〜4週間	
nystatin（ナイスタチン）	100,000IU/kg，経口，1日1回，10日間	
抗寄生虫薬		
fenbendazole（フェンベンダゾール）	25〜100mg/kg，経口，1日1回	反復治療
ivermectin（アイバメクチン）	0.2 mg/kg，経口，皮下，筋肉内，繰り返し注入法14日間 局所：1mlのプロピレングリコールと500mlの水に溶解した5mgアイバメクチン	カメ目禁忌
鎮痛薬		
buprenorphine（ブプレノルフィン）	0.005〜0.02mg/kg，筋肉内，24〜48時間	
carprofen（カルプロフェン）	1〜4mg/kg，経口，皮下，筋肉内，1日1回	

図 7-5　捕獲されたばかりの若いリクガメの前肢に付着していたマダニ．（原図：S. MacArthur）

環境性疾患

皮膚外傷

嘴の擦過傷

原　因
　嘴の擦過傷（rostral abrasions）は，ビバリウム内に存在する表面がざらざらした物に擦過，圧迫あるいは強打することで発生する（図7-6）．過密状態を避けること．同一ケージ内の攻撃的な個体は隔離すること．

治　療
　患部から骨の露出のない軽症例では，飼育環境の調整，ポビドンヨードによる患部局所の消毒と抗生物質軟膏の塗布の後に，OpSite™ スプレー（Smith and Nephew）等で創傷包帯を行うことで治療できる．嘴の擦過傷を防ぐために，身を隠す場所，インテリア（複数個体が同一ビバリウム内で飼育されているならば）を用意すべきである．ビバリウム内には少しでも表面がざらざらした物を置いてはならないし，ガラスの壁面は動物に見えるようにしなければならない（例えばプラスチックフィルムは視覚障壁となる）．

尾の障害

原　因
　尾端部は乾燥して壊死性となり，しばしば黒く変色することがある．前述の病変は，無血管性壊死，敗血症または外傷に起因するかもしれない．基礎となる病因を決定するために，完全な臨床検査，全般的な飼養方法の評価と生化学的と血液学的検査のための血液サンプルの採取を行うべきである．有鱗目（トカゲとヘビ）では，腹側尾根部に位置する肛門腺（scent gland）があり（ヘミペニスとは区別されなければならない），腫大化あるいは感染する可能性がある（Funk, 1996）．

図7-6　アカミミガメが水槽から逃げ出そうとして体側部を過度に水槽に擦りつけたことによる外傷性病変．水の濾過が不十分で，細菌の攻撃が高度であった．

カメレオンまたはモニター（monitor lizard）以外の多くのトカゲ，特にヤモリと2, 3種類のヘビには，尾を自切できる能力がある（尾の尾側部分を切断しても，いくつかの種では再び成長する）．

治　療

罹患した尾の部分は，健常組織と壊死組織の間の分界線の頭側で切断する必要がある可能性があり，原因次第では，全身性抗生物質で治療する．

接触性皮膚炎

接触性皮膚炎は，芳香族化合物を含む素材（杉のチップまたは葉緑素含有床敷）の使用および，いくつかのケージ洗浄用製品（例えば，漂白剤またはフェノール化合物）が洗浄後に残っている場合に発生する．接触性皮膚炎とともに鼻炎や他の呼吸器症候群が併発するかもしれない（Harkewicz, 2001）．

熱　傷

原　因

熱傷は，通常，熱くなった石，保温用マットと光源等の熱源に触れることに起因する．熱傷の原因となるまで，なぜ爬虫類が保温装置と接触し続けるのかは知られていない．飼い主はこのことを理解すべきで，例えば，水槽の床面に保温用マットを置くよりも，水槽の側面に沿って保温用マットを置くというようにして，どんな直接的接触からも爬虫類を十分に保護しなければならない．熱傷は細菌性および真菌性皮膚炎に類似しているように見えることがある．

治　療

熱傷病変は皮膚表層性であるかもしれないし全層性であるかもしれない．さらに，広域に

表 7-2　輸液療法

	ヘビ	トカゲ	カメ目
投与量	15〜25ml/kg （24〜48時間） 総体重の1〜2%	15〜25ml/kg （24〜48時間） 総体重の1〜2%	15〜25ml/kg （24〜48時間） 総体重の2〜3%
体腔への投与ルート			
皮　下	ヘビとトカゲでは肋骨を被覆する疎性な皮膚		
静　脈	外側尾静脈	外側尾静脈	頸静脈
筋肉内		20〜22ゲージの針を脛骨前縁に留置	背甲と腹甲間の尾側骨橋
経　口	ヘビを垂直に保定し必要な補液用チューブの長さを測定する（ヘビの胃は口から全長の2/3の位置に存在する）．	胃は肋骨の尾側辺縁のすぐ後ろに位置する	カメを垂直に保定し腹甲の中央部まで必要な補液用チューブの長さを測定する

わたる熱傷の場合は，動物は体液と電解質を失っているので，経口的な補液療法を試みるべきである（表7-2参照）．湿性から乾性包帯法とスルファジアジン銀（Flamazine）またはポビドンヨード（Betadine）等の抗菌性軟膏による局所治療を併用すべきである（Barten, 1996）．OpSite™ スプレー（Smith and Nephew）が，ガータースネーク（Thamnophis sirtalis）における熱傷の治癒を最も促進する効果的包帯であることが見い出された．このポリウレタン製の透明フィルムは細菌の侵入できない防水包帯であると同時に傷のモニタリングを容易にできる（Smith ら，1988）．

緑膿菌（Pseudomonas aeruginosa）は熱傷の傷で増殖し，致死性の合併症を引き起こす（Jacobson, 1977）．グラム陰性菌に対する抗生物質による全身療法または細菌培養と感受性試験に基づいた抗生物質による全身療法と同時に局所治療と鎮痛が行われなければならない．一旦，健常組織と壊死組織間の分画が明らかとなった場合は，外科的創面切除を行うべきである．熱傷は瘢痕化を引き起こし，瘢痕化は正常の脱皮を阻害することにより不全脱皮の原因となることがある．

参考文献

Barten, S.L. (1996) 'Thermal burns'. In: *Reptile Medicine and Surgery*. W.B. Saunders Company, Philadelphia, pp. 419-420.

Frye, F.L. (1991) 'Pathological conditions related to captive environment'. In: *Biomedical and Surgical Aspects of Captive Reptile Husbandry*, Vol. I. Krieger Publishing Company, Malabar, pp. 161-182.

Funk, R.S. (1996) 'Tail damage'. In: *Reptile Medicine and Surgery*. W.B. Saunders Company, Philadelphia, pp. 417-418.

Harkewicz, K.A. (2001) 'Dermatology of reptiles: A clinical approach to diagnosis and treatment'. In: *The Veterinary Clinics of North America, Exotic Animal Practice, Dermatology*. W.B. Saunders Company, Philadelphia, pp. 441-462.

Hernandez-Divers, S.M. and Garner, M.M. (2003) 'Neoplasia of reptiles with an emphasis on lizards'. *The Veterinary Clinics of North America − Exotic Animal Practice* 6, pp. 251-273.

Jacobson, E.R. (1977) 'Histology, endocrinology and husbandry of ecdysis in snakes'. *Veterinary Medicine − Small Animal Clinician*, pp. 275-280.

Rossi, J. (1996) 'Dermatology'. In: *Reptile Medicine and Surgery*. W.B. Saunders Company, Philadelphia, pp. 104-117.

Smith, D.A., Barker, I.K. and Allen, O.B. (1988) 'The effect of certain topical medicationson healing of cutaneous wounds in the Common Garter snake T*hamnophis sirtalis*'. *Canadian Journal of Veterinary Research*, 52, pp. 129-133.

第8章
ヘビの皮膚疾患と治療

細菌性皮膚炎

水疱病

原因と病理発生

ヘビの感染性皮膚炎は，"水疱病（blister disease）" としばしば呼ばれている．通常は湿潤な床敷や環境と関係している（図 8-1）．湿潤な外被は細菌と真菌類の侵入門戸になり，敗血症に至ることがある．

臨床徴候

病変は，小水疱（vesicle）または "水疱（blisters）" として現れる．水疱はまず最初に，液体で満たされ，壊死と皮下膿瘍へ進展する可能性がある．無処置のまま放置すると敗血症と死に至ることがある．Branch ら（1998）は，ボールパイソン（*Python regius*，**訳者注**：和名；ボールニシキヘビ，英名；ball python）の1コロニーで感染性皮膚炎の発生を記載した．感染は腹部の鱗の小水疱として発現し，潰瘍を形成し全身性疾患となる．

診断と治療

無菌的に水疱液を採取し，培養と感受性試験を実施することが，病変に関与している病原体を単離するために重要である．培養結果が出るまでの対処は，ポビドンヨード薬浴を毎日行うこと，経験的な全身的抗生物質治療を行うことと注意深い飼育管理である．ヘビが至適の温度で，かつ新聞紙のような乾燥性の素材の上で飼われていることを確認する．

Branch らの症例の場合は，*Proteus vulgaris* と緑膿菌（*Pseudomonas aeruginosa*）が病変部から培養され，ヘビは感受性試験の結果から，全身的なアミカシン，セファロスポリンとキノロンによる治療がなされた．ヨウ素による薬浴と局所用の抗菌性クリームも使われた（図 8-2）．アスペルギルス属の菌糸が外表皮層上にみられた．ほんの少数のヘビだけが生き残った．この症例での飼養管理は満足のいくものであると思われ，表在性感染の侵入門戸となるダニが見つ

図 8-1　ボールパイソン（Ball Python, 別名 Royal Python）の水疱病．（原図：J.D. Littlewood）

図 8-2　ヘビのポピドンヨード浴．

かると手で取り除かれた．ハンドリング，輸送と妊娠のようなストレス要因が寄与している可能性がある．真菌感染は，外部寄生虫と細菌性皮膚炎に対する二次的な変化かもしれない．

他の細菌性感染

　Quesenberry ら（1986）によって記述された症例によって強調されるように，皮膚炎の全ての症例がグラム陰性細菌に起因するというわけではない．潰瘍性口内炎と結節性皮膚病変が次第に悪化しているボアコンストリクターでは病変部の創面切除と切開を繰り返し実施したが反応しなかった．ルーチンで行われている細菌培養では細菌は増殖しなかったが，滲出液から抗酸菌が得られ，その後 *Mycobacterium chelonei* と同定された．剖検により，病変は肺にもみられた．敗血症状態のヘビは皮膚，特に腹部の鱗に点状出血がみられ，食欲不振となる（図8-3）．ヘビは協調運動失調等の中枢神経系徴候を示すことがある．

真菌性皮膚炎

原因，病理発生と臨床徴候

　ヘビの真菌性皮膚炎は，側部と腹部の鱗に現れる傾向がある（図 8-4）．皮膚病変から

図 8-3 ヘビの点状出血.

図 8-4 ヘビの腹部の鱗の皮膚炎.

分離される真菌類は，二次的な病原体または夾雑物である可能性がある．土中に常在する *Trichophyton terrestre*（表 8-1 参照），白癬菌属と小胞子菌属以外の真菌は爬虫類では観察されていない．真菌病変は，黄色 - オレンジ色 - 褐色の変色を伴う壊死性の角化亢進症または皮膚肉芽腫まで多彩であることがある．

表 8-1 は，ヘビで同定された真菌類のリストである．

診断と治療

診断は，臨床徴候と病変からの真菌培養に基づく．治療には背景となる原因の特定，壊死組織または肉芽腫の除去，希釈ポビドンヨード薬浴とミコナゾール，ケトコナゾールまたはナイスタチンによる局所治療があげられる．爬虫類における全身性抗真菌薬についての利用可能な情報は，ゴーファーガメ（Gopher tortoise）におけるケトコナゾールに関する研究を除いてほとんどない．グリセオフルビン使用で反応が良くないことが報告されている．

ウイルス性皮膚炎

表皮扁平上皮乳頭腫が一般的なボアであるボアコンストリクターとハイチアンボア（Haitian boa, *Epicrates* spp.）で同定された．（Frye, 1991）．

表8-1 ヘビで同定される真菌

真菌	報告のあるヘビの種類	文献	臨床徴候
Trichophyton terrestre	ボアコンストリクター（Boa constrictor）	Austwick & Keymer, 1981	無徴候 正常鱗屑から得られた
Chrysosporium anamorph of Nannizziopsis vriesii	ミナミオオガシラヘビ（brown tree snake：Boiga irregularis）	Nichols ら, 1999	皮膚疾患 結果的に罹患した全てのヘビが死亡
アオカビ属, Oospora, Geotrichum spp., Fusarium solani, Trichoderma spp.		Jacobson, 1980	
Geotrichum candidum	カーペットニシキヘビ（carpet snake /python, Morelia spilota），ビルマニシキヘビ（burmese python：Python molurus bivittatus）	McKenzie & Green, 1976	皮下感染症
Monilia sitophila	ブラックラットスネーク（black ratsnake, Elaphe obsolete, 別名：リコリススティック）		混濁し粗造な鱗屑
Chrysosporium queenslandicum と Geotrichum candidum	ガーターヘビ（Thamnophis）	Vissiennon ら, 1999	総排泄口周囲皮膚病変，肺と肝臓病変

寄生虫性疾患

ヘビにおいて重要な外部寄生虫には以下の寄生虫がある．
- 蠕 虫．
- ダ ニ．
- マダニ．

蠕 虫

爬虫類の循環系およびリンパ系に寄生している線虫はドラクンクルス上科と糸状虫上科に属している．線虫は皮下結合組織に寄生し，腫瘍，水腫と炎症を引き起こす（Reichenbach-Klinke & Elkan, 1965）．

ドラクンクルス上科

原因と病理発生

Dracunculus spp. の幼若幼虫（juvenile larvae）は，水中で自由生活し，甲殻類等の中間宿主に摂取される．飼育下で中間宿主がいなければ，一旦，感染動物が治療されれば，感染は感染個体のみに限定される．

臨床徴候

Jacobsonら（1986）は，主に体側部の鱗に発生する多巣性隆起性膿疱性病変を有する数例のヘビを記載した．病変は破裂，流出し，最後に痂皮ができる．

診断と治療

Jacobsonの症例では，押捺塗抹標本，湿標本と切開膿疱では，無数の線虫の幼虫が示された．1匹のヘビから，完全な線虫が採取され，ドラクンクルス上科の線虫と同定された．感染動物はアイバメクチン（0.2mg/kgの筋肉内投与を14日間繰り返した）で治療された．

糸状虫上科

原因と病理発生

糸状虫科（Filarioidea）の寄生虫は節足動物により媒介される．これまでの報告例では，死亡前にほとんどまたは全く臨床徴候はない．

臨床徴候

皮膚病変は血管の閉塞に起因し，例えば潰瘍は血液供給遮断に関連する尾先端部の壊疽に発展する（Frank，1981a）．

診断と治療

ミクロフィラリアは，厚い血液塗抹標本で検出可能である．

ダ　ニ

ヘビで見つかる最も重要なダニは，Macronyssidae科に属し，ヘビダニ（snake mite）と一般に称される*Ophionyssus natricis*である．他のあまり一般でないダニには，*O. lacertinus*，*O. mabuyae*，*Neoliponyssus saurarum*と*Ophidilaelaps* spp. があげられる（Frye，1991）．*Ophioptes parkeri*，*O. tropicalis*と*O. oudemansi*は，南米産のヘビの鱗に棲むMyobiidae科のダニである（Reichenbach-Klinke，1965）．Reichenbach-Klinke（1965）は，ダニの種類とその宿主のリストを作成した．

ヘビダニ

原因と病理発生

Ophionyssus natricis，黒く，光沢のある吸血性のヘビダニは，時折，トカゲでもみられる．ライフサイクルは13〜21日で，ダニは最高40日まで生きることがある．ダニは暗く湿潤で，75〜85°F（25〜30℃）の状況を好む．雌は暖かく，暗くて，湿った場所に卵を産む．1匹の雌は，囲いの割れ目に最高80個までの卵を産む可能性がある．大型のヘビでは皮膚に直接産卵されることがある．ヘビの皮膚以外の場所で，ダニが最も簡単に産卵しやすい場所は水入れである．ダニの寄生したヘビでは，体の痒みを緩和するために水に浸る．水に浸ることで少数のダニを殺すことができる．死んだダニは，水面で撒かれたコショウのように見える．

臨床徴候

重度の寄生では，失血，脱皮不全，瘙痒とおそらくグラム陰性細菌，*Aeromonas hydrophila* 感染症等の疾患が伝染することがある．ダニと接触した人は，皮膚発疹（皮膚の小水疱・水疱性丘疹性皮疹）（Schultz, 1975）が出ることがある．

診断と治療

診断は環境中とヘビに寄生するダニを同定することでなされる．ヘビダニの治療は，0.2mg/kg のアイバメクチンを経口，皮下，あるいは筋肉内に 14 日間隔で繰り返すか，フィプロニル（Fipronil®）（Frontline）またはアイバメクチンスプレー（1ml プロピレングリコールと 500ml の水に 5mg 添加）を局所的に投与する．アイバメクチンスプレーは環境中で使用することもできる．基質を変更しなければならないが，ケージ，アクセサリーと水槽を完全に消毒する．

マダニ

Aponomma transversale はパイソンの眼窩に付着する硬いマダニである．他の大型のアフリカ産のヘビには *A. latum* が寄生することがある（Frank, 1981b）．

脱皮不全

原因と病理発生

最終段階後（第 6 章の「脱皮」p.72 ～ 73 を参照），少なくとも 7 日で脱皮ができなかった場合は，脱皮不全または異常な脱皮である．原因の 1 つは低湿度（大部分のヘビで 50 ～ 60％が理想的）かもしれないし，他に，周囲の低温，ハンドリングによるストレスまたは皮膚損傷，体を擦り付けるのに不適切なアクセサリー，または劣悪な栄養があげられる．流木と岩が古い皮膚の除去を助けるために必要である（図 8-5）．脱皮不全の獣医学的原因は，細菌性，真菌性あるいは寄生性皮膚感染または全身性疾患によるのかもしれない．熱傷（図 8-6）と古い瘢痕（図 8-7）のような皮膚病変は，正常な脱皮を妨げるかもしれない．

図 8-5 流木と岩が古い皮膚の除去を助けるために必要である．

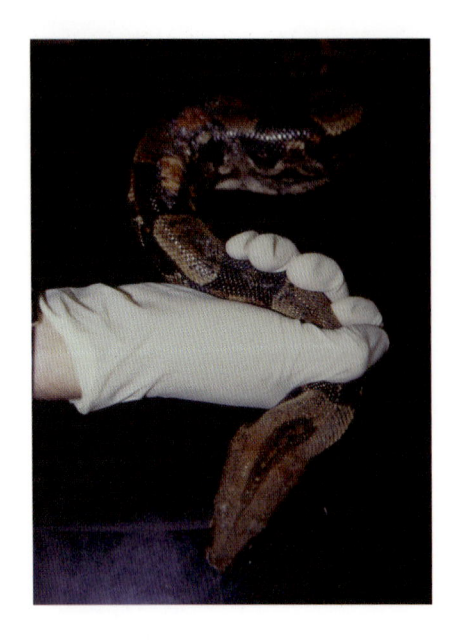

図 8-6　ヘビの熱傷は正常な脱皮を阻害する．

図 8-7　ボールパイソンの脱皮不全．
（原図：J.D. Littlewood）

　ヘビの自然の生息地は大まかに砂漠，温帯と熱帯に分けられる．レインボーボア（*Epicrates* spp.）とミドリニシキヘビ（green tree python, *Chondropython viridis*）は，高い（92～96％）相対湿度を必要とする．一方，スナボア（*Eryx* spp.）のような，砂漠に生息する種では，ほとんど湿度（＜40％）を必要とせず，もし環境があまりに湿潤な場合は，水疱が発生する．本疾患はミズヘビ（*Natrix* spp.），ガータースネーク（garter snake）とキングヘビ（king snake）によくみられる（Jacobson, 1991）．アエロモナスと緑膿菌のような細菌性の病原体とともに真菌の過剰増殖が湿潤な環境下では起こる．液体で満たされた小疱は膿瘍に発展するかもしれず，全身性感染症を引き起こすかもしれない．ヘビの体を取り巻いて残存する皮膚環（skin ring）は，一般に総排泄腔の尾側にあり，尾の遠位部の虚血壊死の原因となることがある．組織がまだ生きているかどうかを判断するためには，注射針を刺入して血管分布を確かめる．

診断と治療

　診断は，臨床徴候と病歴，特にヘビの環境に基づいて行われる．感染がある場合は，抗生物質治療は，可能な培養と感受性試験に基づいて行われなければならない．ヘビの脱皮を助けるためには，温水浴を行うべきである．ヘビの体サイズに従って，プラスチック容器またはごみ箱を利用する．蓋をすることは可能であるが，喫水線より上に頭を保持することができなければならない．水に浸っている間，ヘビを放っておくべきではない．二次細菌感染を治療するならば，ヨウ素を水に添加可能である．推薦される希釈率は，1：50（ヨウ素：水）である．一旦，浸漬されて，後に水槽に戻す時は，濡れタオルでヘビを擦って，皮膚を取り除く．全ての残存する皮膚が取り除かれるまで，これを繰り返す必要がある．皮膚小片は，鉗子を使って，手で剥がすこともできる．

　ほとんどの場合，温かい液体（30℃）で濡らしたきれいなテリー織のタオルを詰めた枕カバー内に24時間入れることでヘビとトカゲはうまく脱皮する（Harvey-Clark, 1997）．

スペクタクル遺残

　すでに述べたように，ヘビは皮膚全体を1つの塊として脱皮し，スペクタクルもこれに含まれる．スペクタクルは眼を保護する透明な癒合性の眼瞼で，脱皮の時には，皮膚の一部として脱皮するはずである．スペクタクルの正常な外観についての知識が重要である．ボールパイソン（Python regius）のスペクタクルは，艶がなく，皺が寄っているが，スペクタクル遺残と混同してはならない．必要以上に，または，誤ってスペクタクルを取り除くと，眼を傷つけることがある．ヘビの飼い主には脱皮した皮膚にスペクタクルも含まれていることを確認するように指示する．もし本当に遺残している場合は，スペクタクルを潤滑性の点眼薬（Viscotears®またはLiquifilm®）で軟化させ，1日数回，潤滑薬を点眼後，湿らせた綿棒を使用して除去するか，または，セロハンテープを眼に押しつけて，穏やかにテープを剥がす（Mader, 1996）ことによって除去することができる．スペクタクル遺残はスペクタクル下膿瘍となる可能性がある．

栄養性

　Jacobson（1991）はアミメニシキヘビ（Python reticulatus）で，表皮と真皮とが分離した膠原線維障害を記述した．皮膚は脆弱で，1匹のヘビでは真皮と表皮の間に液体が貯留していた．慢性的な栄養失調は蛋白質欠乏症および/またはビタミンC欠乏症のどちらかに至る要因である可能性がある（若干の種類のヘビは腎臓でビタミンCを合成できる）．

内分泌

甲状腺機能亢進症

原因と病理発生

　ヘビでは甲状腺機能亢進症が認められ，脱皮周期が異常に短縮する．それには2つの要因が関与している．第1に原発性甲状腺機能障害と第2に下垂体性機能障害である．下垂体性機能障害によってTSH分泌が増加することがあるか，チロキシン分泌を制御しているTSH抑制性フィードバックループ不全の原因となることがある．

臨床徴候

　短い間隔（1～2週間）の過剰脱皮は甲状腺機能亢進症が原因であると考えられてきた．前回の脱皮が完了すると，眼は再び不透明になる．この連続的な脱皮で，体内の蓄積が利用され，動物は永続的な食欲不振となることがある．

診断と治療

　診断は，臨床徴候と甲状腺機能の測定によって行われる．治療は，毎日経口的に21～30日間，プロピルチオウラシル 10mg/kgを投与，またはメチマゾール 1.0～1.25mg/kgを毎日30日間経口投与する．甲状腺機能は，治療前と治療期間中，測定しなければならない．投薬量は，4ヵ月間の治療後，漸減すべきである．もし過剰な脱皮が再発したら，最低用量での維持療法が必要である（Messonnier, 1996）．

腫　瘍

総　論

　大部分の爬虫類の腫瘍は，哺乳類のまたは鳥類の腫瘍と同様の挙動を示す．したがって，生物学的挙動と予後は，この点から推定可能かもしれない．

診断と治療

　診断は，臨床徴候，細針吸引生検または切除生検に基づいてなされなければならない．手術は，限局した皮膚腫瘍でマージンが確認される場合は，治療の第一選択枝である．ヘビで化学療法についてのレポートが，ほとんどなかった．

線維肉腫

　線維肉腫は，ボアコンストリクター（*Constrictor constrictor*），セイブダイヤガラガラヘビ（セイブヒシモンガラガラヘビ，Western diamondback rattlesnake, *Crotalus atrox*），プレーリーガラガラヘビ（prairie rattlesnake, *C. viridis viridis*），ティンバーガラガラヘビ（シンリンガラガラヘビ，timber rattle snake, *C. horridus horridus*），ラッセルクサリヘビ（Russell's viper, *Vipera russelli*）とブラックスネーク（black snake, *Pseudechis* sp., **訳者注**：別名；ハラアカクロヘビ，*Pseudechis porphyriacus*）で報告されている（Jacobson, 1981）．

上述した線維肉腫は，下顎間皮下の腫脹と肝臓転移のあるマングローブスネーク（*Boiga dendrophila*）に記述された．腫瘤は菌糸も含んでいた（Jacobson, 1984）．線維肉腫はヘビで最も頻繁に報告されている腫瘍であって，しばしば皮下組織に発生が始まって，その後血管系およびリンパ管系を介して内臓諸器官に転移する．

脂肪肉腫

脂肪肉腫はアカオボア（*Boa constrictor*）で認められた（Reavill ら, 2002）．さまざまの大きさの多発性，硬結性，皮下腫瘤が体全体に不規則に分布していた．推奨される治療法は広範囲の積極的な外科的切除である．脂肪肉腫は，通常，放射線療法と温熱療法に耐性を示す（Reavill ら, 2002）．

扁平上皮癌

水ヘビであるヌママムシ（*Agkistrodon piscivorus*）が扁平上皮癌と診断された（Jacobson, 1981）．病変は，左下顎下部に付着していた．

粘液腫性腫瘍

粘液腫性腫瘍は，線維芽細胞，軟骨芽細胞，脂肪芽細胞，筋芽細胞，あるいは神経起源の可能性がある．ウイルス粒子は，シナロアミルクヘビ（*Lampropeltis triangulum sinaloae*）（Ewing ら, 1991）あるいはテキサスインディゴヘビ（*Lampropeltis triangulum sinaloae*）どちらの粘液肉腫症例にも見い出されなかった（Barten & Frye, 1981）．両粘液肉腫は侵襲性で，後者は肋骨にも広がっていた．

黒色腫

多発性の皮膚黒色腫が，レティキュレーテッドパイソン（*Python reticulatus*）で記載されている．悪性黒色腫は，パインヘビ（*Pituophis melanoleucus*）とアメリカネズミヘビ（American rat snake, Everglade's rat snake, *Elaphe obsoleta rossalleni*）で黒色の皮膚腫瘍として認められた．両症例で原発性腫瘍の切除にもかかわらず，さらなる腫瘍増殖，局所浸潤と多彩な器官への転移が起きた．

色素胞腫

色素胞腫は，単一の型の色素を含む細胞またはいろいろな型の細胞の組合せからなる腫瘍である．悪性色素胞腫（メラニン産生性）の初報告はワンダリングガータースネーク（Wandering garter snake, Western terrestrial garter snake, *Thamnophis elegans terrestris*）で Frye ら（1975）により行われている．体に沿って無数の硬結性結節性腫脹が認められた．第2報目は，ゴーファーヘビ（*Pituophis catenifer*）（Ryan ら, 1981）である．最初の増殖は孤立性皮下結節として認められたが，下部にある筋膜に浸潤していたため，全ての腫瘍組織を摘出することは難

しかった．繰り返される再発と局所浸潤は，悪性腫瘍を示唆した．内臓器官には転移は生じなかった．第3報目は，パインヘビ（Jacobsonら，1989）である．悪性色素胞腫は，皮下のオレンジ色の腫瘤として，Canebrakeガラガラヘビ（*Crotalus horridus atricaudatus*）でも診断された．腫瘍は浸潤性で，下部の骨格筋に密着していて完全切除は困難であった．キタパインヘビ（*Pituophis melanoleucus melanoleucus*）において，虹色素胞の転移を伴う，虹色素胞腫と黒色素胞腫の複合型腫瘍がJacobson（1991）によって報告された．

遺伝性および先天性

鱗のないヘビ（鱗の無形成）や鱗の配列が逆向きのヘビ（鱗の配列異常）が時折みられる．白皮症とメラニン沈着症は頻繁に発生（Reichenbach-Klinke & Elkan，1965）するが，ブリーダーがそれを助長する．アルビノのヘビは，メラニン色素を欠くが，赤，黄および白色の色素は存在する可能性がある（Bellairs，1981）．

参考文献

Abou-Gabal, M. and Zenoble, R.（1980）'Subcutaneous mycotic infection of a Burmese python snake'. *Mykosen*, 23:11, pp. 627-631.

Austwick, P.K.C. and Keymer, I.F.（1981）'Fungi and actinomycetes'. In: *Diseases of the Reptilia*, Vol. I. Cooper, J.E. and Jackson, O.F.（eds）. Academic Press, London, pp. 193-231.

Barten, S.L. and Frye, F.L.（1981）'Leiomyosarcoma and myxoma in a Texas indigo snake'. *Journal of the American Veterinary Medical Association*, 179: pp. 1292-1295.

Bellairs, A.D.A.（1981）'Congenital and developmental diseases'. In: *Diseases of theReptilia*, Vol. II. Cooper, J.E. and Jackson, O.F.（eds）. Academic Press, London, pp. 469-486.

Branch, S., Hall, L., Blackshear, P. and Chernoff, N.（1998）'Infectious dermatitis in a ball python Python regius colony'. *Journal of Zoo and Wildlife Medicine*, 29:4, pp. 461-464.

Collete, E. and Curry, O.H.（1978）'Mycotic keratitis in a reticulated python'. *Journal of the American Veterinary Medical Association*, 173:9, pp. 1117-1118.

Dillberger, J. and Abou-Gabal, M.（1979）'Mycotic dermatitis in a Black ratsnake'. *Mykosen*, 22:6, pp. 187-190.

Ewing, P.J., Setser, M.D., Stair, E.L., *et al.*（1991）'Myxosarcoma in a Sinaloan milksnake'. *Journal of the American Veterinary Medical Association*, 199:12, pp. 1775-1776.

Frank, W.(1981a) 'Endoparasites'. In: *Diseases of the Reptilia*, Vol. I. Cooper, J.E. and Jackson, O.F.（eds）. Academic Press, London, pp. 291-358.

Frank, W.（1981b）'Ectoparasites'. In: *Diseases of the Reptilia*, Vol. I. Cooper, J.E. and Jackson, O.F.（eds）. Academic Press, London, pp. 359-383.

Frye, F.L., Carney, J.D., Harshbarger, J.C. and Zeigel, R.F.（1975）'Malignant chromatophoroma in a Western terrestrial garter snake'. *Journal of the American Veterinary Medical Association*, 167, pp. 557-558.

Frye, F.L. (1991) '*Biomedical and Surgical Aspects of Captive Reptile Husbandry*', Vols I andII. Krieger Publishing Company, Malabar.

Gregory, C.R., Harmon, B.G., Latimer, K.S., et al. (1997). 'Malignant chromatophoroma in a canebrake rattlesnake *Crotalus horridus atricaudatus*'. *Journal of Zoo and Wildlife Medicine*, 28:2, pp. 198-203.

Harvey-Clark, C.J. (1997) 'Dermatologic (skin) disorders'. In: *The Biology, Husbandry and Health Care of Reptiles*, Vol. III, Ackerman, L. (ed.). T. F.H Publications Inc. Neptune City, NJ, pp. 654-680.

Jacobson, E.R. (1980) 'Necrotizing mycotic dermatitis in snakes: clinical and pathological features'. *Journal of the American Veterinary Medical Association*, 177:9, pp. 838-841.

Jacobson, E.R. (1981) 'Neoplastic disease'. In: *Diseases of the Reptilia*. Vol. II. Cooper, J.E. and Jackson, O.F. (eds). Academic Press, London, pp. 428-468.

Jacobson, E.R. (1984) 'Chromomycosis and fibrosarcoma in a Mangrove snake'. *Journal of the American Veterinary Medical Association*, 185:11, pp. 1428-1430.

Jacobson, E.R., Greiner, E.C., Clubb, S. and Harvey-Clark, C. (1986) 'Pustular dermatitis caused by subcutaneous drancunculiasis in snakes'. *Journal of the American Veterinary Medical Association*, 189:9, pp. 1133-1134.

Jacobson, E.R., Ferris, W., Bagnara, J.T. and Iverson, W.O. (1989) 'Chromatophoromas in a spine snake'. *Pigm. Cell Research*, 2, pp. 26-33.

Jacobson, E.R. (1991) 'Disease of the integumentary system of reptiles'. In: *Dermatology for Small Animal Practitioner*, Nesbitt, G.H and Ackerman, L.L (eds). Veterinary Learning Systems Co. Inc., Trenton, NJ, pp. 225-239.

Kiel, J. L. (1977) 'Reptilian tuberculosis in a Boa constrictor'. *Journal of Zoo Animal Medicine* 8, pp. 9-11.

Mader, D.R. (1996) 'Dysecdysis: abnormal shedding and retained eye caps'. In: *Reptile Medicine and Surgery*. W.B. Saunders Company, Philadelphia, pp. 368-370.

Mckenzie, R.A. and Green, P.E. (1976) 'Mycotic dermatitis in captive Carpet snakes *Morelia spilotes variegata*'. *Journal of Wildlife Diseases*, 12, pp. 405-408.

Messonnier, S.P. (1996) *Common Reptile Diseases and Treatment*. Blackwell Science, Oxford.

Nichols, D.K., Weyant, R.S., Lamirande, E.W., et al. (1999) 'Fatal mycotic dermatitis in captive Brown tree snakes *Boiga irregularis*'. *Journal of Zoo and Wildlife Medicine*, 30:1, pp. 111-118.

Quesenberry, K.E., Jacobson, E.R., Allen, J.L. and Cooley, A.J. (1986) 'Ulcerative stomatitis and subcutaneous granulomas caused by *Mycobacterium chelonei* in a Boa constrictor'. *Journal of the American Veterinary Medical Association*, 189:9, pp. 1131-1132.

Reavill, D., Dahlhausen, B., Zaffarano, B. and Schmidt, B. (2002) 'Multiple cutaneous liposarcomas in a Red-tailed boa *Boa constrictor* and chameleon'. *Proceedings of the Association of Reptilian and Amphibian Veterinarians.* Reno, Nevada, pp. 5-6.

Reichenbach-Klinke, H. and Elkan, E. (1965) *Principal Diseases of Lower Vertebrates*, Part 3, Diseases of Reptiles. T. H.F Publications, Neptune City, NJ.

Rossi, J.V. (1996) 'Dermatology'. In: *Reptile Medicine and Surgery*. W.B. Saunders Company, Philadelphia, pp. 104-117.

Ryan, M.J., Hill, D.L. and Whitney, G.D. (1981) 'Malignant chromatophoroma in a Gopher snake'. *Veterinary Pathology*, 18, pp. 827-829.

Schultz, H. (1975) 'Human infestation by *Ophionyssus natricis* snake mite'. *British Journal of Dermatology* 93, pp. 695-697.

Vissiennon, T., Schuppel, K.F., Ullrich, E. and Kuijpers, A.F.A. (1999) 'Case report. A disseminated infection due to *Chrysosporium queenslandicum* in a Garter snake Thamnophis'. Mycoses 42, pp. 107-110.

Zwart, P., Verwer, M.A.J., de Vries, G.A., *et al.* (1973) 'Fungal infection of the eyes of the snake *Epicrates chenchria maurus*: Enucleation under halothane narcosis'. *Journal Small Animal Practice* 14, pp. 773-779.

第9章
トカゲの皮膚疾患と治療

細菌性皮膚炎

デルマトフィルス症（dermatophilosis, *Dermatophilus congolensis* 感染症）

原因と病理発生

Dermatophilus congolensis は原発性の表皮の病原体と考えられ，ダニによる咬傷，擦過傷または皮膚の圧迫が病原体の侵入を可能とするために必要であると考えられている．人の膿疱性皮膚炎または陥凹性角膜炎をもたらす人獣共通感染性細菌である．文献的に記述されている症例は，商業的に取り扱われている動物の感染であるが，もともと野生で捕獲された動物または捕獲された動物と接触した動物にも存在する可能性がある．*Dermatophilus congolensis* 感染により直接的に死亡することはなく，むしろ栄養失調あるいは細菌感染のために死亡する．

臨床徴候

Simmons ら（1972）は，アゴヒゲトカゲ（*Amphibolurus barbatus*）において *Dermatophilus congolensis* を初めて記載した．コレクションの中のトカゲ数匹の四肢と腹壁に硬結性の皮下腫脹が発生した．Montaliet ら（1975）も，オーストラリアアゴヒゲトカゲの頭部，体部と肢端部における複数の黄金 - 褐色の皮膚結節を記述した．Anver ら（1976）は，2匹のトカゲ（*Calotes mystaceus*）の体幹部と四肢の皮膚結節を報告している．Jacobson（1991）はセネガルカメレオン（*Chameleo senegalensis*）とグリーンイグアナ（*Iguana iguana*）で *D. congolensis* 感染症例を見い出した．

診断と治療

診断は，臨床徴候，細胞診，培養と感受性試験に基づく．デルマトフィルス症の治療には，痂皮の除去とペニシリンまたはアミカシンの全身療法があげられる．

皮下膿瘍

原因と病理発生

　皮下膿瘍はペットのトカゲによくみられる．皮下膿瘍は，（異所性の）寄生虫体内移行，細菌性あるいは真菌性疾患に起因するか，または劣悪な管理に関連することがある．最近の研究（Huchzermeyer & Cooper, 2000）では，多くの症例で，形成された腫瘤は線維素性滲出物の集積（fibriscess）であって真の膿瘍ではないことが示唆された．全ての症例で，根本的原因を同定することが重要である．

臨床徴候

　爬虫類の偽好酸球は大部分の哺乳類のような液状の化膿性物質を形成できないため，爬虫類の膿瘍は硬く乾酪化した腫瘤となる傾向がある（図9-1）．皮下膿瘍は，しばしば敗血症と関連し，内臓感染症に起因することがある．

診断と治療

　診断は，臨床徴候によって行う．治療としては，病変を切開し，洗浄する．抗生物質治療が必要な場合は，並行して実施する．場合によっては，膿瘍を外科的に取り除く必要がある．

真菌性皮膚炎

原因と病理発生

　外皮系はトカゲでは最も真菌感染症の起きやすい部位である（Schumacher, 2003）．不適切な環境状態，過密状態，栄養失調，長い抗菌治療，併発する疾患と免疫不全症の全てが真菌感染症の素因となる．真菌性皮膚炎は細菌と真菌による混合感染症であることがよくある．分離された好ケラチン性真菌類は，しばしば土中のような環境内に存在し，真菌類が一次的な病原体なのか，二次的な病原体であるのか，あるいは有意な病原性がないのかを確認することが難しい．2001年に，Pareらはヘビとトカゲから脱皮中あるいは脱皮後の新鮮な皮膚を採取する研究を実施した．分離された真菌類には *Aspergillus*，*Penicillium* と *Paecilomyces* が含ま

図9-1　イグアナの下顎膿瘍．

れていた．*Chrysosporium zonatum*，*C. evolceanui* と *Chrysosporium* anamorph of *Aphanoascus fulvescens* も分離された．樹上性，陸生あるいは土中生爬虫類という生活環境による相違はないようである．

臨床徴候

臨床徴候は，罹患領域の変色と脱皮を伴って始まるのが普通である（図9-2）．角化亢進症は真菌感染症の一般な結果である．真菌の菌体は，広範囲にわたる臨床徴候をもたらす可能性がある（図9-3，図9-4）．表9-1に文献からの引用を記述する．

診断と治療

診断は真菌の分離と同定に基づいてなされる．治療は最低4週間行うべきである．表在性感染症のためには，局所的に抗真菌薬（ミコナゾール，ケトコナゾールまたはナイスタチン）を使用することがあるが，それ以外は全身性に抗真菌薬を用いるべきである（p.80，表7-1を参照のこと）．抗真菌剤による治療は，適切な食餌と飼育手技を伴わねばならず，もし必要

図9-2 感染により暗調に変色したアゴヒゲトカゲ．

図9-3 アゴヒゲトカゲのカンジダ症．（原図：Romain Pizzi）

図9-4 インドシナウォータードラゴン（Chinese water dragon）の吻側の擦過傷．（原図：Romain Pizzi）

表 9-1 トカゲの真菌感染症

真菌感染症	記録されている種	臨床徴候	文献
皮膚糸状菌症	トカゲ類	痂皮病変	Pare ら，1997
Chrysosporium anamorph of Nannizziopsis vriesii	カメレオン類，ヒルヤモリ類（day gecko），ミナミオオガシラヘビ（brown tree snake），ガーターヘビ（garter snake），ニシキヘビ，コーンスネーク（corn snake）	全身性播種性疾患，高致死率	Pare & Sigler，2002
クリプトコックス	オセアニアウォータードラゴン〔Eastern water skink (dragon)〕	棘の皮下の塊	Hough，1998
Mucor circinelloides, Candida guillermondii, Fusarium oxysporum とアスペルギルス属	カメレオン類	皮膚病変	Pare ら，1997
白癬菌属	ヒルヤモリ属	多結節性皮膚病変	Schildger ら，1991
Trichosporon beigelii	グリーンアノール（American anole）	皮下血腫	Jacobson，1991
Trichosporon terrestere	ヒガシアオジタトカゲ（Eastern blue-tongued skink）（Tiliqua scincoides）	進行性趾壊死	Hazell ら，1985
Chrysosporium keratinophilum, Chrysosporium tropicum と Chrysosporium spp.	トカゲ類	皮膚真菌症	Bryant，1982；Zwart & Schroder，1985

であれば，補助療法も行うべきである．真菌肉芽腫は切除されねばならない．Chrysosporium anamorph of Nannizziopsis vriesii（CANV）の発育は37℃に厳密に制限され，周囲温度を上げることにより，この感染症に対して治療効果があるかもしれない（Pare & Sigler，2002）．

ウイルス感染症

ウイルス性乳頭腫

原因と病理発生

ミドリカナヘビ（Lacerta viridis）の乳頭腫の電子顕微鏡検査でウイルス粒子が発見された（Cooper ら，1982；Jacobson，1991）．フトアゴヒゲトカゲ（Pogona vitticeps）の繁殖用コロニーにおける扁平上皮乳頭腫の発生にはパポバウイルス（Greek，2001）が関与していた．

臨床徴候

乳頭腫は，複数の灰色の，隆起した半球状の皮膚腫瘤として存在した．Cooper & Jacobson の症例では，雌における病変は，尾の基部領域に分布し，雄では頭部の基部周辺に分布していた．病変分布は繁殖様式と関連すると推定された．

診断と治療

電子顕微鏡検査では，パポバウイルス，ヘルペスウイルスとレオウイルスに類似する3つの形態学的に異なったウイルス粒子が認められた．効果的治療法はなく，孤立病変は外科的に切除可能であったが，再発の可能性があった．二次的な細菌性感染症に対する治療を治療法に含めなければならない．Greek によって記述される症例では，発生はコロニーの安楽死処置によって根絶された．

ポックスウイルス

原因と病理発生

ポックスウイルスはテグー（*Tumpinambis teguixin*）における臨床的な疾患の原因となる（Hernandez-Divers & Garner，2003）．

臨床徴候

病変は褐色の丘疹として存在する．

診断と治療

診断は電子顕微鏡検査によってなされる．治療は，一般的に二次的細菌感染症治療に用いられる支持療法を確実に実施する以外には不可能である．

寄生虫性疾患

トカゲで重要な外部寄生虫は以下のものである．
- 蠕　虫．
- ダ　ニ．
- マダニ．

野生のトカゲでさえ，寄生虫による障害が認められる．ワキモンユタトカゲ（Side-blotched lizard, *Uta stansburiana*）の野生集団では，いろいろな外部寄生虫が確認された．ツツガムシ（*Neotrombicula californica*）が頭部周辺の皮膚襞で最も多く発見され，寄生部位における炎症性反応の原因となっていた．ヘビダニ（snake mite, *Ophionyssus natricis*）は，トカゲダニ（lizard mite, *Geckobiella texana*）より多かった．腹側頸部領域に見い出された西部クロアシマダニ（Western blacklegged tick, *Ixodes pacificus*）も寄生部位における炎症性反応の原因となっていた．寄生の程度には季節性があった．

蠕虫

原因と病理発生

ヘビの場合のように，内部寄生虫が外部に現れることがある．*Foleyella furcata*（ミクロフィラリア線虫）が，セネガルカメレオン（*Chamaeleo senegalensis*，別和名：ツブシキカメレオン）の皮下組織で発見された．

診断と治療

アイバメクチンの1回投与（0.2mg/kg，皮下投与）で治療されたが，感染症を一掃する効果はなく，明らかなアイバメクチンによる毒性効果（Szellら，2001）を引き起こした．

ダニ

トカゲで認められるダニで重要なものには以下のものがあげられる．
- ツツガムシ科−ツツガムシ（chigger mite）．
- オオサシダニ科−*Ophionyssus acertinus*
- ヤモリダニ科．

ツツガムシ科（ツツガムシ）

原因と病理発生

ツツガムシ科のダニが，Reichenbach-KlinkeとElkan（1965）によってトカゲで頻繁に見い出された．ツツガムシは吸血せず，リンパを摂取して，宿主組織を溶解する．表皮細胞を液化する物質を分泌する．幼虫のステージでは宿主に付着するが，成体は自由生活者である．ツツガムシは，トカゲの集団で皮膚炎，失血とおそらく伝染病の蔓延をさせる重要な害虫であるかもしれない．報告された宿主への付着期間は，宿主の種類と付着する領域に従って，7〜90日までさまざまである．例えば，*Eutrombicula lipovskyana*は，Yarrowハリトカゲ（Yarrow's Spiny Lizard, *Sceloporus jarrovii*）のダニ袋（mite pocket）に52日間まで付着した（Goldbergら，1993）．

臨床徴候

ダニは，トカゲのどこにでも見つかる．ツツガムシは，しばしば眼と口の周辺に集まる．

診断と治療

診断はダニの同定による．有効な治療プロトコールは二重プログラムで，トカゲとその環境の両方から寄生虫を駆除することを始めなければならない．トカゲの治療は，経口，皮下または筋肉内投与で，0.2mg/kg量のアイバメクチンを繰り返し，14日間隔を開けて最低6週間投薬することで行うことができる．

ピレトリン，ペルメトリンとピレスロイドも，環境を制御するために使用される薬剤である．ケージの底土は置き換えるべきで，水槽とそのインテリアも消毒しなければならない．

オオサシダニ科

原因と病理発生
オオサシダニ科のダニがトカゲ（特に *Ophionyssus acertinus*）で同定された．これは赤ダニ（red mite）であって，頭部と尾部周辺の皮膚の皺内で見つかる傾向にある．

臨床徴候，診断と治療
上述のツツガムシ科と同じ．

ヤモリダニ科

原因と病理発生
ヤモリダニ科のダニはトカゲに寄生する．通常は少数寄生で，わずかに失血があるのみである．2，3の例外を除いて，これらのダニは飼育下で長く生残できず，特定の宿主に寄生する．ヤモリのゲッコビア属（ダニ目ヤモリダニ科）寄生では，オレンジ色のダニが通常，腋窩部と鼠径部に見い出され，*Pterygosoma*（ツツガムシ亜目のダニ）がアガマ科で，*Zonurobia*, *Scaphothrix* と *Ixodiderma* がヨロイトカゲ科で，*Geckobiella* がイグアナ科で，*Pimeliaphilus* と *Hirstiella* がヤモリ科で見い出された．*Hirstiella trombidiiformis* は，チャクワラ（Chuckwalla）と他の砂漠に生活するトカゲでよくみられる寄生虫である．

臨床徴候，診断と治療
上述のツツガムシ科と同じ．

マダニ

Ixodidae 科（hard tick）

原因と病理発生
爬虫類に寄生する Ixodidae または固い殻をもつマダニとしては，*Amblyomma*, *Aponomma*, *Hyalomma*, *Ixodes* と *Haemaphysalis* があげられる．

トカゲで見つかる固い殻をもつマダニ，Ixodidae としては，マツカサトカゲ（sleepy lizard, *Trachydosaurus rugosus*, 訳者注：英名では bob-tail lizard, bobbi, bog-eye lizard, pine cone skink, stump-tail lizard, shingleback lizard 等と呼ばれる）で *Aponomma hydrosauri* がナイルオオトカゲ（monitor lizard, *Varanus niloticus*）で *Aponomma exornatum* が認められた．*Hyalomma impeltum*, *H. Dromedarrii* と *H. franchinii* がバスクフサアシトカゲ（bosc's lizard, bosc's fringe-toed lizard, fringe-toed lizard, *Acanthodactylus boskianus asper*），ビーチフサアシトカゲ（spotted lizard, *Acanthdactylus scutellatus*）とムタビリスアガマ（*Agama mutabilis*）に寄生していた．*Ixodes festai* の若ダニ（幼虫と成虫間の生活環第3期）が，多彩なトカゲ，シロテンカラカネトカゲ（*Chalcides ocellatus*, 別名オオアシカラカネ），アトラスアガマ（atlasagame, *Agama bibroni*, *Agama impalearis*），アルジェリアスキンク（*Eumeces alge-*

riensis）とアルジェリアカナヘビ（*Psammodromus algirus*）に寄生しているのが発見された．*Haemaphysalis otophila* は，トカゲでも見つかった．

臨床徴候

　ダニは無症状である可能性がある．しかし，疾患の媒介者として重要で，かなりの数の寄生があれば貧血の原因となり得る．

診断と治療

　診断はダニの同定に基づく．治療は，ダニの治療と同じ，p.102 参照．

Argasidae 科（soft tick）

原因と病理発生

　Ornithodoros foleyi のような柔らかい殻をもつマダニが，キノボリトカゲとヤモリで見つかった．*Argas brumpti* は，東アフリカ産のトカゲで時折，見つかる（Frank, 1981）．

臨床徴候，診断と治療

　上述の hard tick と同様．

脱皮不全・乾性壊疽

原因と病理発生

　ヒョウモントカゲモドキ（*Eublepharis macularius*）のような砂漠トカゲは，低い環境湿度を要求するが，正常な脱皮のためには，湿潤な場所に出入りできる必要がある．野生状態では，砂漠トカゲは穴を掘って棲んでいると予想される．飼育下では湿潤箱を用意すべきである．トカゲが入る入り口のあるプラスチック容器を，飼育ケース内に置き，湿った紙タオル，苔または蛭石を設置すべきである．

　尾と足趾の乾性壊疽がトカゲで観察された．乾性壊疽は脱皮不全（dysecdysis）による虚血壊死の結果であることがあるが，明確な原因のない乾性壊疽も起こり得る．血管内蠕虫性または細菌性血栓塞栓症は，より小型の遠位血管への血流を妨げることがある．尾の外傷と同様に見えるかもしれない．尾が脱落を伴い自己限定的な傾向にある．漸進性上行性の乾性壊疽が，イグアナとアゴヒゲトカゲで観察された．Frye（1991）は，穀物の茎や葉で成長する真菌体が血管収縮薬として作用することによる麦角中毒が，草食性爬虫類で乾性壊疽を引き起こしていることを記載した．

臨床徴候

　無処置のままにすると，遺残した皮膚部分が足趾または尾を包囲する．これが圧迫と乾性壊疽を引き起こすことがあり，切断が必要となることがある．病変が尾に発生すると，生残組織と壊死組織の間の分画線形成が尾の先端部から頭側方向に進行する．

診断と治療

　診断は臨床徴候によって行われる．脱皮不全の治療はヘビと同様で，脚または尾を液体に浸して，手で皮膚を取り除く．全ての遺残した皮膚が取り除かれるまで，治療が繰り返される必

要があり得る．上行性の乾性壊疽の場合には，手術による切断（断脚，断尾）が必要である．しかし，外科的切断後に，他の根本原因の有無や敗血症に本格的に対処するための血液のサンプリングを併せて行うようにすれば，良好な予後がもたらされる．尾を再生できるトカゲでは，尾の切断端を断尾後に縫合すべきではない．

栄養性

ビタミンA欠乏症

原因と病理発生

ビタミンA欠乏はカナヘビで記録されている（Reichenbach-Klinke & Elkan, 1965）.

臨床徴候

カメレオンの側方口角部の側頭腺は，嵌頓または腫脹する可能性がある．カメレオンは一方または両方の眼を閉じ，口内炎のような口の障害があり，食欲不振または食欲減退を示していることがある．もし感染があったり，あるいは，膿瘍が形成されたならば，通常の蝋様分泌物は悪臭を放ち緑色になる．若干のヤモリとイグアナでは，大腿部（大腿腺孔）および総排泄腔前部（前肛門腺孔）に分泌孔がある．前述の孔はトカゲが性成熟期に達するまで開口せず，しばしば雄のみに存在する．腺が感染する可能性がある（図9-5）.

診断と治療

診断は，病歴，特に不適当な食餌と臨床徴候に基づいてなされる．治療はクロルヘキシジン溶液で腺領域を穏やかに清拭することを繰り返すことがあげられる．出血が起こるかもしれないが，綿棒で圧迫することによって最もよくコントロールできる．腺膿瘍による骨髄伴病変を除外するために，X線写真を撮るべきである．細菌培養と感受性検査は有用なことがあり，カメレオンにはエンロフロキサシンで治療に着手した．原因は多因子性かもしれず，飼育管理と食餌が評価されなければならず，側頭腺の嵌頓が起きていることのあるビタミンA欠乏症では経口的に（2,000IU/30g，非経口剤，経口剤，週2回）ビタミンAを添加する（Klaphake,

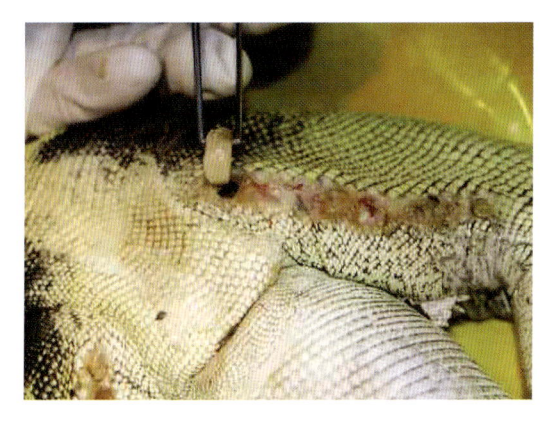

図9-5 イグアナの感染性の大腿の孔．（原図：Romain Pizzi）

2001)．

ビタミンE欠乏症

原因と病理発生
　高脂肪性の食餌は，ビタミンE欠乏症と二次的な脂肪組織炎の素因となる可能性がある．肥満したオオトカゲ（*Varanus* sp.）が最も一般的に罹患する（Harkewicz, 2001）．

臨床徴候
　硬い脂肪沈着を覆う皮膚は，黄色あるいは白色に見える．脂肪壊死では，皮膚剥離の原因となり，細菌感染症に至る．

診断と治療
　診断は病歴と臨床徴候に基づいてなされる．十分に早く診断され，食餌が変更され，ビタミンEおよびセレンが添加されれば，病態の進行を止めることができる．

内分泌性

甲状腺機能亢進症

原因と病理発生
　Hernandez-Diversら（2001）は，グリーンイグアナ（*Iguana iguana*）で，機能的甲状腺腫の症例を記述した．

臨床徴候
　イグアナは，背正中線上の棘状鱗（dorsal spines）の消失，多食，頻脈と行動の変化を呈した．

診断と治療
　診断は，徴候，胸郭上口前方の二分葉性の腫瘤の超音波像と総T_4値の上昇（30.0nmol/L）に基づく．正常のT_4濃度は，3.81±0.84nmol/Lと提唱されている．治療は外科的に腺腫を切除する．外科的手技の詳細については，参考文献を参照すること．フォローアップによれば，背正中線上の棘状鱗はT_4レベルが3.9nmol/Lまで下降すると再成長した．

代謝性

石灰沈着症

原因と病理発生
　限局性石灰沈着症は，軟部組織におけるカルシウム沈着によって特徴付けられる異所性石灰化症と定義される．
　トカゲの皮膚石灰沈着症と限局性石灰沈着症の症例が報告されている（Reavill & Schmidt, 2002）．いくつかの症例では背景に腎臓疾患が存在していた．
　内リンパ嚢における石灰粉末の過剰沈着がキューバグリーンアノール（*Anolis porcatus*）と

ドゥビアヒルヤモリ（*Phelsuma dubia*）で報告されている（Reichenbach-Klinke, 1965). 原因は分かっていない.

臨床徴候

病変は，局所性の腫脹から，時折，体部，脚部，足部と尾部の点状出血を伴う，多巣性の痂皮性の皮膚肥厚，潰瘍化と鱗の脱落まで多彩である．いくつかの症例では基礎に顕著な腎臓疾患が存在していた．

腫瘍

原因と病理発生

トカゲ類で記録されている腫瘍とその臨床症状の詳細を表9-2にあげる．

表9-2 記載されている臨床症候を含むトカゲの腫瘍

腫瘍	記載された種	コメント
扁平上皮癌	スナカナヘビ（ニワカナヘビ, sand lizard, *Lacerta agilis*），テグー（トカゲ, common tegu, *Tupinambis teguixin*），アメリカドクトカゲ（gila monster, *Heloderma suspectum*）	
	エボシカメレオン（veiled chameleon, *Chamaeleo calyptratus*）	腫瘍は眼球周囲腫瘤と関連し，変色した鱗屑と脱皮不全を呈した（Abou-Madi, 2002）
	テグー（トカゲ）	前足の病変
乳頭腫	ミドリカナヘビ（emerald lizard, *Lacerta viridis*），カナヘビ類（common wall lizard*）（*Lacerta muralis* と *L. agilis*）	
黒色腫	アメリカドクトカゲ	（Hernandez-Divers & Garner, 2003）
上皮腫	アメリカドクトカゲ	足に認められた（Reichenbach-Klinke & Elkan, 1965）
脂肪肉腫	マツカサトカゲ（shingleback skink, stum-tailed lizard, *Trachydosaurus rugosus*）	尾の基部の緩慢に発育する腫瘍（Garner ら, 1994）
	カメレオン	全身を覆う塊（Reavill ら, 2002）
細網細胞癌（reticulum cell carcinoma）	グリーンアノール（American anole, *Anolis carolinensis*）	下顎裂由来の肉色の腫瘤
扁平細胞癌（carcinoma planocellulare）	ニワカナヘビ	皮膚小結節（Jacobson, 1981）

*訳者注：wall lizard ＝イワカナヘビ．

診断と治療

　診断は，いくつかの症例では細針吸引標本の検査またはより確実な生検検査によって可能である．切除可能な部位にある腫瘍は外科的に切除すべきである．脂肪肉腫のような腫瘍は広範かつ積極的な外科的切除を必要とする．脂肪肉腫は通常，放射線療法と温熱療法に耐性がある（Reavillら，2002）．

参考文献

Abou-Gabal, M. and Zenoble, R.（1980）'Subcutaneous mycotic infection of a Burmese python snake'. *Mykosen*, 23:11, pp. 627-631.

Abou-Madi, N. and Kern, J.T.（2002）'Squamous cell carcinoma associated with a peri-orbital mass in a veiled chameleon *Chamaeleo calyptratus*'. *Veterinary Ophthalmology*, 5:3, pp. 217-220.

Anver, M.R., Park, J.S. and Rush, H.G.（1976）'Dermatophilosis in the Marble lizard *Calotes mystaceus*'. *Laboratory Animal Science*, 26:5, pp. 817-823.

Bryant, W.M.（1982）'Mycotic dermatitis in a collection of desert lizards'. *Proceedings of the American Association of Zoo Veterinarians*, 4, New Orleans.

Collete, E. and Curry, O.H.（1978）'Mycotic keratitis in a reticulated python'. *Journal of the American Veterinary Medical Association*, 173:9, pp. 1117-1118.

Cooper, J.E., Gschmeissner, S. and Holt, P.E.（1982）'Viral particles in a papilloma from a Green lizard *Lacerta viridis*'. *Laboratory Animals*, 16, pp. 12-13.

Dillberger, J. and Abou-Gabal, M.（1979）'Mycotic dermatitis in a Black ratsnake'. *Mykosen*, 22:6, pp. 187-190.

Frank, W.（1981）'Endoparasites'. In: *Diseases of the Reptilia*. Vol. I. Cooper, J.E. and Jackson, O.F.（eds）. Academic Press, London, pp. 291-358.

Frank, W.（1981）'Ectoparasites'. In: *Diseases of the Reptilia*, Vol. I. Cooper, J. E. and Jackson, O. F.（eds）. Academic Press, London, pp. 359-383.

Frye, F.L.（1991）*Biomedical and Surgical Aspects of Captive Reptile Husbandry*, Vols I and II. Krieger Publishing Company, Malabar.

Garner, M., Johnson, C. and Funk, R.（1994）'Liposarcoma in a Shingleback skink *Trachydosaurus rugosus*'. *Journal of Zoo and Wildlife Medicine*, 25:1, pp. 150-153.

Goldberg, S.R. and Bursey, C.R.（1991）'Integumental lesions caused by ectoparasites in a wild population of the Side-blotched lizard *Uta stansburiana*'. *Journal of Wildlife Diseases*, 27:11, pp. 68-73.

Goldberg, S.R. and Bursey, C.R.（1993）'Duration of attachment of the Chigger, *Eutrombicula lipovskyana*（trombiculidae）in mite pockets of Yarrow's spiny lizard Sceloporusjarrovii

(Phrynosomatidae) from Arizona'. *Journal of Wildlife Diseases*, 29:1, pp. 142-144.

Greek, T.J. (2001) 'Squamous papillomas in a colony of bearded dragons *Pogona vitticeps*'. *Proceedings of the Association of Reptilian and Amphibian Veterinarians*. Orlando, Florida, pp. 161-162.

Gregory, C.R., Harmon, B.G., Latimer, K.S., et al. (1997). 'Malignant chromatophoroma in a canebrake rattlesnake *Crotalus horridus atricaudatus*'. *Journal of Zoo and Wildlife Medicine*, 28:2, pp. 198-203.

Harkewicz, K.A. (2001) 'Dermatology of reptiles: A clinical approach to diagnosis and treatment'. In: *Veterinary Clinics of North America: Exotic animal practice*, 4:2, pp. 441-462.

Hazell, S.L., Eamens, G.J. and Perry, R.A. (1985) 'Progressive digital necrosis in the Eastern blue-tongued skink, *Tiliqua scincoides*'. *Journal of Wildlife diseases*, 21, pp. 186-188.

Hernandez-Divers, S.J., Knott, C.D. and Macdonald, J. (2001) 'Diagnosis and surgical treatment of thyroid adenoma-induced hyperthyroidism in a Green iguana *Iguana iguana*'. *Journal of Zoo and Wildlife Medicine*, 32:4, pp. 465-475.

Hernandez-Divers, S.M. and Garner, M.M. (2003) 'Neoplasia of reptiles with an emphasis on lizards'. *The Veterinary Clinics of North America — Exotic Animal Practice*, 6, pp. 251-273.

Hough, I. (1998) 'Cryptococcosis in an Eastern water skink'. *Australian Veterinary Journal*, 76:7, pp. 471-472.

Huchzermeyer, F.W. and Cooper, J.E. (2000) 'Fibriscess, not abscess, resulting from a localised inflammatory response to infection in reptiles and birds'. *Veterinary Record*, 147:18, pp. 515-517.

Jacobson, E.R. (1981) 'Neoplastic disease'. In: *Diseases of the Reptilia*, Vol. II. Cooper, J.E. and Jackson, O.F. (eds). Academic Press, London, pp. 428-468.

Jacobson, E.R. (1991) 'Disease of the integumentary system of reptiles'. In: *Dermatology for Small Animal Practitioner*, Nesbitt, G. H and Ackerman, L.L. (eds). Veterinary Learning Systems Co Inc., Trenton, NJ, pp. 225-239.

Kiel, J.L. (1977) 'Reptilian tuberculosis in a Boa constrictor'. *Journal of Zoo Animal Medicine*, 8, pp. 9-11.

Klaphake, E. (2001) 'Temporal glands of chameleons: Medical problems and suggested treatments'. *Proceedings of the Association of Reptilian and Amphibian Veterinarians*. Orlando, Florida, pp. 223-225.

Montali, R.J., Smith, E.E., Davenport, M. and Bush, M. (1975) 'Dermatophilosis inAustralian bearded lizards'. *Journal of the American Veterinary Medicine Association*, 167:7, pp. 553-555.

Pare, J.A., Sigler, L., Hunter, B., et al. (1997) 'Cutaneous mycoses in chameleons caused by the *Chrysosporium* anamorph of *Nannizziopsis vriesii* (apnis) currah'. *Journal of Zoo and*

Wildlife Medicine, 28:4, pp. 443-453

Pare, J.A., Sigler, L., Rypien, K., *et al.* (2001) 'Cutaneous fungal microflora of healthy squamate reptiles and prevalence of the *Chrysosporium* anamorph of *Nannizziopsis vriesii*'. *Proceedings of the Association of Reptilian and Amphibian Veterinarians*. Orlando, Florida, pp. 43-44.

Pare, J.A. and Sigler, L. (2002) '*Nannizziopsis vriesii*, an emerging fungal pathogen of reptiles'. *Proceedings of the 6th International Symposium on the Pathology of Reptiles and Amphibians*. Saint Paul, pp. 95-97.

Quesenberry, K.E., Jacobson, E.R., Allen, J.L. and Cooley, A.J. (1986) 'Ulcerative stomatitis and subcutaneous granulomas caused by *Mycobacterium chelonei* in a Boa constrictor'. *Journal of the American Veterinary Medical Association*, 189:9, pp. 1131-1132.

Reavill, D., Dahlhausen, B., Zaffarano, B. and Schmidt, B. (2002) 'Multiple cutaneous liposarcomas in a Red-tailed boa *Boa constrictor* and chameleon'. *Proceedings of the Association of Reptilian and Amphibian Veterinarians*. Reno, Nevada, pp. 5-6.

Reavill, D. and Schmidt, R. (2002) 'Mineralised skin lesions in lizards'. *Proceedings of the Association of Reptilian and Amphibian Veterinarians*. Reno, Nevada, pp. 77-78.

Reichenbach-Klinke, H. and Elkan, E. (1965) *Principal Diseases of Lower Vertebrates* Part 3: *Diseases of Reptiles*. T.H.F publications, Neptune, NJ.

Rossi, J.V. (1996) 'Dermatology'. In: *Reptile Medicine and Surgery*. W.B. Saunders Company, Philadelphia, pp. 104-117.

Schildger, B.J., Frank, H., Gobel, T. and Weiss, R. (1991) 'Mycotic infections of the integument and inner organs in reptiles'. *Herpetopathologia* 2, pp. 81-97.

Schumacher, J. (2003) 'Fungal disease of reptiles'. In: *Veterinary Clinics of North America — Exotic Animal Practice*, 6, pp. 327-325.

Simmons, G.C., Sullivan, N.D. and Green, P.E. (1972) 'Dermatophilosis in a lizard *Amphibolurus barbatus*'. *Australian Veterinary Journal*, 48, pp. 465-466.

Szell, Z., Sreter, T. and Varga, I. (2001) 'Ivermectin toxicosis in a chameleon *Chamaeleo senegalensis* infected with *Foleyella furcata*'. *Journal of Zoo and Wildlife Medicine*, 32:1, pp. 115-117.

Zwart, P. and Schroder, H.D. (1985) 'Mykosen'. In: *Handbuch der Zookrankheiten*, Vol. I., Ippen, R., Schroder, H.D. and Elze, K. (eds). Akademie Verlag, Berlin, Germany, pp. 349-366.

Zwart, P., Verwer, M.A.J., de Vries, G.A., *et al.* (1973) 'Fungal infection of the eyes of the snake *Epicrates chenchria maurus*: Enucleation under halothane narcosis'. *Journal Small Animal Practice* 14, pp. 773-779.

第10章
カメ目の皮膚疾患と治療

細菌性皮膚炎

甲（羅）が罹患する病変

表在性および深在性甲膿瘍

原因と病理発生

　表在性甲膿瘍とびらんは，水生のカメ目では一般的である．不適切な飼養管理がしばしば根本的な要因である．深在性甲膿瘍の病理発生も類似している．

臨床徴候

　深在性甲膿瘍は甲全層を貫通し，体腔膜（心膜，胸腹膜）にさえも達することがある．

診断と治療

　診断は臨床徴候に基づいて行う．浅在性病変の治療には，甲羅の損害を受けた領域を注意深くきれいにすることと壊死物質の除去があげられる．カメが水に入るのは1日に2回，1時間以内に制限しなければならない．緑膿菌種（*Pseudomonas* sp.）のようなグラム陰性菌に対しては，局所の抗生物質軟膏を，水浴と給餌後に塗布したほうが効果的である（Barten, 1996）．

　病変が深部に存在すると考えられる時は，病変の評価と予後判定のためにX線写真を撮るべきである．深部病変においては，壊死組織切除を鎮静下で行うか，または細菌培養と感受性試験用に提出する標本を得るために，完全な麻酔が必要である．深部病変の治療は，局所治療とともに少なくとも4週間の全身性抗生物質投与を行う以外は，浅在性病変の治療と同様である（Barten, 1996）．

敗血症性皮膚潰瘍性疾患

原因と病理発生

　敗血症性皮膚潰瘍性疾患（SCUD）は水生のカメの疾病，症候群として記載され，スッポン（Trionychidae）で最も頻繁にみられる．この特異的疾患に関連する病原体は *Citrobacter freundii* であるが，他のグラム陰性細菌も類似徴候をもたらす可能性がある．*Serratia* は，感染症の引き金として必要である可能性があるか，または，他の病原体と同時に感染する可能性がある．他の関連要因には，劣悪な飼育管理，水質不良，擦過傷と無脊椎動物の捕食があげられる．

臨床徴候

　感染により，腹甲，背甲と皮膚に不規則な乾酪化したクレーター型の潰瘍の発生につながる（図 10-1，図 10-2）．

　感染は敗血症性となる可能性があり，多巣性の肝臓と他の内臓器官の壊死，溶血，脚麻痺と趾または爪の欠損の原因となる．動物は，無気力，食欲不振，筋緊張低下，皮膚潰瘍化の徴候

図 10-1　アカミミガメの甲羅の細菌感染症．血液塗抹標本にも細菌が明らかで敗血症性であることを示唆する．敗血症性皮膚潰瘍性疾患．（原図：S. MacArthur）

図 10-2　図のような病変では細胞診，培養と感受性試験のための採材が容易にできる．甲領域は剥離している．下部領域は軟化し刺激臭がある．敗血症性皮膚潰瘍性疾患．（原図：S. MacArthur）

を呈するか，または死亡する．

診断と治療

　診断は臨床徴候と病変の細菌検査に基づいてなされる．自然に回復したという報告があるが，治療が行わなければ，予後は不良である．治療としては潰瘍と膿瘍の創面切除，抗生物質の使用と，破壊が広範囲の場合は，樹脂により甲羅を支持することがあげられる．1症例で，クロラムフェニコールが効果的だったとする報告がある．甲羅の病変は回復するのに1～2年かかることがある．

その他の細菌感染症

Beneckea chitinovora

　Beneckea chitinovora（*Vibrio chitinovora*）は，ケージで飼育されているカメ，特にスッポン，*Trionyx* spp. で慢性潰瘍性甲羅疾患の原因として関連する，もう1つのグラム陰性菌である．先行する甲羅への傷害が，細菌が疾患の原因となるためには必要である（Wallach，1975）．甲殻類を餌として利用している場合に，甲殻類の外骨格上にこれらの細菌が付着していて，水が汚染される（Harvey-Clark，1997）．

Mycobacterium kansaii

　背甲に白色巣のあるチュウゴクスッポンが，まず初めに20％アンモニア水溶液（0.5ml/水1L当たり）で治療された．病変は治療に応答し始めたが，スッポンは食欲不振と呼吸困難の後に死亡した．剖検の結果，肺病変と同時に皮膚と背甲の丘疹病変が存在した．病変から*Mycobacterium kansaii* が分離，同定された（Orosら，2003）．

その他の領域の細菌性皮膚炎

脚の潰瘍性皮膚炎

原因と病理発生

　クビカシゲガメ（*Pseudemydura umbrina*，別名；オーストラリアヌマガメモドキ）の飼育下での繁殖計画において，主に脚が罹患する病変が認められた．外傷所見はなかったが，緑膿菌属（*Pseudomonas* spp.）が常に分離，培養され，そして，時折，二次的に真菌の菌糸が認められた．疾病の勃発には，環境，飼育管理と栄養要因が関連していた．

臨床徴候

　潰瘍性病変が脚に認められた．二次的な敗血症が原因で死亡すると考えられる．

診断と治療

　診断は，臨床徴候と細菌と真菌の分離に基づいて行われる．飼育管理方法の再点検は，カメの管理の改善につながった．池の水温は20～27℃の間で維持された．等量のナイスタチン，

オキシテトラサイクリンと水からなる合剤と親水性のコロイドジェルを2～3週間，患部に1日1回，局所的に塗布するという処方計画が実施され，成功した．カメは局所治療1時間後に水に戻された（Ladymanら，1998）．

その他の細菌感染症

Mycobacterium spp.

原因と病理発生

マイコバクテリウム属はたぶん汚染された水に由来する腐生性微生物である．皮膚病変は内臓へ血行性に拡大するための浸入門戸であるらしい．マイコバクテリウム属は人獣共通感染症で，水域環境または水生動物では皮下膿瘍の原因である．

臨床徴候

Rhodin & Anver（1977）は，慢性の下顎の結節性潰瘍と前肢水かきに結節のあるヒラリーカエルガメ（別名，ヒラリーカエルアマタガメ）（*Phrynops hilari*）を記載した．剖検時に，結節は脾臓と肝臓にも存在した．全ての病変は，*Mycobacterium* spp. の典型的な染色性を示した．Rhodinは総説の中で，ナイルスッポン（*Trionyx triunguis*）とガンジススッポン（*Aspideretes gangeticus*）の腹甲の潰瘍の原因となるマイコバクテリウム症についても述べている．

真菌性皮膚炎

原因と病理発生

真菌の菌体は日和見感染性であり，すでに損害を受けているか，あるいは感染している組織に侵入する（図10-3）．素因としては，水質不良，栄養失調とストレスがあげられる．水生あるいは半水生のカメの真菌感染の頻度は，大部分の真菌の発育がpH6.5未満では阻止されるので（Frye，1991），直接的あるいは間接的に水のpHに関連する可能性がある．

水生種においては，甲羅における細菌性と真菌性の混合感染が頻繁に診断され，しばしば侵

図10-3 北アフリカ産のギリシャリクガメの顎関節結合部を覆う感染が推定される肉芽腫．（原図：S. MacArthur）

襲性で骨を病変に巻き込む．

　カメの真菌症としては，*Aspergillus* spp., *Basidiobolus ranarum*, *Beauveria bassiana*, *Cladosporium* spp., *Candida* spp., 皮膚糸状菌，*Fusarium* spp., *Geotrichum* spp., *Paecilomyces* spp., *Penicillium* spp. と *Sporotrichum* spp. の感染があげられている（Rosenthal & Mader, 1996）．*Aphanomyces* spp. は，2匹の幼若なチュウゴクスッポンから分離された（Sinmuk ら，1996）．*Mucorales* spp.（Hunt, 1957），*Trichosporon* spp. と *Coniothyrium* spp.（Austwick & Keymer, 1981）による真菌起源のシェルロット（shell rot）が記載されている．

　Geotrichum candidum は，多くのカメの一般的なミクロフローラの構成する真菌であって，皮膚の擦過傷から侵入する可能性があるが，それが病気に至ることは一般的ではない．

　Fusarium spp. は，一般的な土壌中の腐生菌である．水槽や池の施設は感染源であり得る．病気の進行は遅く，致死的な疾患ではなさそうである．

臨床徴候

　真菌は，広範囲にわたる臨床徴候をもたらす可能性がある．文献にあげられている徴候を表10-1に記述する．

診断と治療

　診断は真菌の臨床徴候と分離に基づいて行う．真菌感染症の治療には，局所（ミコナゾール，ケトコナゾールまたはナイスタチン）および全身性抗真菌薬の使用があげられる．文献にあげられている症例に対する具体的な治療法を表10-2に記述する．

　アナホリゴーファーガメ（*Gopherus polyphemus*）では，ケトコナゾールの血漿中の有効濃

表10-1 カメ目の真菌感染症

感染病原体	感染動物種	臨床徴候	文献
グラム陽性球菌と桿菌，*Mycobacterium avium* type B と *Geotrichum candidum*	ガラパゴスゾウガメ（Galapagos giant tortoise, *Geochelone elephantopus*）	頭部，頸部と肢に潰瘍を形成する広範な皮膚病変	Ruiz ら，1980
Saprolegnia 様水生真菌	淡水（生）カメ	皮膚での白色の綿花のような発育	Frye, 1991
ムコール属	フロリダスッポン（*Trionyx ferox*）	腹甲と背甲の多巣性円形灰白色病変	Jacobson ら，1980
アスペルギルス属（推定）	ミシシッピーニオイガメ（*Sternotherus odoratus*）	前足の肉芽腫	Frye & Dutra, 1974
Fusarium solani	アカウミガメ（*Caretta caretta*）	頸部と頭部の白色落屑性皮膚病変	Cabanes ら，1997
Fusarium oxysporum		肉芽腫病変，局所性組織浸潤と局所壊死	Frye, 1991
Fusarium semitectum	テキサスゴーファーリクガメ（*Gopherus berlandieri*）	壊死性甲疾患	Rose ら，2001

表 10-2　カメ目の真菌感染症に対する具体的な治療法

感染病原体	治　療	参考文献
ムコール属	マラカイトグリーン薬浴（0.15mg/L，1日3回を1週間，薬浴後，真水で洗い流す）	Jacobson ら，1980
Fusarium solani	アルコールとケトコナゾールを含む10％ヨード液で局所治療6ヵ月後に病変は退縮した	Cabanes ら，1997

度は30mg/kgのケトコナゾールを32時間ごとに1回経口投与することで維持された．患部を清潔にし挫滅組織切除を実施しなければならない．水生種では水質制御は重要である．

藻　類

原因と病理発生

飼育下の爬虫類では滅多に診断されることがないが，いくつかの型の藻類の感染症が記録されてきている．クロレラ，*Basicladia chelonum* または *B. crassa* と *Schizangiella serpentis* が知られている．Basicladia の感染症は Basicladia が真の病原体であるどうかに疑問の余地があり，共生の型の1つであるという考えもある．藻類は水生のカメのカモフラージュを可能にする．カメは発育に従って定期的に角鱗を脱皮しなければならない．角鱗の遺残は，カメが古い角鱗を，乾燥させて体から剝脱することができないということなので，飼養管理が不十分である徴候の1つである．遺残角鱗には藻類が感染する．

臨床徴候

藻類は，甲羅の小窩形成または変色の原因となる可能性がある．*Schizangiella serpentis* は肉芽腫性病変の原因となり，再発率が相当高いので，外科的に広範囲に切除し，ケトコナゾール軟膏での局所治療を行うべきである（Frye，1991）．

診断と治療

診断は臨床徴候と藻類の培養，同定に基づいて行われるべきである．飼育下のカメは甲羅を毎週洗浄すべきである．感染症が，角鱗が過度に湿潤なために起こっている場合は，カメの飼育管理方法を再点検すべきで，カメが水から上がって甲羅干しがしやすいように，飼育環境内により大きな日光浴ができる場所を確保すべきである．表在性の藻類による感染症の治療は，歯ブラシで藻類を除去し，ポビドンヨード液またはケトコナゾール軟膏を局所的に塗布する．

ウイルス性

アオウミガメ線維乳頭腫（フィブロパピローマ）

原因と病理発生

線維乳頭腫（フィブロパピローマ）またはアオウミガメ（*Chelonia mydas*）の線維乳頭腫

（green turtle fibropapillomas：GTFP）と呼ばれる疾患は，単一から複数の組織学的に良性の線維 - 上皮性腫瘍を特徴とする．フロリダ，ハワイ，カリブ海，オーストラリアとインドネシアのアオウミガメとアカウミガメ（*Caretta caretta*）が皮膚と時折の内臓の線維乳頭腫に罹患する（Aguirre ら，1994；Adnyana ら，1997；Lackovich ら，1999）．カメヘルペスウイルス（chelonia herpes virus）がウミガメの線維乳頭腫症に関連することがたびたび示されている（Lackovich ら，1999）．少なくとも 3 種類のヘルペスウイルスの関与が海ガメの線維乳頭腫で報告されている（Quackenbush ら，1998）．

GTFP は海岸に近い生態系でより頻繁にみられ，科学的根拠はないが，人間の日常活動の影響を受けやすい海域でより頻繁にみられる．発癌物質等の環境汚染物質が潜伏しているウイルス感染症または免疫抑制を誘発するのかもしれない．もう 1 つの可能性としては，前述の生態系が，感染因子の生存と伝播のためにより適した環境を提供し，媒介動物と感受性動物集団密度の増加をもたらしている可能性である（Herbst & Klein，1995；Adnyana ら，1997）．

線維性腫瘍は，ヒメウミガメ（*Lepidochelys olivacea*，別名タイヘイヨウヒメウミガメ），ヒラタウミガメ（*Natator depressus*）とアカウミガメ，アオウミガメ，タイマイ（*Eretmochelys imbricata*）とヒメウミガメ（*Lepidochelys kempii*）で観察された（Harshbarger，2002）．

臨床徴候

腫瘍は，皮膚の柔らかい領域〔足ひれ，頸部，おとがい（頤），鼠径部と腋窩部，と尾根部領域〕と結膜に見つかる．内臓腫瘍が存在することもある．一部の線維乳頭腫は縮小するが，他の線維乳頭腫はゆっくり増大し，擦過傷のために潰瘍化する．乳頭腫の大きさが遊泳の障害となる場合と結膜の線維乳頭腫が視力障害をもたらす場合には，生命の危険につながることがある．

診断と治療

診断は臨床徴候とウイルス分離に基づいてなされる．治療の第一選択肢は，広い切除マージンを取った，線維乳頭腫の外科的切除である．

ポックスウイルス

原因と病理発生

皮膚ポックス様ウイルス感染症が飼育下のヘルマンリクガメ（*Testudo hermanni*）で記載されている（Oros ら，1998）．メラニン欠乏性のゴーファーガメ（Californian desert tortoise，*Gopherus agassizi*）ではポックスウイルスも原因であると考えられたが，確定されなかった（Jacobson 1991）．

臨床徴候

Oros によって記述された症例では，黄白色の丘疹病変が眼瞼とその周囲で確認された．Jacobson の報告した第 2 例では，皮膚に多発性の隆起性の丘疹性から小水疱性病変がみられた．

診断と治療

診断は臨床徴候とウイルス分離により行う．ウイルスの拡散を最小限にし，二次的な細菌お

よび / または真菌感染に対する治療とともに，治療と観察を容易にするために，感染動物の隔離をお勧めする．

ヘルペスウイルス

原因と病理発生

　形態学的にヘルペスウイルスに類似したウイルスがアオウミガメの灰色斑病（grey patch disease）の原因体であると考えられている．流行は，夏期に高水温，過密状態と有機物汚染下で起こる可能性がある（Jacobson, 1991）．アオウミガメとアカウミガメの稚ガメにみられる表在性細菌性皮膚炎は類似疾患である（Frye, 1991）．ウイルス感染に加えて，二次的なグラム陰性菌とビタミンA欠乏症が関連すると考えられている．

臨床徴候

　灰色斑病は，若い孵化したての養殖稚ガメに小丘疹性皮膚病変として発生し，融合，拡大して斑状病変となる．Frye（1991）によって記載された疾患では無処置動物で致命的となる急速に拡大する壊死性皮膚炎を起こした．

診断と治療

　診断は電子顕微鏡検査によってウイルス性封入体を同定することで可能となる．Frye（1991）によって記載された疾患で報告されている治療法は，1週に3回，全身を過マンガン酸カリウム（$KMnO_4$ 1g/ 海水 220L）に薬浴させ，3時間後に新鮮な海水で洗浄することである．アシクロビル（acyclovir）がカメのヘルペスウイルス感染症の治療に用いられた．

表皮扁平上皮乳頭腫

　表皮扁平上皮乳頭腫が，マタマタ（*Chelys fimbriata*），カミツキガメ（*Chelydra serpentina*）とアカミミガメ（*Trachemys scripta*）で認められた（Frye, 1991）．乳頭腫様ウイルス性結晶配列が最近，輸入されたボリビア産のヒラタヘビクビガメ（*Platemys platcephala*, 別名プラテミスヘビクビガメ，プラテミス）皮膚病変で観察された（Jacobson, 1991）．

寄生虫性

　カメ目で皮膚科学的に重要な寄生虫としては以下のものがあげられる．
- 蠕　虫．
- ダ　ニ．
- マダニ．
- クロバエ．
- ヒ　ル．

蠕虫－*Spirorchidae* 科吸虫

原因と病理発生
Spirorchidae 科の吸虫の感染所見〔二生類（Digenea）：Spirorchidae 科〕が岸に打ち上げられたアオウミガメの解剖で確認された．3種類の Spirorchid（*Hapalotrema mehrai, H. postorchis* と *Neospirorchis schistosomatoides*）が同定された．

臨床徴候
吸虫は，内臓傷害を引き起こす．心臓血管病変としては心内膜炎，動脈炎と血栓症があげられ，しばしば動脈瘤形成を伴う．表在性血管閉塞は，spirorchid 吸虫卵または成虫により起こることがある．甲羅の血栓症と梗塞が起こることがある．

診断と治療
甲羅の生検標本内に蠕虫または卵があれば診断可能である．治療としてはプラジカンテル 8～20mg/kg を14日間繰り返し筋肉内投与する（Harvey-Clark, 1997）．

ダ　ニ

原因と病理発生
ダニ（未知種）は，アフリカ産のケヅメリクガメ（*Geochelone sulcata*）の皮膚の角鱗下で見つかった．

診断と治療
診断は臨床徴候によってなされる．治療法は患部組織の創面切除とクロルヘキシジンでの洗浄で行われ，これによりダニは駆除された（Campillo & Frye, 2002）．

マダニ

原因と病理発生
Aponomma gervaisi がインドホシガメ〔*Testudo*（*Geochelone*）*elegans*〕で見つかり，マダニの色は宿主に適応していた．*Hyalomma aegyptium* が，ギリシャリクガメ（*Testudo graeca*）に感染し，*H. franchinii* がリビア産のカメに感染していた．いわゆる soft-bodied tick である *Ornithodoros compactus* がカメで見つけられた（Frank, 1981a）．

爬虫類のマダニである，アフリカ産のカメのマダニ，*Amblyomma marmoreum, A. sparsum* 等がヒョウモンガメに寄生して，またイグアナのマダニ，*A. dissimile* もペットの取引で輸入されるが，マダニは暖かい気候の下では生存可能である．いくつかのマダニは哺乳類が終宿主でスピロヘータ症やフィラリア症等の伝染性疾患を媒介する可能性がある．重度の寄生では貧血の原因となることがある．

診断と治療
マダニは，口器が含まれていることを確認して，手で除去することが可能である（図10-4）．しかし，Burridge & Simmons（2001）は，カメとカメの施設からマダニを根絶

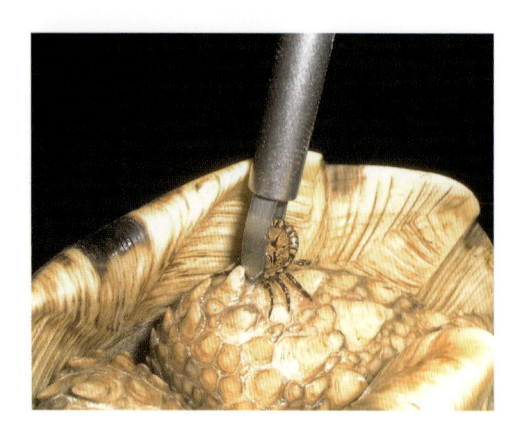

図10-4 マダニの用手除去.
（原図：S. MacArthur）

するためのプロトコールを開発した．ペルメトリン製剤（Provent-a-mite™, Pro Products Mahopac, NY）は，合衆国では利用可能で，局所に噴霧する（10cm離れたところから，小型のカメでは各々の脚に1～2秒，大型のカメでは2秒）．トカゲやヘビは薬剤を噴霧し，一度乾燥させ蒸発させた容器内（30cm^{2}当たり1～2秒噴霧）に入れる．飼育容器はシフルトリン（Tempo™, Bayer Corporation, Kansas City, MO）で2週間隔で処理し，そのプロトコールでは，Burridgeは処理した容器に10日間，ヘルマンリクガメ（*Testudo hermanni*）をモニター動物として入れておいた．

ハエウジ症－クロバエウジ症

原因と病理発生
ハエウジ症は主に *Lucilia* spp. に起因し，傷口と総排泄腔周囲に見つかる（Frank, 1981b）．

臨床徴候
ウジは寄生部位で広範囲な組織損傷を起こす．

診断と治療
ウジは物理的に除去し，患部を薄めた消毒液で洗浄する．局所あるいは全身性の抗生物質が必要かもしれない．

ヒ ル

原因と病理発生
ヒルは野外で捕獲されたカメに付着して発見されることがある．

診断と治療
診断は臨床徴候と傷の中にヒルがいることに基づく．治療法としては，ヒルの除去を促進するためにヒルの表面に生理的食塩水を塗布することで達成される可能性がある（Harkewicz, 2001）．二次感染に対処しなければならない．

栄養性

ビタミンA欠乏症

原因と病理発生

カメとテラピンにおいて肉のみを餌として与えた時によくみられる病態である．ビタミンAは上皮の維持のために必須とされる．

臨床徴候

ビタミンA欠乏症は，眼瞼水腫（図10-5）のために，両側の瞼が腫脹するという形で出現することがある．塩化ナトリウムを分泌するハーダー腺は，上皮が扁平上皮化生することにより，その構造を失っている（Reichenbach-Klinke & Elkan, 1965）．他の臨床徴候としては呼吸器系感染症による全身性の徴候（例えば嗜眠と食欲不振）があげられる．

診断と治療

診断は，バランスの悪い飼料の履歴と臨床徴候に基づく．栄養と二次感染に取り組んでいる間は，経口的なビタミンA補給（2,000〜10,000IU/kg 給餌か，または7〜14日ごとに2〜4回，2,000IU/kg を経口投与）が推奨される．

ビタミンA過剰症

原因と病理発生

ビタミン過剰症Aは，壊死性皮膚炎を引き起こす，ビタミンA製剤の非経口的な注入に起因するとされる．

臨床徴候

重度の皮膚欠損後に数日間，皮膚は乾燥し，剥離しやすくなり，そして，水疱が数週後に出現することがある（図10-6）．

図 10-5　テラピンのビタミンA欠乏症．
（原図：J.D. Littlewood）

図 10-6 注射によるビタミン A 過剰投与が原因のヘルマンリクガメのビタミン A 過剰症．前後肢の基部の柔らかい皮膚が剥離し，湿潤な滲出性皮膚炎が起きている．（原図：S. MacArthur）

診断と治療

診断は，病歴と臨床徴候に基づいてなされる．病変を除去し，清潔にした後，局所用の抗生物質を塗布し，包帯をすべきである．病変の範囲と程度によっては，輸液治療と全身性の抗生物質投与が必要かもしれない（Messonnier，1996）．

嘴と鉤爪の過剰発育

原因と病理発生

カメは，しばしば，特に上顎の角質性の口器がさまざまの程度に過剰発育することがある．餌が柔らかいこと，餌を探索する時間が短いことが，この病態に関与すると考えられている．下顎の過剰発育は重度の不正咬合を引き起こし，骨の形状と支柱点が変化するために顎関節の亜脱臼と下顎枝の前背側表面の扁平化を起こす．頭蓋骨側面像は修正する骨量を評価するために計測すべきである．

鉤爪の過剰発育は十分に爪を研磨するものがない時にみられる．飼料中の蛋白質過剰も本病態に関与することが推定されている（Rossi，1996）．

診断と治療

診断は病歴と臨床徴候によって行う．硬い餌によりイカのような嘴を摩滅維持するようにする．嘴はドリルを用いて正常な形に整形し得る．嘴部分は，顎骨前方に突出または覆いかぶさる部分の内側表面のわずかに尾側を目標にトリミングすべきである．重度慢性例ではトリミングを段階的に実施し，慢性例では骨性の頭側下顎枝と下顎枝内の骨髄腔と骨髄が近接している場合があるので，トリミングを無菌的に行う．

環境性

低温症

原因と病理発生

高度の低温症は，暖房の故障による可能性がある．

臨床徴候

低温症の初期徴候は臨床的には明らかでないかもしれないが，7〜10日以内に乾性壊疽として始まることがあり，脈管障害により，尾と指（趾）等の周囲の皮膚が剥離することがある（図10-7）．

診断と治療

ゆっくりと持続して加温することが必須で，中核（体）温をあまりに急速に上昇させると，さらに危険をもたらす可能性がある．低温症の程度により，種特異的なPOTZ（最適温度圏）に4〜24時間かけて環境温度を徐々に上昇させることで通常は十分である．重症例では加温輸液療法も有益かもしれない．不可逆的な脈管損傷が起こっている場合は，壊死組織近位部を無菌的に手術により切断することをお勧めする．

熱傷

原因と病理発生

吊り下げ式ヒーターによる場合等の熱傷は，非常に重度であるため，急性である可能性がある．その他に，カメはシェルターに利用していた庭のごみの山ごと焼かれてしまうこともある（図10-8）．熱傷は知らぬ間に進行しやすい性質がある，例えば，床暖房マットの使用により，腹甲に慢性的な傷害を及ぼすことがある．この場合は特に，二次細菌感染が明らかになるまで，熱傷は明瞭とならない．

図10-7 冬眠中に氷点下（0度以下の気温に持続的に暴露される）に冷えたことよる四肢の腫脹（凍傷）．このカメは盲目で，旋回運動を示した．（原図：S. MacArthur）

図 10-8 広範な熱傷を負ったリクガメ．

診断と治療

輸液による支持療法を必要に応じて実施しなければならない．二次感染が熱傷後によくみられる．スルファジアジン銀等の抗菌製剤の局所療法が有効である．

原油汚染

原因と病理発生

風化原油による，幼若なアカウミガメへの暴露効果が Lutcavage らによって調査された（1995）．白血球数は4倍に増加し，赤血球数は50％まで減数した．

臨床徴候

油暴露は刺激物接触性皮膚炎を起こし，急性の炎症性細胞浸潤，表皮上皮細胞異形成と皮膚層の細胞構築消失の原因となる．

外　傷

原因と病理発生

カメは，しばしば，芝刈り機による外傷または犬，キツネまたはネズミによる咬傷のために甲羅が傷害されたり破壊されたりする（図10-9）．

損害の範囲を評価するためにX線写真を撮るべきである．たとえ背甲に亀裂が生じても，骨格筋の動きが呼吸を助けるので呼吸は続く（カメには横隔膜がない）．椎骨が甲羅の脊側正中線に癒合しているので，脊側正中線への傷害は脊髄を傷害することになる．麻痺と不全麻痺が結果として起こる可能性がある（Barten，1996）．

図10-9　このギリシャリクガメは，冬眠場所内でコツコツ叩く音が聞こえて，冬眠から目覚めた．右前肢は食われ，皮膚が袖のように残っていた．（原図：S. MacArthur）

診断と治療

　診断は，病歴と臨床徴候に基づいて行われる．新鮮な，非感染性の外傷は，エポキシ樹脂（樹脂は甲羅の断片の間に浸み込まないようにすべきである）とグラスファイバー製のメッシュ，嘴修復用の歯科用アクリルあるいは鉤爪修復用のアクリルなどのさまざまな製品で封じることが可能である．どの方法を用いるにせよ，適当な位置に付ける必要があり壊死片は取り除かれなければならない．

　傷が感染している場合は，局所をまず治療すべきで，次にカメを全身的に治療し，健常な肉芽組織床が一度発生したら甲羅を密閉する．傷は包帯で覆うこともできる．甲羅の治癒に1〜2年がかかる可能性があり，若い発育中のカメでは一定間隔で，個々の角鱗の辺縁に沿って造溝術を行うべきである．

代謝性

限局性石灰化症

原因と病理発生

　限局性石灰化症は，軟部組織におけるカルシウム沈着症を特徴とする異所性石灰化症候群と定義される．

　Yanaiら（2002）はマレーハコガメ（*Cuora amboinensis kamaroma*）の皮下組織に限局性石灰化症に類似した結節性病変を記述した．この症例では，カルシウムまたはリン酸塩代謝の障害につながる基礎疾患としての腎不全と関連していた可能性がある．

臨床徴候

　Yanaiの報告した症例では，四肢は肉眼的に腫脹し，チョーク様の外観とじゃりじゃりした質感の結節が存在する．

診断と治療

　診断は，臨床症状と組織学的検査によって可能である．組織学的に，複数の小葉状のカルシ

ウム沈着がある．

腫　瘍

報告されている皮膚腫瘍を表10-3にあげる．

遺伝性と先天性

カメの甲羅のパターンのわずかな異常が記録されている（Reichenbach-Klinke & Elkan, 1965；Bellairs, 1981）．これは，おそらく，ふ卵期間の管理が制御が不十分であることと関連する．

その他

脱皮不全

原因と病理発生

角鱗の剥離が，基礎疾患として腎臓病がある個体と，非常に湿潤な底土（図10-10）が存在

表10-3　カメ目の皮膚腫瘍

腫瘍性病変	爬虫類
皮膚乳頭腫	ミシシッピーニオイガメ （stinkpot musk turtle, common musk turtle, *Sternotherus odoratus*）
足の扁平上皮癌	ceylonese terrapin（*Geoemyda trijuga*＊）
疣贅性乳頭腫症	ヨーロッパヌマガメ （European pond turtle, European pond terrapin, *Clemmys* spp.＊＊）
上皮小体腺腫	アカアシガメ（*Geochelone carbonaria*）

訳者注：＊ *Geoemyda trijugae* = *Nicoria trijuga* との記載がある．
　　　　＊＊原書では学名が *Clemmys* spp.（アメリカイシガメ属）と記載されているが，ヨーロッパヌマガメ属は *Emys* なので，*Emys orbicularis* と思われる．

図10-10　脱皮不全症，部分的に脱ぎ替わった皮膚が異常に遺残，英国北部の庭で飼われていた管理の悪いトルコ産ギリシャリクガメ．カメは通年，補助暖房とライトなしで飼われていた（原図：S. MacArthur）

する環境に収容されるカメで観察された．

診断と治療

　腎臓機能の評価には，血漿中の尿酸とカルシウム－（カルシウム塩）：－リン酸（リン酸塩）比率を測定すべきである．感染は甲羅が過度に湿潤なために起きている場合は，飼育管理の方法を見直し，水から上がって体を乾燥させやすくするために飼育環境中により広い甲羅干しのための場所を確保すべきである．

　環境が原因の場合は改善が容易で，同時に全身性の抗生物質投与を実施する．腎臓疾患の予後は不良である（Rossi, 1996）．

参考文献

Adnyana, W., Ladds, P.W. and Blair, D.（1997）'Observations of fibropapillomatosis in green turtles, *Chelonia mydas* in Indonesia'. *Australian Veterinary Journal*, 75:10, pp. 737-742.

Aguirre, A.A., Balazs, G.H., Zimmerman, B. and Sparker, T.R.（1994）'Evaluation of Hawaiian green turtles, *Chelonia mydas*, for potential pathogens associated with fibropapillomas'. *Journal of Wildlife Diseases*, 30:1, pp. 8-15.

Austwick P.K.C. and Keymer I.F.（1981）'Fungi and actinomycetes.' In: *Diseases of the Reptilia*, Vol. I. Cooper, J.E. and Jackson O.F.（eds）. Academic Press, London, pp. 193-231.

Barten, S.L.（1996）'Shell damage'. In: *Reptile Medicine and Surgery*. W.B. Saunders Company, Philadelphia, pp. 413-417.

Bellairs, A.D.A.（1981）'Congenital and developmental diseases'. In: *Diseases of the Reptilia*, Vol. II. Cooper, J.E. and Jackson, O.F.（eds）. Academic Press, London, pp. 469-486.

Burridge, M.J. and Simmons, L.（2001）'Control and eradication of exotic tick infestations on reptiles'. *Proceedings of the Association of Reptilian and Amphibian Veterinarians*. Orlando, Florida, pp. 21-23.

Cabanes, F.J., Alonso, J.M., Castella, G., et al.（1997）'Cutaneous Hyalohyphomycosis caused by *Fusarium solani* in a Loggerhead sea turtle, *Caretta caretta*'. *Journal of Clinical Microbiology*, 35:12, pp. 3343-3345.

Campillo, N.J. and Frye, F.L.（2002）'Preliminary report of subepidermal mite infestation in an African Spurred tortoise, *Geochelone sulcata*'. *Proceedings of the Association of Reptilian and Amphibian Veterinarians*. Reno, Nevada, p. 17.

Frank, W.（1981a）'Endoparasites'. In: *Diseases of the Reptilia*, Vol. I. Cooper, J.E. and Jackson, O.F.（eds）. Academic Press, London, pp. 291-358.

Frank, W.（1981b）'Ectoparasites'. In: *Diseases of the Reptilia*, Vol. I. Cooper, J. E. and Jackson, O.F.（eds）. Academic Press, London, pp. 359-383.

Frye, F.L. and Dutra, F.R.（1974, Dec.）'Mycotic granuloma involving the forefeet of a turtle'.

Veterinary Medicine / Small Animal Clinician, pp. 1554-1556.

Frye, F.L. (1991) *Biomedical and Surgical Aspects of Captive Reptile Husbandry*, Vols I and II. Krieger Publishing Company, Malabar.

Harshbarger, J.C. (2002) 'Marine turtle fibroma and fibropapilloma cases in the registry of tumours in lower animals'. *Proceedings of the Sixth International Symposium on the Pathology of Reptiles and Amphibians*, Saint Paul, MN, pp. 129-145.

Harkewicz, K.A. (2001) 'Dermatology of reptiles: A clinical approach to diagnosis and treatment'. In: *Veterinary Clinics of North America — Exotic Animal Practice*, 4:2, pp. 441-462.

Harvey-Clark, C.J. (1997) 'Dermatologic (skin) disorders'. In: *The Biology, Husbandry and Healthcare of Reptiles*, Vol. III, Ackerman, L. (ed.). T. F.H Publications Inc., Neptune City, NJ, pp. 654-680.

Herbst, L.H. and Klein, P.A. (1995) 'Green turtle fibropapillomatosis: Challenges to assessing the role of environmental cofactors'. *Environmental Health Perspectives*, 103:4, pp. 27-30.

Hunt, T.J. (1957) 'Notes on disease and mortality in testudines'. *Herpetologica* 13, p. 19.

Jacobson, E.R., Calderwood, M.B. and Clubb, S.L. (1980) 'Mucormycosis in hatchling Softshell turtles'. *Journal of the American Veterinary Medical Association*, 177:9, pp. 835-837.

Jacobson, E.R., Mansell, J.L., Sundberg, J.P., *et al.* (1989) 'Cutaneous fibropapillomas of Green turtles, *Chelonia mydas*'. *Journal of Comparative Pathology*, 101, pp. 39-52.

Jacobson, E.R. (1991) 'Disease of the integumentary system of reptiles'. In: *Dermatology for Small Animal Practitioner*, Nesbitt, G. H. and Ackerman, L. L. (eds). Veterinary Learning Systems Co. Inc., Trenton, NJ, pp. 225-239.

Lackovich, J.K., Brown, D.R., Homer, B.L., *et al.* (1999) 'Association of herpes virus with fibropapillomatosis of the Green turtle, *Chelonia mydas* and the Loggerhead turtle, *Caretta careta* in Florida'. *Diseases of Aquatic Organisms*, 37, pp. 89-97.

Ladyman, J.M., Kuchling, G., Burford, D., *et al.* (1998) 'Skin disease affecting the conservation of the Western swamp tortoise, *Pseudemydura umbrina*'. *Australian Veterinary Journal*, 76:11, pp. 743-745.

Lutcavage, M.E., Lutz, P.L., Bossart, G.D. and Hudson, D.M. (1995) 'Physiological and clinicopathological effects of crude oil on Loggerhead sea turtles'. *Archives of Environmental Contamination and Toxicology*, 28, pp. 417-422.

Messonnier, S.P. (1996) *Common Reptile Diseases and Treatment*. Blackwell Science, Oxford.

Oros, J., Rodriguez, J.L., Deniz, S., *et al.* (1998) 'Cutaneous poxvirus-like infection in a captive Hermann's tortoise, *Testudo hermanni*'. *Veterinary Record* 31, pp. 508-509.

Oros, J., Acosta, B., Gaskin, J.M., *et al.* (2003) '*Mycobacterium kansaii* infection in a Chinese soft-shell turtle, *Pelodiscus sinensis*'. *Veterinary Record*, April 12, pp. 474-476.

Quackenbush, S.L., Work, T.M., Balazs, G.H., *et al.* (1998) 'Three closely related herpes viruses are associated with fibropapillomatosis in marine turtles'. *Virology*, 246:2, pp. 392-399.

Reichenbach-Klinke, H. and Elkan, E. (1965) *Principal Diseases of Lower Vertebrates*, Part 3, *Diseases of Reptiles*. T.H.F Publications Inc., Neptune, NJ.

Rhodin, A.G.J. and Anver, M.R. (1977) 'Mycobacteriosis in turtles: Cutaneous and hepatosplenic involvement in a *Phrynops hilari*'. *Journal of Wildlife Diseases*, 13, pp. 180-183.

Rose, F.L., Koke, J. Koehn, R. and Smith, D. (2001) 'Identification of the etiological agent for necrotizing scute disease in the Texas tortoise'. *Journal of Wildlife Diseases*, 37:2, pp. 223-228.

Rosenthal, K.L. and Mader, D.R. (1996) *Reptile Medicine and Surgery*. W.B. Saunders Company, Philadelphia, pp. 117-124.

Rossi, J.V. (1996) 'Dermatology'. In: *Reptile Medicine and Surgery*. W.B. Saunders Company, Philadelphia, pp. 104-117.

Ruiz, J.M., Arteaga, E., Martinez, J., *et al.* (1980) 'Cutaneous and renal geotrichiosis in a Giant tortoise *Geochelone elephantopus*'. Sabouraudia 18, pp. 51-59.

Sinmuk, S., Suda, H. and Hatai, K. (1996) '*Aphanomyces* infection in juvenile Soft-shelled turtle, *Pelodiscus sinensis*, imported from Singapore'. *Mycoscience*, 37, pp. 249-254.

Wallach, J.D. (1975) 'The pathogenesis and aetiology of ulcerative shell disease in turtles'. *Journal of Zoo Animal Medicine*, 6, pp. 11-13.

Yanai, T., Noda, A., Hasegawa, K., *et al.* (2002) 'Calcinosis circumscripta in a Malayan box turtle, *Cuora amboinensis kamaroma*'. *Proceedings of the Sixth International Symposium on the Pathology of Reptiles and Amphibian*. Saint Paul, MN, pp. 111-115.

第3節
魚類の皮膚科学

第 11 章
魚類の皮膚の構造と機能

機　能

- 魚類の皮膚は，病原体，浸透圧および物理的損傷に対する物理障壁および最初の防衛線となっている．
- 皮膚はイオンおよび液体平衡を維持するための半透性障壁として機能する．
  - 淡水魚では，皮膚は水の流入と電解質の流出を制御する．
  - 海水魚では，水の流出と電解質の流入を制御する．

外観所見

　魚類の体の形とその解剖学的特徴は，さまざまな棲息環境と行動に適応した結果として，魚種ごとに大きく異なっている．主要な外観的所見を図 11-1 に図示した．
- ひ　げ：対になった感覚器官で触覚および味覚を感じ取る．
- 鼻　孔：嗅覚のための嗅神経受容体をもつ対になった小囊．
- 鰓　蓋：鰓を保護し呼吸を補助する硬い骨性板．
- 側　線：体側に沿って頭部にまで広がる感覚器官で音と水圧を検知する．
- 総排泄腔：肛門，膀胱，生殖乳頭の開口部．
- 尾柄部：体の後方で尾鰭に向かって細くなっている部位．

鰭

- 薄い膜性の構造で多数の弾力性のある"鰭条"によって支持されている．
- 魚種ごとの自然下での生活様式および体の形状によってその形，大きさおよび位置はさまざま．
  - 背　鰭：背側にある大きな対になっていない鰭（不対鰭）．
  - 脂　鰭：背鰭と尾鰭との間にある小型の不対鰭．どの魚種でもあるとは限らない．

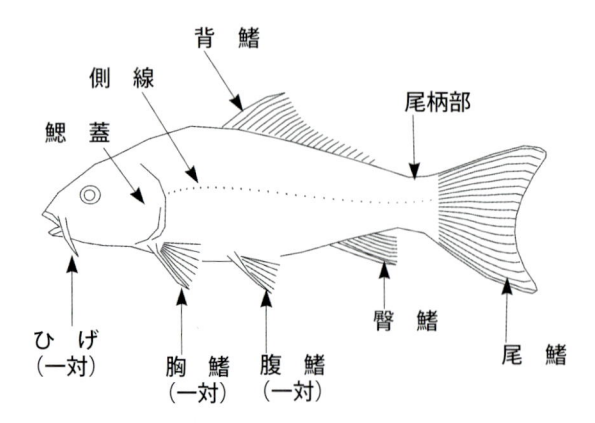

図 11-1　魚類の外観所見.

- 胸　鰭：対になった鰭（対鰭）．前肢の相似器官．
- 腹　鰭：対鰭．後肢の相似器官．
- 臀　鰭：総排泄腔より後方にある不対鰭．
- ゴノポディウム：いくつかの魚種の雄が受精に用いる臀鰭が変形したもの．
- 尾鰭ないし尾：大型の鰭で普通は不対鰭だがある種のキンギョでは対鰭となっている．

皮膚の構造

その厚さと構成細胞は，魚種，生活環，性，繁殖状態，栄養，体の部位，季節，水質および総合的な健康状態によって大きく異なる（図 11-2，図 11-3）．

粘液層*

- 最外層：厚さ 1 μm．しかし魚種と体の部位によって異なる．

*訳者注：cuticle…哺乳類であれば"小皮"と訳すべきかもしれないが，魚類には一般に角化したクチクラ層がなく，皮膚最外層は粘液で構成されるためこの訳語を用いた．

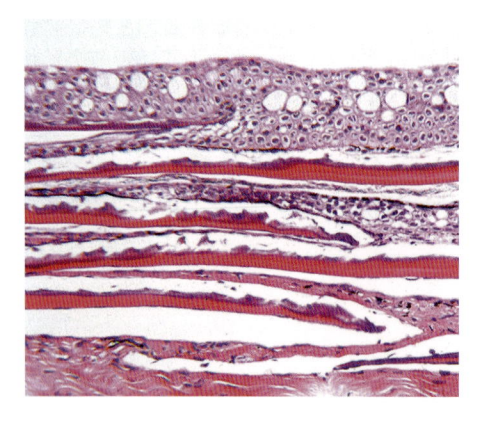

図 11-2　魚類の皮膚横断面の病理組織学的切片.

第11章　魚類の皮膚の構造と機能　　135

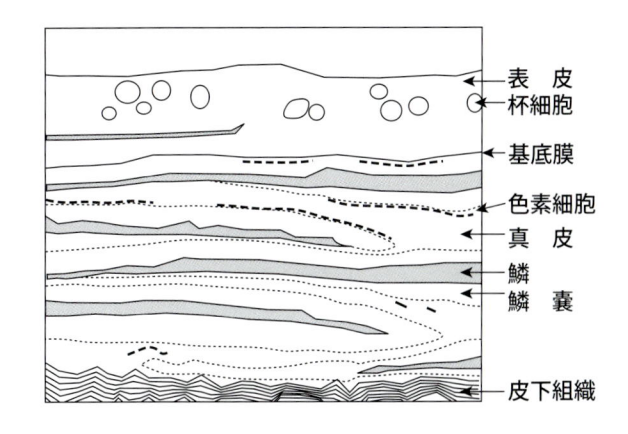

図11-3　魚類の皮膚の構成要素を示す模式図解.

- 粘液と細胞残渣から構成される.
- 擦過傷を防ぎ摩擦と泳ぐ際の水の抵抗を減ずる.
- IgMと数種の抗微生物特性を有する酵素を含む.
- 表皮リンパ球および形質細胞が特殊な皮膚免疫系を形成することがある.

表　皮

- 主に角化細胞（マルピーギ細胞）.
- 重層扁平上皮.
  - 基底層（stratum basale）：円柱状ないし短円柱状の細胞.
  - 胚層（stratum germinativum）＝有棘層：卵円ないし円形で表層になるにつれて扁平となる.
- 厚さは魚種，生活環，性，季節および体の部位によってさまざま.
- 表皮細胞は全ての段階で細胞分裂することができ，ことに基底膜近くでは活発である.
- 角化はほんのわずかの部位でしかみられない（例：いくつかの魚種の雄の頭部および胸鰭にできる生殖結節）.
- "杯細胞"（粘液細胞）は表皮表層近くで認められ粘液層へ粘液を分泌する.
- "棍棒細胞"は恐怖物質を分泌し表皮損傷に続いて防護性の滲出物を分泌する.
  - いくつかの魚種では同種の魚を警告するためにフェロモンないし"恐怖臭（schreckstoff）"を放つ.
- 数種の色素細胞および特殊感覚細胞（例：化学受容体，触覚受容体）.

基底膜

- 表皮と真皮とを分ける.
- 厚さと密度とは魚種および体の部位によってさまざま.

真 皮

- 上　層：海綿状層（stratum spongiosum）.
  - 膠原線維および細網線維が疎性結合織を形成.
- 深　層：緻密層（stratum compactum）.
  - 密度の高い膠原線維が構造上の強度を与えている.

鱗

- 海綿状層内の鱗嚢の中で発生し安静時にもっともよく成長する.
- 鱗の成長によって骨性の隆起部が形成され，これを計数することで魚類の年齢が推定される.
- 弾力のある石灰化した板であり，大きさ，形態，構造によって分類される.
  - 円　鱗：薄い半透明の円形の円盤であり後縁が円滑である.
  - 櫛　鱗：薄い半透明の円形の円盤であり後縁が不規則な歯状を呈する.
  - 硬　鱗：菱形で上部表面に小さな"出っ張り"がある.
  - 楯　鱗：菱形で歯に類似する（"皮歯"）.

色素細胞（色素胞）

- 偽装と意思疎通のための色彩.
- 表皮，真皮および皮下組織の境界部で主に観察される.
- 色素細胞は神経によって刺激され，1種類以上の色素を有するものもある.
- 他の色素細胞と一緒に活性化したり，反射および屈折することによって異なった色調を呈する.
  - 黒色素胞はメラニンを含み黒ないし褐色の色調を与える.
  - 黄色素胞はキサントフィルを含み黄色の色調を与える.
  - 赤色素胞はカロチノイドを含み橙色/赤色の色調を与える.
  - 白色素胞はグアニンないしプリンを含み白色の色調を与える.
  - 虹色素胞はグアニンを含み屈折性ないし虹色調を呈する.
- 色調の変化は神経内分泌の効果による.
  - アドレナリン作動性刺激（カテコールアミン）は明色化ないし色調消失を起こす.
  - コリン作動性刺激（アセチルコリン）は皮膚の色調の暗色化を起こす.
  - メラニン細胞刺激ホルモン（MSH），メラニン細胞濃縮ホルモン（MCH）および他のホルモンは色調に影響を与える.
  - 水質，水温，塩分濃度，機械的圧力および紫外線は色調に影響を与える.

皮下組織

- 疎な脂肪組織層で皮膚とそれを裏打ちする構造（例：筋肉，骨）に結合する．
- 疎な構造と血液供給の豊富さにより，感染がよく起こる部位となっている．

創傷治癒

- 局所周囲の粘液の過剰生産：血液と炎症性細胞が病変部を占める．
- 初期に角化細胞の細胞間結合が失われ，細胞が素早く浸潤してきて損傷を覆い，12時間以内に防水性構造を回復させる．
- 周囲表皮の菲薄化を引き起こす．
- 初期の細胞浸潤は水温とは無関係に起こるが，病原体と壊死組織によって抑制される．
- 細胞分裂による後期の治癒段階は環境の温度に依存する．
- 真皮と皮下組織の肉芽組織は3～4日にわたって発達する．

第 12 章
魚類の皮膚検査と診断試験

　皮膚病の検査を行うのに用いる重要な手技の大半を以下に列記した．診断を確定するにはこれらの中のいくつか，あるいは全てを行わねばならないことがある．肉眼で明瞭に認めることのできる病変があっても，魚の全身の健康状態を査定することは不可欠であり，それは皮膚病が全身性の疾病と関係している可能性が考えられるからである．

病　歴

　詳細に検査することで疾病の型式を明らかにできることがあり，それが隠れている病因を示唆していることがある．
- 突然出現した疾病 ＋ 全ての魚種が発症 ＝ 環境性の問題（例：水質の悪化，毒物）．
- 徐々に発病 ＋ 発症する魚の数が増加していく ＝ 感染症（例：細菌，寄生虫）．
- 独立した症例 ＋ 少数の魚が発症 ＝ 非感染性疾病（例：腫瘍，物理的損傷）．

　飼育維持管理に関する全ての状況，殊に最近起こった変化を調査する．
　発症した魚種とその数，経過時間，現れた病徴および死亡率に注意する．
　新しく導入した魚の数と由来およびその日時に注意する．

環境の調査

　水質を検査する．
- アンモニア，亜硝酸塩，硝酸塩，水温および pH は常に検査すること．
- 虚弱な魚種の場合は溶存酸素，硬度，塩分濃度およびリン酸塩を検査する．

　飼育状態の良さおよび外因性毒物の由来を査定するために飼育環境を調べる．
　変化に注意（水温，気候，新しい器具，新しい餌料，藻類の繁茂）．
　高いレベルの亜硝酸塩および極端な pH 状態は皮膚に刺激を与え，粘液の過剰産生を引き起こす．

身体視認検査

検査対象となる魚種の正常な所見を知っておくことは不可欠である．異常行動を査定するため検査魚をその魚種固有の環境で観察すること．
- 呼吸数，遊泳能および遊泳姿勢をチェックすること．
- 他の魚との関係を観察すること．
- "フラッシング"行動（粗い面に体を擦り付ける）は皮膚に刺激を受けている病徴である．

詳細な臨床検査には麻酔ないし鎮静（下記参照）が必要となる場合がある．皮膚病の病徴には色調変化，目で見える寄生虫ないし感染．斑点，腫脹，潰瘍，質感の変化および鰭病変があげられる．

麻　酔

現在のところ英国で認可されている唯一の魚類麻酔薬である MS222 を使用する．

用量：50 〜 200mg/L であるが魚種ごとに感受性が異なることに注意．

方法：
- 可能であれば，麻酔をかける 24 時間前から魚に餌料を与えない．
- 魚を元の水槽ないし池の水（同じ化学的水質および水温をもつ）を入れた小型回復水槽に入れ，エアポンプにつなげたエアストーンを用いて通気する．
- 量を測った元の水槽ないし池の水の中に麻酔剤を計測して溶解させて麻酔溶液を準備し，エアストーンで通気しておく．
- pH が同じであることを確認し，必要であれば重炭酸ナトリウムを用いて緩衝する．
- 魚を麻酔溶液へ移す．
- 反射（例：刺激に対する忌避反応）の消失について注意深く観察する．
- 取扱いに対してほとんど反応しない（魚は平衡を失って横転しているかもしれない）が鰓蓋はまだいくらか動いている状態になったら，魚を溶液から移動させる．
- 魚を注意深く取り扱う．手指と取り扱う場所の表面を濡らしておく．
- おそらく水の外に置いておけるのは 3 分までである．この時間を延長するには浸漬を繰り返す．
- 検査および材料採取が済んだら魚を回復水槽の水の中へ戻す．

麻酔剤が宿主体表の外部寄生虫の数を減らす可能性がある．

診断的試験

肉眼および顕微鏡検査は実施が容易で診断にとても役立つ．殊に他の試験はあまり特異性がないため，これらは日常検査の一部とすべきである．

図 12-1 魚の皮膚掻爬標本の採取.

皮膚掻爬標本

　刃先を鈍らせた円刃メスないしスパーテルを用いて，尾方へ向かって軽く皮膚を掻爬して標本を採取する（図 12-1）．
- 好適な部位は胸鰭の後方，鰓蓋ないし背鰭近くの背部沿いである．
- 有意な数の魚から1カ所以上の検体を採取すること．
- 清潔なスライドグラスに移し，水槽ないし池の水を数滴加えてカバーグラスを上に置く．
  - 水道水は使用しない．塩素・クロラミンを含む可能性がある．

　すぐさま検体を観察することで動いている寄生虫の同定が容易となる．ほとんどの寄生虫は×40〜100で見えるが，屈折性があるために位相差装置を使用するかコンデンサーを下げる．*Flavobacterium columnae* が形成する"ヘイスタック（藁の山）"は×100で観察できる．寄生虫の中等度寄生は魚類では珍しくない．

鰓標本

- 刃先を鈍らせた円刃メスないしスパーテルを用いて軽く表面を掻爬して標本を採取する．
- 麻酔下で，鋭利な鋏を用いて鰓弁先端部の小片を切除する．
- 皮膚掻爬標本と同じようにスライドグラス上にマウントする．

死後検査

- 自己融解を最小限にして診断精度を高めるために，死後1時間以内に実施すること．
- ビニール袋に密封して冷蔵保存することで，診断に使用できる状態は数時間まで延びる可能性がある．
- 死体を凍結して解凍すると組織はほとんどの検査に不適当となる．
- できれば病魚を1尾犠牲として即座に検査するのが望ましい．
  - 麻酔剤の過剰投与と頸部切断によって安楽死させる．

- 死後検査には皮膚掻爬および鰓からの検体採取が含まれるべきである．
  - 宿主の死後，種々の寄生虫が速やかに死ぬ，あるいは宿主を離れる．

細菌学

　表層の患部は例外なく環境中の細菌によって汚染されている．全身性の疾病である場合，腎臓から得た材料だけが有用である．材料を採取した綿棒を郵送してはいけない．材料は適切な培地の上に速やかに接種しなければならない．

　必要であれば活魚を検査機関へ直接送付する．培養と感受性試験は魚病に習熟した検査機関が実施すべきである．

　いくつかの細菌（例：*Flavobacterium columnae* および *Aeromonas salmonicida*）の分離には特殊な培地が必要となる．*F. columnae* を診断するには，皮膚掻爬標本中の "ヘイスタック（藁の山）" を確認するのが最もよい．

病理組織学

　これは重要な日常検査法であると考えられるべきである．
- 自己融解による死後変化を避けるため，瀕死魚を殺処分した新鮮な材料のみを標本とする．
- 側線付近から皮膚をその下の赤色筋および白色筋ごと切り取って採取する．
- 鰓，心臓，肝臓，脾臓，腸管および頭腎，体腎は必ず採取する．
- 腫瘍および潰瘍部からの生検標本は周囲の正常組織との境界部を採取する．
- 皮膚病変に影響を与え得るあらゆる全身性変化を査定するため，全ての組織を採取すること．
- 肉眼的病変がない部位でもかなりの組織変化が存在する可能性がある．
- 標本の大きさは最大で $1cm^3$ である．
- 冷やした10％中性緩衝ホルマリンで固定する．最少でも標本の20倍量必要．
- ブアン液およびダビッドソン液を用いる場合は24時間固定し，70％アルコールに移して保管する．
- 組織標本の解釈は魚病に習熟した病理医によって実施されるべきである．

他の方法

　画像診断（X線造影，超音波）は内部病変を確認する助けとなることがある．
- 検査する魚種の内部解剖に習熟すること．

　正確な基準値データが欠如しているために，血液学および血液生化学は診断価値が限られている．
- 採血は尾静脈（尾柄部の脊椎直下）より行う．
- 側線直下の鱗の間から長い注射針を頭部に向けて斜め方向に挿入する．
- ヘパリン処理した注射針と注射筒を用いる（ヘパリン溶液を吸い上げてフラッシュしてお

く).
- 魚種間および同一魚種内でも"正常"値には大きな幅がある.

第13章
魚類の皮膚疾患と治療

　魚類において皮膚病は普通にみられるが，それは病変部が目立つことと，皮膚が魚類の健康に有意な影響を与える環境と密接に接触しているからである．

　劣悪な水質に起因するストレスは魚類の健康を障害する要因としては最も重要なものであり，多くの疾病の発生に関与している．その場合，水圏環境中に遍在する多くの日和見病原体が増殖し，衰弱して感受性を示すようになった魚を障害する可能性が出てくる．皮膚病変は皮膚組織における局所的一次性疾病から起こるとともに，全身性疾病の表現型の1つとしても起こり得る．これらの皮膚病は二次感染によって複雑化し，浸透圧調節を喪失させることによってしばしば致死的ともなり得る．皮膚病変は病原体ごとに必ずしも特異的ではなく，いくつかの病原体群が魚類に皮膚病を引き起こす．

- 細菌性．
- 真菌性．
- ウイルス，リケッチア，原虫性．
- 寄生虫性．
- その他の病原体．
- 腫　瘍．

細菌性皮膚病

グラム陰性細菌性敗血症

原因と病理発生

　主としてエロモナス属，緑膿菌属およびビブリオ属細菌．ほとんどは日和見病原体．
　Aeromonas salmonicida は偏性病原体の1つであり，ニシキゴイとキンギョに潰瘍を引き起こす．ビブリオ属細菌は海水魚では普通にみられる．腸管から細菌が吸収されることに続いて，皮膚の潰瘍部から細菌が全身に伝播することがある．

臨床症状

点状出血および斑状出血が腹部体表で最も明瞭に見え，体表に褪色ないし白色化した領域が出現することがある．限局的な炎症が起こる．大型の皮膚潰瘍はしばしば認められる．キンギョではしばしば褐色色素の斑が体表ないし鰭に出現する．

診断と治療

診断は，抗生物質に対する反応，腎臓から採取した材料の細菌培養に基づいて行う．

治療は抗生物質を用いるが，耐性菌が有意に出現することもある．水質および飼育状況の改善が重要である．数種の魚類（例：サケ科魚類）ではワクチン接種が可能である．

グラム陰性細菌性潰瘍

原因と病理発生

主としてエロモナス属，緑膿菌属およびビブリオ属細菌．ほとんどは日和見病原体．

Aeromonas salmonicida は偏性病原体の１つであり，ニシキゴイとキンギョに潰瘍を引き起こす．キャリアーとなった魚は感染を伝播させる（図 13-1）．ビブリオ属細菌は海水魚では普通にみられる．

皮膚組織内での細菌性酵素の作用の結果として，小さな皮膚の外傷性損傷部（例：粗雑な取扱い，寄生虫の寄生による）で細菌の侵入が起こる．

臨床症状

体表面のどこにでも潰瘍が形成される．潰瘍の大きさおよび深さはさまざまである．小型の穴あき病変が鰭にできることがあり，大型病変では下部組織（例：筋肉ないし体腔）まで達する深い浸食が起こることがある．

診断と治療

診断は臨床症状に基づく．病変部からの細菌分離の診断的価値は限られている（前章を参照）．生検が有用となる場合がある．

治療は，まず全身麻酔下で壊死組織を除去し，続いて局所の消毒と防水性ペーストの塗布を

図 13-1 魚体表上の潰瘍．

第13章　魚類の皮膚疾患と治療

行う．薬剤耐性菌が有意にみられる可能性はあるが，抗生物質は有用である．水質と飼育管理の改善が重要である．魚種（例：サケ科魚類）によってはワクチン接種が可能である．

"鰭腐れ"

原因と病理発生

グラム陰性桿菌である *Flavobacterium columnae* によって引き起こされる（図13-2）．本菌は通常は病原性が低く，ストレスに続いて魚に感染するが，菌株の中には高い病原性を示すものがあり，ストレスが存在しなくとも疾病を引き起こす．水温20℃以上では感染性が増大する．殊にもしも鰓が感染を受けた場合には，死亡率は高くなる．

臨床症状

嗜眠状態となり，食欲は欠乏して呼吸数が増加する．綿毛様の糸状物が皮膚，鰭および鰓の上に観察される．小さな病変が迅速に拡大して大きな領域が障害される．ボロボロになった鰭では鰭組織は完全に壊死消失し，感染は隣接する体表へと拡大していく．

診断と治療

診断は臨床症状，顕微鏡所見および細菌培養に基づいている．感染・壊死組織のウェットマウント標本を顕微鏡観察すると，細菌のコロニーが "ヘイスタック（藁の山）" の様相を呈するのが認められる．選択培地（例：サイトファーガないしShieh培地）を用いた細菌培養が必要である．

治療に用いる抗生物質は注射の他，餌料中ないし飼育水中に加えることで投与される．過マンガン酸カリウム，硫酸銅ないしその他の適切な物質の溶液に浸漬する処置は有用である．

水質および飼育管理法を改善することでストレスを軽減すること．

"口腐れ" / "マウスファンガス"

原因と病理発生

口腐れはグラム陰性桿菌である *Flavobacterium columnae* によって引き起こされる．

図13-2 *Flavobacterium columnae* による鰭腐れ．

本菌は熱帯性淡水魚でより日常的に観察される．本病は高い死亡率を示し，しばしば迅速に病勢が進行する．

臨床症状
嗜眠状態と食欲欠乏．灰色の綿毛様の病変が口の周囲に観察される．

診断と治療
診断は臨床症状，顕微鏡所見および細菌培養に基づいている．感染・壊死組織のウェットマウント標本中で，細菌のコロニーが"ヘイスタック（藁の山）"の様相を呈する．

選択培地（例：サイトファーガないし Shieh 培地）を用いた細菌培養が必要である．

治療に用いる抗生物質は注射の他，餌料中ないし飼育水中に加えることで投与される．過マンガン酸カリウム，硫酸銅ないしその他の適切な物質の溶液に浸漬する処置は有用である．

水質および飼育管理法を改善することでストレスを軽減すること．

"頭部穴あき"（ナマズ）

原因と病理発生
"頭部穴あき"病はグラム陰性桿菌である *Edwardsiella ictaluri* によって引き起こされる．本菌は主に若いナマズを冒す．

臨床症状
頭部および背部の最上部に白色潰瘍（直径 1 〜 10mm）が出現．本病では胃腸性敗血症および死亡が起こることがある．

診断と治療
診断は臨床症状および細菌培養に基づいている．治療に用いる抗生物質は注射の他，餌料中ないし飼育水中に加えることで投与される．水質および飼育管理法を改善することでストレスを軽減すること．

抗酸菌症

原因と病理発生
原因微生物には抗酸性を示すグラム陽性桿菌である *Mycobacterium marinum*，*M. fortuitum* があげられる．本菌は淡水性の水槽飼育魚では普通にみられる．本菌は動物由来性人感染症を引き起こし，魚類飼育者の手や腕に肉芽腫性結節を形成する．

臨床症状
躯幹部に潰瘍が形成されるが抗生物質治療に対する反応は緩慢．時に小型の潰瘍から灰色ないし白色の乾酪壊死部が排出される．正常な体色は失われる．その他の病徴（例：食欲不振，体重減少，嗜眠，体の変形，協調運動失調）．

診断と治療
診断は臨床症状，例えば皮膚病変と，内臓全体にみられる肉芽腫の存在に基づいて下される．患部および内臓の組織学的検査（抗酸性微生物が時に観察される）．選択培地（例：

Löwenstein-Jensen 培地）を用いた細菌培養が必須である．

文献中のいくつかの症例報告では，リファンピシン，エリスロマイシン，ストレプトマイシン，カナマイシン，ドキシサイクリンおよびミノマイシンを奨励しているが，効果のある治療法は記録されていない．

病魚を殺処分して飼育系を消毒する．

真菌性皮膚病

サプロレグニア症

原因と病理発生

Saprolegnia は隔壁をもたない卵菌綱の真菌（水カビ）である．本菌は傷害を受けた淡水魚の皮膚と鰓に感染するのが普通である．本菌は通常は二次性病原体であり，しばしば劣悪な水質と飼育管理を指標するものである．鰓への感染と広範な皮膚病変は浸透圧調節の不全を引き起こすので，通常は致死的である．

臨床症状

白色の綿毛の房ないしマットに似た脆弱な真菌性構造を示す（図 13-3）．屋外の魚では菌糸塊は緑色ないし褐色を呈することがあるが，それはそれぞれ付着した藻類ないし沈泥による．

診断と治療

診断は臨床症状に基づいて行われる．

- 真菌の菌糸と子実体（遊走子嚢）はウェットマウントの顕微鏡検査で観察できる（図 13-4）．
- コーンミールないしサブロー寒天培地で培養する．*Flavobacterium columnae* による "マウスファンガス" ないし "口腐れ" と混同してはいけない．

図 13-3　魚体表上にみられる *Saprolegnia* 属真菌の綿毛様の房．

図 13-4　ウェットマウント標本中の *Saprolegnia* の顕微鏡像．

- 重症の病魚は水中の遊走子数を減らすために安楽死させる．薬剤としてはマラカイトグリーンを水に溶かして使用する．

水質と飼育法を改善し，下敷きとなっている細菌性および寄生虫性疾病を除去する．

デルモシスチジウム コイ

原因と病理発生

Dermocystidium koi はコイにだけ感染し，真菌様の外観を呈する原生生物である．病理発生は不明であり，ほとんど炎症反応を伴わない平滑で小さな腫脹患部を形成する．病変部は約10mmの大きさになると破裂し，菌糸を露出して数千の遊走子を放出する．最も普通にみられるのは英国では5月～7月の間である．

臨床症状

"コイポックス"に似た平滑で隆起した結節を示すが，増大し続けて最後には破裂する．数千の遊走子を入れた，直径が不均一な，強固で厚い"菌糸"をもつ．

診断と治療

診断は臨床症状と生検に基づいて行われる．大型の細胞質内空胞によって核が変位し，"印形"様を呈すると呼ばれる遊走子（6～15μm）が生検で明らかになる．

治療法については知られていないが，抗生物質は二次的な細菌感染を防止すると思われる．外科的な切除は可能であるが，ほとんどの患部は破裂後に自然治癒する．

イクチオフォヌス

原因と病理発生

Ichthyophonus hoferi は真菌様の微生物であり，慢性の全身性肉芽腫性疾病を引き起こす偏性寄生体である．本菌は主として海水魚に感染する．

臨床症状

大きさが最大1mmまでの暗色の皮膚肉芽腫．上を覆う表皮がびらんし，サンドペーパー様の肌理を作り出す．

診断と治療

診断は生検で確定される．効果的な治療法はなく，多くの魚には安楽死が必要となる．

ウイルス，リケッチアおよび原虫性疾病

コイポックス

原因と病理発生

cyprinid herpes virus 1（*Herpesvirus cyprini*）が表皮に感染して乳頭腫を形成する．主にコイを冒すが，他の冷水性魚種および数種の熱帯魚にも認められる．罹患率は低く，わずかな感染魚が病変を示す．

第13章　魚類の皮膚疾患と治療

感染細胞は水温が20℃以上になると炎症によって溶解して脱落する．

臨床症状

蝋の小滴に似た平滑で隆起した白色病変が体表および鰭に出現．それらが大型の斑を形成したり，時に色がつくことがある．

診断と治療

診断は生検によってなされる．治療法は知られていないが，患部は数ヵ月後にしばしば自然に退行する．

コイの春ウイルス血症（SVC）

原因と病理発生

Rhabdovirus carpio は英国では届出義務のある病原体である．本ウイルスは，コイ，キンギョ，オルフェ，パイク，ローチ，ラッド，テンチおよびヨーロッパオオナマズを冒す．

春季の水温上昇期（7～15℃）に発生する．死亡率は10～100％と幅がある．

臨床症状

小出血点および皮膚の暗色化を含む，敗血症にみられる全身症状．しばしば嗜眠，腹部膨大および眼球突出を呈する．

診断と治療

診断は政府の研究機関がウイルス分離，蛍光抗体法およびELISAを実施して下される．

治療法は知られていないが，抗生物質が二次感染症を軽減する可能性がある．生残魚はキャリアーになると考えられる．商業施設では拡散を抑えるために魚の殺処分と消毒が要求される．

リンフォシスチス

原因と病理発生

イリドウイルスによって皮膚線維芽細胞が巨大化する．本ウイルスは主に熱帯性海水魚，普通はヤッコ類，チョウチョウオ類およびクマノミ類を冒す．

臨床症状

大きさ1mmの結節がみられ，しばしば直径で1cmに達する塊を形成する．

診断と治療

診断は生検で行われる．治療法は知られていないが，患部はしばしば栄養状態と飼育環境を改善することで退行する．

エピセリオシスチス

原因と病理発生

これは海水および淡水魚の上皮に感染するクラミジア様の微生物である．

臨床症状

大きさ最大1mmの小型白色結節が皮膚にみられるが，鰓ではさらに高頻度に観察される．

診断と治療

診断は病変部の病歴から行われる．治療として知られているものの記載はない．

原虫類

臨床症状

共通するものとして，嗜眠，食欲不振および死亡．過剰な粘液〔"ぬめり病"（**訳者注**：slime diseaseに相当する病名は日本では使用されていないが，あえて訳出した）〕は皮膚に鈍い色調と灰青色の光沢を与える．皮膚の白色点（大きさは最大1mm）．皮膚への刺激によって魚は"フラッシング"行動と呼ばれる水面下の物体に体を擦り付けたりする行動を起こす．

診断と治療

診断は皮膚掻爬標本のウェットマウントを顕微鏡下で観察することで実施される．治療は種々の化学物質や市販薬を用いて水の中で実施することができる．

原因と病理発生

表13-1参照．

"白点病"

原因と病理発生

Ichthyophthirius multifiliis（"イック"）は繊毛を有する淡水魚の原虫性寄生虫である．自由遊泳する感染性のトロフォントが表皮に侵入し，肉眼で見える大きさの白色点に発達する．本寄生虫は高水温下では高い死亡率を引き起こす．*Cryprocaryon irritans*は海水魚に同様な疾病

表13-1 魚類の原虫性寄生虫

	一般名	被感染魚
繊毛虫類		
Ichthyophthirius multifiliis	白点病（イック）	淡水魚
Cryprocaryon irritans	海水性白点病	海水魚
Chilodonella spp.		淡水魚
Brooklynella hostilis		海水魚
Trichodina類（*Trichodina*, *Trichodinella*）		淡水および海水魚
Tetrahymena corlissi	グッピーキラー	淡水魚
Uronema marinum		海水魚
鞭毛虫類		
Ichthyobodo necator	コスチア	淡水魚
渦鞭毛虫類		
Piscinoodinium pillulae	ベルベット	熱帯性淡水魚
Amyloodinium ocellatum	サンゴ礁魚病	海水魚

を引き起こす．

臨床症状

　肉眼病変の臨床所見：全身の体表および鰓の上に最大 1mm の白色点．

　過剰な粘液により皮膚に灰青色の光沢ができる．

診断と治療

　診断は臨床症状とウェットマウントの顕微鏡観察で見える寄生虫の同定に基づく．

　種々の化学物質および市販薬を用いた水中での治療（注意：治療に反応するのは自由遊泳期の虫だけなので，感染を受けた魚には繰り返しの治療が必要である）．

"頭部穴あき"（シクリッド）

原因と病理発生

　鞭毛をもつ寄生虫である *Spironucleus* spp.．栄養欠乏，環境性ストレスないし細菌感染が関与する可能性もある．死亡率は低く，普通はシクリッド，殊にオスカーとディスカスが罹患する．

臨床症状

　頭部および体幹（側線）に沿った感覚器開口部の位置に浅い潰瘍を形成．

診断と治療

　診断は特定の魚種にみられる肉眼病変の臨床所見から下される．ウェットマウントの顕微鏡観察で寄生虫が認められることがある．

　メトロニダゾールを餌料中ないし水中に加えることで治療は可能であるが，他の抗生物質の全身性投与も必要となることがある．栄養状態，水質および飼育管理を改善することが重要である．

"テット病"

原因と病理発生

　Tetrahymena corlissi は繊毛を有する原虫であり，グッピー（"グッピーキラー"）および他の胎生魚を含む淡水性水槽飼育魚に感染する．

　Uronema sp. は海水性の相同な寄生虫であるが，本寄生虫は病勢後期には潰瘍を引き起こす．

臨床症状

　殊に眼の周囲に，過剰分泌された粘液と巣状壊死による弧在性の蒼白な斑が観察される．腹部の膨大がしばしばみられる．

診断と治療

　寄生虫はウェットマウントの顕微鏡観察で判別できる．

　種々の化学物質と市販薬による水中での治療．

微胞子虫

原因と病理発生
　Pleistophora hyphessobryconis は"ネオンテトラ病"を引き起こす．*Glugea* spp. も臨床症状を呈する疾病を引き起こす．

臨床症状
　Pleistophora hyphessobryconis は筋肉組織に寄生し，種々の水槽飼育魚の背側の皮下に灰色ないし白色の斑を形成する．*Glugea* spp. は大型の肥大細胞ないしキセノマを形成し，皮膚および他の臓器内に数 mm 大の白色結節構造を示す．

診断と治療
　診断は生検に基づいて行われる．治療法は知られていない．

寄生虫性疾病

ウオジラミ

原因と病理発生
　Argulus spp. は淡水性の鰓尾亜綱の寄生虫である．本寄生虫は宿主体表を移動し，血液を摂取するための穿刺棘で固着する．水中を自由に遊泳し，環境中に産卵する．

臨床症状
　全身性の皮膚刺激のために水面下にある物体に魚体を打ち付けたり擦り付けたりする．固着部位には小さな限局性炎症部がみられる．

診断と治療
　臨床症状：半透明の身体をもった円形で扁平な寄生虫．最大 7mm.
　水中での治療は Program® を用いて実施される．水中での治療には有機リン剤も使用されることがある．

"イカリムシ"

原因と病理発生
　Lernaea cyprinacea は淡水性の橈脚類であり，頭部の大型突起で宿主に固着する．雌だけが寄生性があり，環境中に産卵する．

臨床症状
　固着部位には小さな限局性炎症を伴う皮膚刺激がある程度みられる．時に二次感染によって嗜眠状態を呈する．

診断と治療
　臨床症状：1対の白色の大型卵嚢を牽引した，長さが最大 15mm の幅の狭い真っすぐな身体の寄生虫．全身麻酔下で注意深く虫体を用手除去することで治療が行える．あるは，水中で

の治療として有機リン剤が使用されることもある．

ヒル

原因と病理発生
いくつかの種が同定されている．*Piscicola geometra* は普通にみられる淡水性のヒルである．

臨床症状
ほとんど臨床症状を呈さないが，時に固着部位に小さな炎症領域がみられる．

診断と治療
視認検査：一方に大型の吸引用の付着盤をもつ，褐色で長く伸びた寄生虫．収縮動作を示しつつ活発に動く．

治療は寄生虫の用手除去であり，補助的に3％の塩水への浸漬を用いる．水中での治療として有機リン剤が使用されることがある．

単生虫／"吸虫"

原因と病理発生
淡水魚では *Gyrodactylus* spp., *Dactylogyrus* spp., 海水魚では *Benedenia* および *Neobenedenia*.

臨床症状
過剰な粘液（"ぬめり病"）は皮膚に鈍い色調と灰青色の光沢を与える．皮膚への刺激によって魚は"フラッシング"行動と呼ばれる，水面下の物体に体を擦り付ける行動を起こす．

角膜の混濁と潰瘍は感染を受けた海水魚では普通にみられる．

診断と治療
病変部から掻爬した材料のウェットマウントを顕微鏡観察する（図13-5）．治療するには水質と飼育管理を改善することが重要である．

種々の化学物質と市販薬を用いた水中での治療も利用可能である．淡水魚にメベンダゾール，

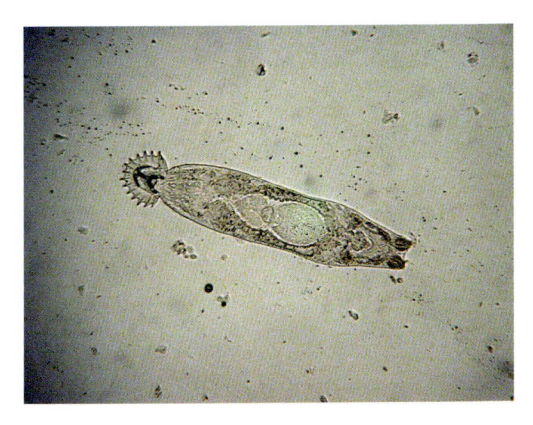

図13-5 皮膚掻爬材料のウェットマウントの中の皮膚吸虫，ダクチロギルス．

海水魚にはプラジクアンテルないし淡水への超短時間浴を使用．

"黒点病"

原因と病理発生

二生目吸虫類（*Neascus*）のメタセルカリアが筋肉組織へ移行し，皮下で被嚢して局所のメラニン細胞を刺激する．

臨床症状

体の上に最大 0.5mm の黒褐色の点．

診断と治療

診断は病変部の組織学検査による．治療法として知られているものは報告されていないが，本病の死亡率は低い．巻貝と終宿主（魚食性鳥類，魚類ないし哺乳類）の制御．

その他の疾病

立　鱗

原因と病理発生

"水症（Dropsy）" はこの全身状態を説明するのに使用される一般的な用語である．本病は，重篤な皮膚浮腫（lepidorthosis）を引き起こす，浸透圧調節能の低下を伴う内臓疾患（例：鰓，心臓，肝臓および腎臓疾患）によって起こる．局所に出現した場合，それは局所の細菌感染に関連しており，皮膚潰瘍の前段階であると考えられる．

臨床症状

皮膚の浮腫による立鱗："松かさ" 様の外観を生み出す（図 13-6）．

腹部膨大が併発することがある．眼球後方の滲出物による眼球突出（一方ないし両側の眼に発症）が起こることもある．

図 13-6　魚類の皮膚の浮腫による立鱗．

診断と治療

診断は臨床症状に基づいて行われる．

基礎疾患のほとんどは治療困難（例：腫瘍，臓器不全，抗酸菌症）であるため，立鱗を治療できない場合が多い．

表皮過形成

原因と病理発生

原因不明．冷水の池で飼育されている魚の場合，コイポックスと関係している可能性がある．

臨床症状

体表ないし鰭の上に厚さ最大 1mm の平滑で乳白色の斑．これらは口周囲に多くみられ，暗色の皮膚の上で最も見つけやすい．

診断と治療

この過形成にみられる患部は，粘液と異なり掻爬しても標本が採取しにくい．生検も確定するのに有用である．治療法は報告されておらず，患部は数ヵ月後，殊に温水中では自然に退行する．

頭部側線びらん症

原因と治療

この症候群は熱帯性海水魚，殊にヤッコ類とハギ類で認められる．

原因不明．劣悪な栄養状態，ストレスないしウイルス感染と関連する可能性がある．

臨床症状

頭部および側線沿いの感覚器開口部の慢性潰瘍．

診断と治療

海水魚における典型的な臨床症状の存在．組織学的検査．

治療法として知られているものは報告されていないが，水質，飼育管理および栄養状態（餌料にビタミンを添加する）を改善することが助けとなることがある．

劣悪な水質

原因と病理発生

種々の要因：貧弱な濾過装置，未発達な生物濾過，外来生の毒物．劣悪な水質は生理学的ストレスを引き起こし二次感染に罹患しやすくする．

臨床症状

共通するものとして嗜眠および食欲不振．過剰な粘液産生による鈍い体色，およびいくつかの魚種では体色暗化．

診断と治療

水質検査キット（例：アンモニア，亜硝酸，硝酸，pH）は欠陥を明らかにするのに役立つ．

水質は定期的な部分的換水，および淡水の場合は塩を加えることで改善させることができる．濾過装置を改善し，潜在的に毒性を発揮し得る物体ないし材質を飼育水から除去する．

外傷，打撲傷

原因と病理発生
取扱いおよび網での捕獲が劣悪．捕食魚による攻撃，鳥類および哺乳類．水槽ないし池から飛び出すことによる自己損傷．

臨床症状
裂傷，打撲傷およびびらんを含む種々の病変．

診断と治療
臨床症状および外傷の病歴が分かっていること．基礎となっている病因を除外することが必須である．二次的な細菌感染症を予防するために，抗生物質を注射ないし餌料中に加えて投与することがある．淡水魚には塩を加えた良質な水質で病後の回復を図る．

ガス病

原因と病理発生
本病は水中の溶存ガス，殊に窒素が過飽和していることに起因する．ガスは圧力が加わった状態では溶解を強いられている．本病は，藻類の高度な繁茂，加圧されない空輸，あるいは井戸水ないし欠陥のある揚水ポンプを通った水を使用した結果，引き起こされる．

臨床症状
小型の気泡が皮下に観察される．殊に鰭，鰓および前眼房で明瞭．

診断と治療
臨床症状の肉眼所見．症状は基礎的病因が除かれれば消散されるので，治療は必要ない．

日焼け

原因と病理発生
UV（紫外線）照射：非常に澄んだ水の入った屋外の浅い池において，日差しがとても強い日に発生．

臨床症状
白色で色素のない背部表面に紅斑および点状出血を呈する領域が出現．

診断と治療
誘因となる環境性要因を伴う臨床症状．治療では予防のために日陰を作ることと，病魚に対する補助的治療を考えるべきである．

腫　瘍

乳頭腫

原因と病理発生

　普通にみられる皮膚の腫瘍である．本腫瘍は口ないし鰓蓋を塞がない限り，めったに臨床的な問題を起こさない．乳頭腫の中にはヘルペスウイルス（例：cyprinid herpes virus 1）と関与するものもある．いくつかの乳頭腫は深部侵襲性の扁平上皮癌に変化することがある．

臨床症状

　鰭を含むほとんどの体表で観察されるが，頭部および口周囲で最も普通にみられる．大きさおよび外観はさまざまである（可能性として平滑ないし疣状，無柄ないし有柄，限局性ないし広範囲，単発ないし多発）．

診断と治療

　定型的な臨床症状と患部の生検．

　有効な治療法は報告されていない．有柄の病変には外科的整復が有益なことがある．病変の中には数ヵ月後に自然に退行するものがみられるが，後に再発する可能性がある．

色素細胞腫瘍

原因と病理発生

　全ての色素細胞（黒色素胞，黄色素胞，赤色素胞，白色素胞，虹色素胞）が関与し，起源となる細胞の色調を呈する．色素細胞腫瘍の中には多色となるものがあり，色素芽細胞腫と呼ばれる．黒色素胞腫が最も普通にみられる色素細胞腫瘍である．

　ソードテイル×プラティのように，交雑種の中には遺伝的素因をもつものがある．

臨床症状

　ほとんどの体表に観察される．大きさと外観はさまざまであるが，しばしば弧在性で，平滑かつ無柄である．弧在性病変であることが多いが，キンギョの赤色素胞腫は多発することがある．

診断と治療

　診断用検査として選択されるのは生検である．確定診断には色素の分析が必要であるが，肉眼的な色調が起源となる細胞を示唆している．

　有効な治療はないが，実際的という点では外科的切除がある程度は役立つと考えられる．

線維腫

原因と病理発生

　普通にみられる腫瘍であり，しばしばある種の乳頭腫および色素細胞腫瘍と似ている．

臨床症状

角膜を含む，ほとんどの体表で認め得る．大きさと外観はさまざまであるが，しばしば弧在性で，平滑かつ無柄である（図13-7）．

診断と治療

診断用検査として選択されるのは生検である．有効な治療法はないが，外科的切除がある程度は役立つと考えられる．

図13-7 琉金型キンギョ*の線維腫．
***訳者注**：欧米ではこのような体部が短く詰まり尾鰭の長い品種をfancy goldfishと呼称するが，我が国にはそれに該当する分類はない．しかしながら，所謂"フナ型"のキンギョとこのようなタイプのキンギョとでは病理発生が異なる疾病(例：転覆病)が存在することから，訳者は便宜的にこのようなタイプのキンギョを"琉金型キンギョ"と呼称している．日本語の用語としては一般的ではないが，ここではそれを翻訳にあてた．

表13-2 魚類の皮膚病の化学的治療法

薬剤	用量	適応症
アクリフラビン（中性）	飼育水に5～10mg/L加えて連続薬浴 飼育水に500mg/L加えて毎日30分間薬浴	外部細菌，真菌，寄生虫性感染
塩化ベンザルコニウム	飼育水に5mg/L加えて60分間薬浴	外部細菌感染および一般的な消毒
クロラミンT	下の表に従った用量を飼育．水に加えて60分間薬浴（必要なら48時間後に繰り返す） 用量（mg/L） pH　　軟水　　硬水 6.0　　2.5　　7.0 6.5　　5.0　　10.0 7.0　　10.0　　15.0 7.5　　18.0　　18.0 8.0　　20.0　　20.0	外部細菌および寄生虫性感染
エンロフロキサシン	飼料へ10mg/kg魚体重加え10日間投与 飼育水に2.5～5mg/L加えて5時間薬浴を連続5日間 5～10mg/kg筋肉内投与を2日おきに15日間	細菌感染
ホルムアルデヒド（35～40%）	飼育水に0.125～0.25ml/L加えて60分間薬浴 飼育水に0.015～0.025ml/L加えて連続薬浴	外部寄生虫感染

つづく

表13-2 魚類の皮膚病の化学的治療法（つづき）

薬　剤	用　量	適応症
淡　水	毎日2〜10分の浸漬を5日間（水のpH調整には重炭酸ナトリウムを加える）	海水魚の原虫感染
Leteux-Meyer Mixture（40％ホルマリン1L中にマラカイトグリーン3.3g）	0.015ml/Lで48時間ごとに連続薬浴を3回繰り返す	外部真菌および寄生虫感染
ルフェヌロン（Program®）	飼育水に0.088 mg/L加えて連続薬浴	*Argulus*, *Lernaea*寄生
マラカイトグリーン	飼育水に0.1mg/L加えて連続薬浴 1％溶液として患部局所に塗布	外部真菌および原虫感染
メチレンブルー	飼育水に2 mg/L加えて48時間ごとに連続薬浴を3回繰り返す	外部細菌感染
メトロニダゾール	飼育水に25mg/L加えて48時間ごとに連続薬浴を3回繰り返す 餌料中に10 mg/g餌重量加え5日間毎日投与	外部原虫感染および淡水性"頭部穴あき"病
Orabase®, Orahesive®（Convatec）	外傷の局所に塗布（ゼラチン、ペクチン、メチルセルロースを含む）	潰瘍用の防水性製品
オキソリン酸	餌料中に10mg/kg魚体重加える（淡水魚） 餌料中に30 mg/kg魚体重加える（海水魚）	細菌感染
オキシテトラサイクリン	飼育水に13〜120mg/L加えて60分間薬浴 餌料中に75 mg/kg魚体重加える	細菌感染
過マンガン酸カリウム	飼育水中に2mg/L加えて連続薬浴．水中の有機物量が多い場合には24時間後に繰り返す	外部細菌および寄生虫感染
ポビドンヨード	外傷の局所に塗布	外傷局所の消毒
プラジクアンテル	飼育水中に2〜10mg/L加え4時間薬浴を5日ごとに3回繰り返す	外部寄生虫感染
塩化ナトリウム	淡水中に20〜30g/L加えて15〜30分間薬浴 淡水中に2g/L加えて連続薬浴	ヒル成虫のみ 外傷治癒の補助および淡水魚の浸透圧ストレスの軽減
スルファジアジン＋トリメトプリム	餌料中に30mg/kg魚体重加える 1日おきに30 mg/kg筋肉内投与	細菌感染
トリクロルフォン（有機リン剤）	飼育水中に0.5mg/L加え連続薬浴	*Argulus*, *Lernaea*,ヒル

処方集

　麻酔剤であるMS222を除いて，観賞魚に使用することが認可されている薬剤は存在しない．多くの異なった化学物質が皮膚病の治療に使用されているが，ある種の希釈された化学物質の分量は少ないため，正確に力価を測定するのが困難な場合がある．1種類ないしそれ以上の有

効成分を含む市販薬が多く存在し，それらは処方箋なしに飼育愛好者が利用可能である．これらの製品は製造元が提案するような種々の外部症状の治療に使用されるが，実証するのが困難と考えられる提案に対しては注意を払うべきである．

推奨される参考書

Groff, J.M.（2001）'Cutaneous biology and diseases of fish'. In: *The Veterinary Clinics of North America: Exotic Animal Practice: Dermatology*, Schmidt, R.（ed）. W.B. Saunders Company, Philadelphia, pp. 321-411.

Wildgoose, W.H.（2001）'Skin disease'. In: *BSAVA Manual of Ornamental Fish* 2nd edn. British Small Animal Veterinary Association, Quedgeley, UK.

第4節
哺乳類の皮膚科学

第14章
哺乳類の皮膚の構造と機能

　エキゾチックアニマルに分類される小型哺乳類の皮膚の基本的な構造と機能は，他の哺乳類（例えば猫と犬，さらには人）と類似している．実際に，小型齧歯類とウサギは，人の皮膚疾患のモデル動物として多用されている．しかし，開業獣医師が分かっていなければならない，顕著な相違がいくつかある．全ての動物において，皮膚は最大の器官であって，動物と外部環境の間の解剖学的かつ物理的な障壁をなしている．

哺乳類皮膚の構造

　哺乳類の皮膚構造は複雑で，この章の終わりに参考文献リストとした小動物を取り扱ったテキストの他，多くのテキストで多岐にわたって記述されている．皮膚は体を完全に包み，身体開口部（天然孔）では粘膜を交える．皮膚は2層で構成される．最外側の表皮とその下部にある真皮とその下にある皮下組織と呼ばれる疎性結合組織層である（図14-1）．

表　皮

　表皮は，表面の方へ移動して薄片またはより小型の粒子として剥離する細胞層からなる表層性上皮である．表皮の細胞には，4つのタイプがある．ケラチノサイト（約85％），メラノサイト（約5％），ランゲルハンス細胞（3〜8％）とメルケル細胞（約2％）である．
- ケラチノサイトは主要な上皮細胞であって，ケラチン（角質）を生産する．
- メラノサイトは毛包でも見い出だされ，メラニン色素を生産し，それは主に皮膚と毛の着色に関与する．メラニンは電離放射線（主に紫外線）からの防護に重要でもあって，有毒なフリーラジカルのスカベンジャーでもある．アルビノ動物においては，メラノサイトは存在するが，メラニンは完全に欠損している．メラニンは多彩な色素を含むが，全てが共通の代謝経路に起因する．
- ランゲルハンス細胞は，抗原の処理過程に関与する樹（枝）状細胞である．
- メルケル細胞はゆっくりとした動きに特化して適応した機械的受容細胞であって，皮膚の

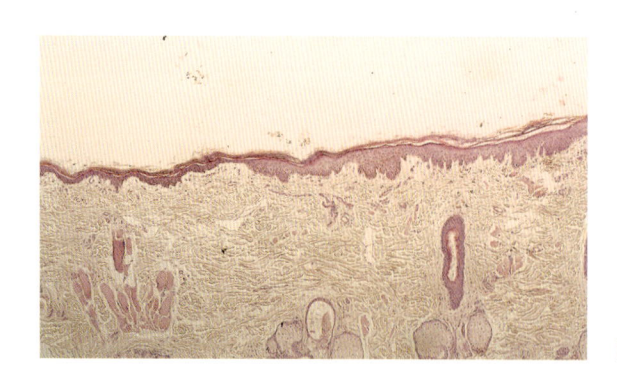

図 14-1 哺乳類の皮膚の組織切片.

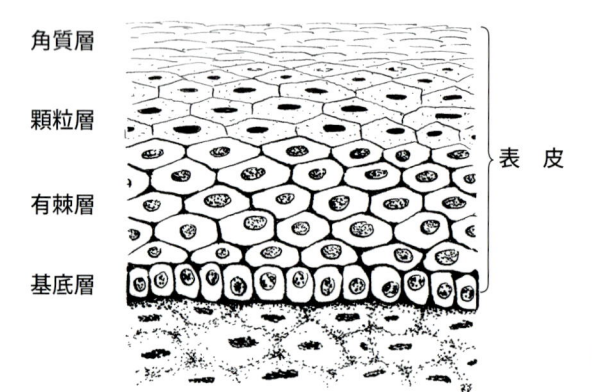

図 14-2 哺乳類の皮膚の異なる層を示す模式図.

血流と汗の生産にも影響を与えている可能性がある.

皮膚層の名称（図 14-2）は以下の通りである.

- 基底層〔basal layer（deepest）または stratum basale〕.
- 有棘層（spinous layer または stratum spinosum）.
- 顆粒層（granular layer または stratum granulosum）.
- 角質層（horny layer または stratum corneum）.

　表在性細胞の喪失は，基底層で細胞分裂し表面の方向へ移動する娘細胞で置換される．移動過程で，細胞は徐々に細胞死に至る一連の変化に陥る．基底層は下部の真皮の形状が不規則なために角質層に比較してずっと大きな表面積をもつ．有棘層において，細胞は萎縮し，解離し，角化過程が始まる．顆粒層において，細胞はケラトヒアリン顆粒を含む．若干の領域では，核が消失し，細胞の輪郭の失われた，扁平化した細胞が均一な様相を示す透明層（clear layer または stratum lucidum）が顆粒層のすぐ上に認められる．最外部の角質層は線維性蛋白質である角質が密に集積する鱗屑からなり，鱗屑は絶えず剥離する．

　表皮層（特に有棘層）は肉球等の強い外力が加わる部位で最も厚くなる.

　表皮内には血管またはリンパ管は存在せず，下位の真皮からの拡散により養分が供給される．

真皮

真皮（dermis または corium）は，主に膠原線維束から構成される結合組織である．弾性線維も混在し，皮膚に張力と柔軟性を与える．真皮は，乳頭層とより粗い膠原線維を含む網状層に分けられる．表皮と異なり，真皮は高度に脈管に富み，神経が分布している．真皮には，表皮から発育する毛包，汗腺，皮脂腺と他の腺が侵入している．毛包に付属する立毛筋も含む．

皮下組織

皮下組織（subcutis または hypodermis）は，疎な結合組織と脂肪から構成される．皮下組織は，皮膚の最深部をなし，通常は皮膚では最も厚い層である．脂肪は主に白色脂肪で，その量は栄養状態に依存する．齧歯類においては，肩甲骨間，腹側頸部，腋窩部と鼠径部に，褐色脂肪組織が局在する．運動を要求されない領域では，褐色脂肪組織は薄いか，存在しない（例えば，口唇，眼瞼，外耳，乳頭）．ハンドリングの際に余裕のある首筋を用いることがある小型齧歯類，ウサギとフェレットには皮下組織は豊富に存在し，モルモットとチンチラにおいてはあまり顕著ではなく，首筋をつかむことで保定できない．

皮膚の厚さは動物種と体の部位により変化する．例えば，フェレットでは特に頸部と肩部を覆う皮膚が非常に厚い．

毛と毛周期

毛は哺乳類に特有である．毛には断熱効果があり，皮膚知覚と保護に重要である．小型哺乳類の大部分の種において，口と鼻の周囲と足底部表面以外は，厚い被毛が広がっている．スナネズミを除く，大部分の齧歯類において，耳介は無毛である（図 14-3）．ウサギとフェレットの耳介には毛がある．ネズミとマウスにおいては，尾の毛は非常にまばらで，有毛部と無毛部領域の上皮は異なる．毛包開口部または毛孔には正常な上皮（顆粒層を伴う正常角化）があるが，毛包間領域は錯角化症を示し，顆粒層を欠く（Scott ら，2001）．これにより，これらの

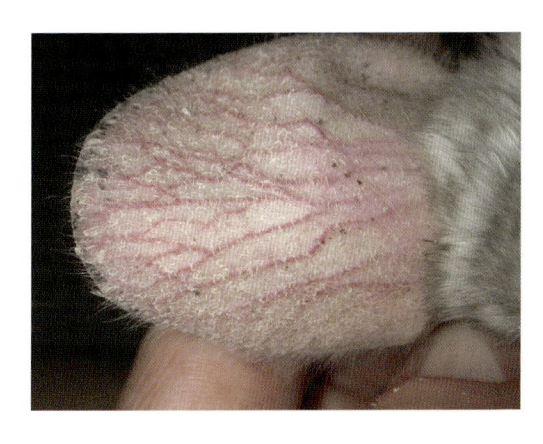

図 14-3 チンチラの無毛の耳介．

図 14-4 板状鱗屑の配列を示すラットの尾.

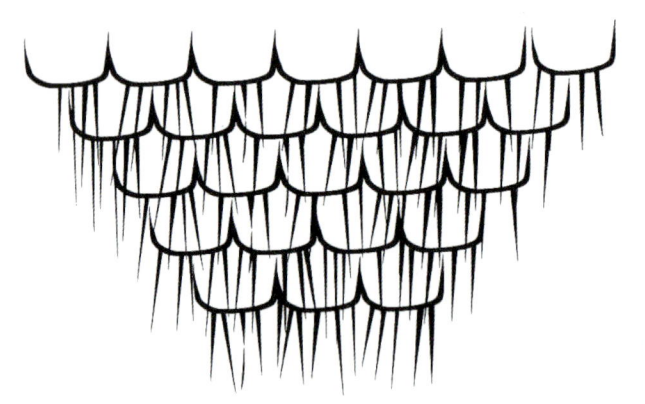

図 14-5 ラットの尾の板状鱗屑配列の模式図.

種の尾は特徴のある鱗状形態を呈する．尾は四角い板状鱗屑で覆われ，その下に 2 〜 6 本の直毛が発育し，次列の板状鱗屑を伸張して覆っている（図 14-4，図 14-5）．

毛は 3 つの主要な型に分けられる．
- 一次毛または保護毛（上毛）．
- 二次毛または産毛（下毛）．
- 触毛（鼻毛）．

全ての毛は毛包から発育し，表皮に対して 30 〜 60 度の角度をなして斜めに配置する．動物の前方への動きに対する抵抗が最小限となるように，被毛は一般に尾側方向と腹側方向に傾斜する．1 毛包当たりの毛の数と型は，種間と品種間で異なり，動物の年齢にも依存する．例えば，チンチラは 1 毛包当たり 60 本までの毛を生産し，それがチンチラの特徴である，被毛が緻密で柔らかい理由である（図 14-6）．
- 一次毛は皮膚に密着し，毛に平坦さをもたらすが，渦巻き，紋理または分界線によって妨げられることがある．一次毛の規則的な配列には防水効果がある．
- 二次毛は，細く，波打ち，大多数の種で一次毛より短くかつ数が多いが，一次毛により隠

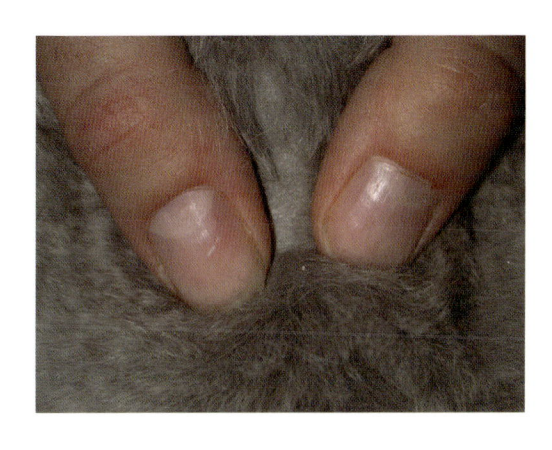

図14-6 チンチラの厚くて柔らかい被毛.

されている．モルモットでは二次毛が柔らかい下毛を形成している―ペルー（長毛品種，下部組織の2個のロゼットから分岐する一次毛）とレックス（一次毛が存在しない）．大部分の種において，先天性脱毛症が起こる（無毛品種）．

　毛は，強固で重度に角化する死滅した上皮細胞の屈曲性のある柱からなる．毛幹は髄質，皮質と毛小皮に分けられる．毛色を決める色素は皮質内に含まれる．毛の型が異なると，3層の比率が異なる―髄質が厚い一次毛は，真直ぐで，比較的脆く，皮質が厚い一次毛はより強固で，柔軟，そして，二次毛は，髄質が非常に細く，一次毛と比較してより顕著な毛小皮を有する．

　哺乳類の一次毛は，皮脂腺，汗腺と立毛筋を伴っている（図14-7）．齧歯類とフェレットには胎子表皮由来の（アポクリン）汗腺がないという特徴がある．ウサギには口唇にのみ汗腺があるが，息を荒くしても発汗効能はない．したがって，全ての小型哺乳類は過度な高温に対して感受性が高い．

　通常，二次毛には皮脂腺のみが付属している．立毛筋の不随意収縮により，立毛し，毛羽立

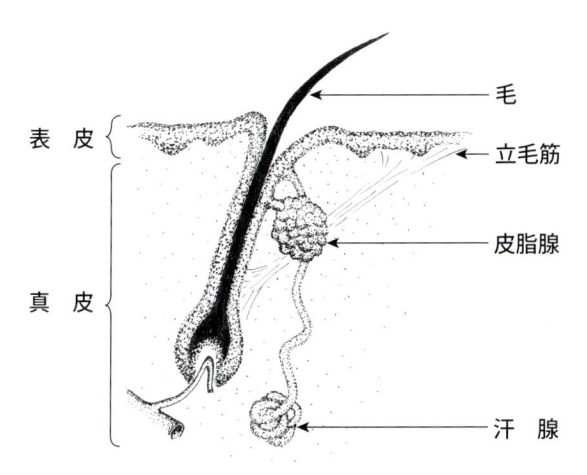

図14-7 哺乳類の毛包の構造.

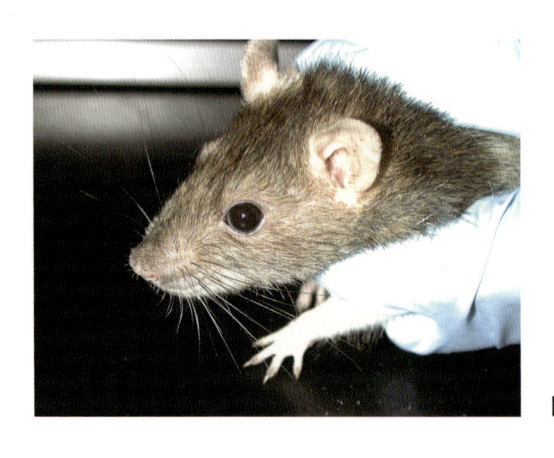

図 14-8　哺乳類の毛の発育サイクル.

つことにより被毛が厚みを増し，より多量の空気が留まり，断熱性が改善される．

　触毛は一次毛よりかなり太くて，一次毛を越えて突出する．ほとんどは顔面，主に上唇と鼻面で見い出される（図 14-8）が，眼瞼，耳の近くと前肢の背側面にも見つかる．触毛の毛包は皮下組織深部内あるいは表在性筋肉にまで伸張し，壁内に機械的刺激に反応する神経終末のある静脈洞によって囲まれる．

発 毛

　毛の発育は周期的である（図 14-9）．各サイクルは以下の期で構成される．
- 成長期（anagen），毛包が毛を活発に生産している時期．
- 休止期（telogen），毛包に死んだ毛（棍毛）が保持されているが，やがて消失する（抜毛）時期．
- 退行期（catagen），前述の 2 ステージ間の移行時期．

　毛周期は，光周期，環境温度，栄養，全般的な健康状態，ストレス，遺伝とその他のまだ十分に理解されていない内因性の要因を含む，多くの要因によって制御される．

　モルモットとウサギを除く大部分の齧歯類においては，毛周期は同期化し，隣接する毛は同一段階の毛周期を示す（Komarek ら，2000）．毛は前肢間の腹側表面に始まる規則的なウェーブをなして発育し背側と尾側に広がっていく．一部のウサギにおいては，毛の成長サイクルが

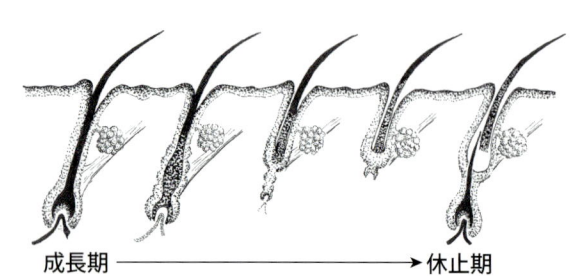

成長期　　　　　　　　　→　休止期　　　図 14-9　ラットの顔面の触毛.

異なる，皮膚血管が増加し毛包のサイズの大型化した，肥厚した皮膚斑があることがある．

通常，小型齧歯類（マウス，ネズミ，スナネズミ，ハムスター）とモルモットとチンチラでは，明らかな換毛パターンは観察されていないが，ウサギ（特に屋外で飼育されているウサギ）において，季節性の換毛パターンが目立つ．フェレットは春と秋に換毛し，冬の毛色がより明るい色調に変化することがある．毛皮業者や珍種を作出しようとするブリーダーにとっては，毛色と被毛のタイプは，眼色と体形とともに，新品種の作出や改良をし，多彩にするための主な基準である．品種改良の基礎をなしている遺伝学はこの章の範囲から逸脱している．

肉 球

肉球は，特異な肥厚した表皮で構成される領域で，ショックアブソーバーとしての役目を果たす，基礎をなす脂肪沈着が，機械的外傷から動物を保護する．齧歯類は平滑な肉球を有する．ネズミ，マウスとハムスターは，前肢の指が4本，後肢の趾が5本で，無毛で肉様の肉球を有する．これらの齧歯類では無毛部の汗腺またはエックリン汗腺は肉球の皮膚のみに局在する．スナネズミでは前肢の指が5本，後肢の趾が4本で肉球は小さくて有毛性である．モルモットとチンチラでは，前肢の指が4本，後肢の趾が3本で無毛の肉球を有する．ウサギは前肢の指が5本で，後肢の趾が4本であるが，肉球はない．かわりに，指（趾）と中手（足）部は，きめの粗剛な被毛で覆われている．フェレットは全ての肢に5本の指（趾）を有し，犬に類似した肉球を有する．

鉤 爪

鉤爪は，末節骨を覆う顕著に脈管に富む真皮の上に存在する特殊化した上皮細胞由来の緻密で肥厚した角化表皮から構成される．齧歯類，ウサギとフェレットは鉤爪を牽引することができない．

皮脂腺性臭腺

皮脂腺性臭腺（sebaceous scent gland）は多くの小型哺乳類に目立つ特徴であって（Scottら，2001b），においによるマーキング，コミュニケーションと縄張り行動において重要である．ハムスターでは両側の脇腹に，雄でより顕著な大型の暗調な色素沈着のある腺（脇腹腺，flank gland）がある．性的興奮状態にある雄では脂っぽい分泌物が容易に観察され，被毛が絡み合う（毛玉）原因となる．スナネズミには腹側腹部に大型楕円形の黄色みがかった無毛の臭腺がある．モルモットでは尾の上部の臀部を覆う大型腺と別に肛門周囲に腺がある．ウサギは，おとがい（頤）にある皮脂腺性臭腺（おとがい腺，mental gland）を縄張り内にある物に擦り付ける．ウサギには肛門腺と対をなすポケット様の鼠径腺がある．フェレットには皮膚全体に非常に活動性の高い皮脂腺があり，それがフェレットの特徴のある，じゃ香のような臭気とベタベタした被毛の原因となっている．フェレットには2個の顕著な肛門周囲臭腺もある．正常のフェレットは，しばしば尾の皮膚にコメド（面皰）を有する．

乳腺

乳腺は，乳汁を生産する修飾され，拡大した汗腺である．乳腺と乳頭の数は，動物種間で変化する．
- マウス：5対．
- ネズミ：6対．
- スナネズミ：4対．
- ハムスター：6～7対．
- モルモット：1対（鼡径部，雌雄とも）．
- チンチラ：3対（鼡径部1対，胸側部2対）．
- ウサギ：4対．
- フェレット：4対．

乳頭周囲は被毛が少ないか，被毛を欠く．雌ウサギは繁殖時には，乳頭を露出させるために，腹側表面の毛を引き抜き，その毛で巣の内部を覆う．

哺乳類皮膚の機能

皮膚は非常に複雑で，その機能は体のどの器官よりも多様である．身体を被覆すると同時に，運動と形状保持を可能にする主要な機能には以下のものがあげられる．
- 保護と物理的な障壁．
  - 水分，電解質と高分子の喪失を防いで，内部環境の維持を可能にする．
  - 障害の原因となる可能性のある環境因子（化学的，物理的，微生物学的）から防御する．
- 温度制御．
- 感覚認識－触覚，高温，低温，圧力，痛み，かゆみ．
- 貯　蔵－電解質，水，ビタミン，脂肪，炭水化物，蛋白質等．
- 免疫調節．
- 分　泌－アポクリン，エックリンとホロクリン（全分泌）（皮脂）腺．
- ビタミンD生産－太陽光を介して．
- 皮膚付属器形成－毛，鉤爪，棘．
- 排　泄－皮膚には限定的な排出器官としての機能がある．
- 全般的体調，内臓疾患，身体および性同定の指標．

推奨される参考書と参考文献

English, K.B. and Munger, B.L.（1994）'Normal Development of the Skin and Subcutis of the Albino Rat'. In: *Pathobiology of the Ageing Rat*, Vol. II. Mohr, U., Dungworth, D.L. and Capen, C.C.（eds）. ILSI Press, Washington, pp. 363-389.

Komarek, V. (2000) 'Gross Anatomy'. In: *The Laboratory Rat*, Krinke, G. J. (ed.). Academic Press, London, pp. 253-275.

Komarek, V., Gembardt, C., Krinke, A., *et al.* (2000) 'Synopsis of the Organ Anatomy'. In: *The Laboratory Rat*, Krinke, G.J. (ed.). Academic Press, London, pp. 283-319.

Neilsen, S.W.(1978)'Diseases of Skin'. In: *Pathology of Laboratory Animals*, Vol. I, Benirschke, K., Garner, F.M., Jones, T.C. (eds). Springer-Verlag, New York, pp. 582-618.

Peckham, J.C. and Heider, K. (1999) 'Skin and Subcutis'. In: *Pathology of the Mouse*, Maronpot, R.R. (ed.). Cache River Press, Vienna IL, USA, pp. 555-612.

Scott, D.W., Miller, W.H. and Griffin, C.E. (2001a). 'Structure and Function of the Skin'. In: *Muller and Kirk's Small Animal Dermatology*, 6th Edn. W. B. Saunders Company, Philadelphia, pp. 1-70.

Scott, D. W., Miller, W. H. and Griffin, C. E. (2001b). 'Dermatoses of Pet Rodents, Rabbits and Ferrets'. In: *Muller and Kirk's Small Animal Dermatology*, 6th Edn. W.B. Saunders Company, Philadelphia, pp. 1415-1458.

第 15 章
哺乳類の皮膚検査と診断試験

　エキゾチックアニマルとして取り扱われる小型哺乳類の皮膚疾患診断の原則は，犬，猫や他の家畜と変わらない．しかし，小型哺乳類の解剖学的な相違とともに，彼らの体が小さいこと，保定に潜在する困難さと保定によるストレスに多少の相違があることを開業獣医師は知らねばならない．

保　定

　特により小型の齧歯類においては，臨床検査と診断用サンプルを得ることが難しい可能性がある．臨床検査については，管理の良いフェレット，ウサギ，モルモット，チンチラとネズミには通常，問題はない．より小型の齧歯類については，検査に十分な検体を確保するために安全な保定技術についての知識が必要である（表 15-1）．

鎮静と麻酔

　鎮静または麻酔が，前述の動物種の臨床検査と診断用試験の実施にしばしば必要となる．表 15-2 に，小型哺乳類に推奨される鎮静剤と麻酔薬の投薬量を示した．

皮膚症例への対処

　皮膚疾患症例に直面した時には，常に全身的に対処すべきである．対処の程度は症例ごとに異なる可能性がある．一部の動物においては，すぐに診断を下せるが，一般には，詳細な病歴，臨床検査と複数の診断用試験が必要となる．対処法の 1 つに，Thoday（1984）によって提案された，以下の 10 の要点からなる方法がある．

1. 飼い主の訴える病状．
2. 対象動物に関する確認事項－種類，品種・系統，性別，年齢（図 15-1）．
3. 簡潔な予備検査－特定の領域に焦点をあてて質問をしても良い．
4. 全身的な病歴．

表15-1 哺乳類のハンドリング・保定方法

動物種	手技
マウス	表面のざらざらしたものの上で尾根部を後方にやさしく引く；首筋
ラット	肩部周囲；尾根部；首筋
ハムスター	手で椀を作る；首筋
スナネズミ	肩部周囲；首筋；尾は絶対につかまないこと
モルモット	肩部周囲をつかみ体重を支持する
チンチラ	肩部周囲をつかみ体重を支持する
ウサギ	首筋をつかみ下半身を支持する
フェレット	親指を顎の下に入れて肩部周囲をつかむ
ハリネズミ	ラテックス手袋を使用する．平坦な台の上で後肢をつかんで頭を下にして持ち上げて，体を真直ぐにさせる

表15-2 小型哺乳類の鎮静と麻酔方法

動物種	手技
マウス，ラット，ハムスター，スナネズミ	ハロタンまたはイソフルランの入った導入容器内で導入し，麻酔用マスクで麻酔を維持
モルモット	ハロタンまたはイソフルランの入った導入容器内で導入し，麻酔用マスクで麻酔を維持 メデトミジン 0.2～0.5mg/kg，皮下（鎮静） メデトミジン 0.2～0.5mg/kg＋ケタミン 20～40 mg/kg，皮下（麻酔）
チンチラ	ハロタンまたはイソフルランの入った導入容器内で導入し，麻酔用マスクで麻酔を維持する ケタミン 10～15 mg/kg＋ミダゾラム 0.5mg/kg＋アトロピン 0.05 mg/kg，皮下（軽麻酔）
ウサギ	メデトミジン 0.1～0.25mg/kg，皮下（鎮静） メデトミジン 0.1～0.25mg/kg＋ケタミン 5～15 mg/kg 皮下（＋／－ブトルファノール 0.4mg/kg）（麻酔）．気管内挿管し酸素を吸わせて維持し，もし必要ならば，イソフルラン／ハロタン添加 アセプロマジン 0.1～0.5mg/kg，皮下 ミダゾラム／ジアゼパム 0.5～2mg/kg，皮下
フェレット	メデトミジン 0.08～0.1mg/kg，皮下（鎮静） メデトミジン 0.08mg/kg＋ケタミン 5mg/kg，皮下（麻酔） メデトミジン 0.08mg/kg 皮下＋プロポフォール 1～3mg/kg，静脈内，気管内挿管しイソフルランまたはハロタンで維持する（麻酔） イソフルランで麻酔用マスクまたは導入容器内で導入
ハリネズミ	ハロタンまたはイソフルランの入った導入容器内で導入し，麻酔用マスクで麻酔を維持

図 15-1 先天性脱毛症は無毛のさまざまのラットやマウスでみられる．

図 15-2 小型哺乳類に給与されている飼料のタイプは病歴における重要な要素である．

図 15-3 床敷（敷料）のタイプが重要なこともある．

5. 皮膚疾患に関する病歴．
6. 生活習慣－餌（図 15-2），環境（図 15-3）．
7. 感　染－他の動物，人間との接触．
8. 臨床検査－全身，皮膚．
9. 検査および診断テスト．
10. 診断のためのデータの関連付け．

検　査

　身体検査は，全ての症例について，動物の全般的な様子，態度と体調を評価するために行わなくてはならない．

　多くの例で，動物に触れる前に，その環境下で動物を観察するほうが良い（図 15-4）．

　体温，脈拍と呼吸数は，チェックすべきである．

　小型哺乳類を取り扱う特には，体重測定をすることは重要である（図 15-5）．

　徴候のあるいくつかの器官系については，より詳細な検査を行っても良い．

　次に皮膚科学的検査は実施されるべきである．皮膚検査（前述の Thoday のリストの 8 番目）のためには，また秩序立ったアプローチが採用されなければならない．飼い主は自分が気付いた病変に集中して，他の異常を見逃すことはあり得る．皮膚は徹頭徹尾調べなくてはならない．目視による検査と同時に触診を実施すべきである．より大型の動物種では，耳介と外耳道は，肉眼と耳鏡を用いて調べる．皮膚の厚さ，被毛の質ときめと，できれば指の刺激で誘発される痒みの程度を記録し，その動物種で正常とされているものと比較すべきである．

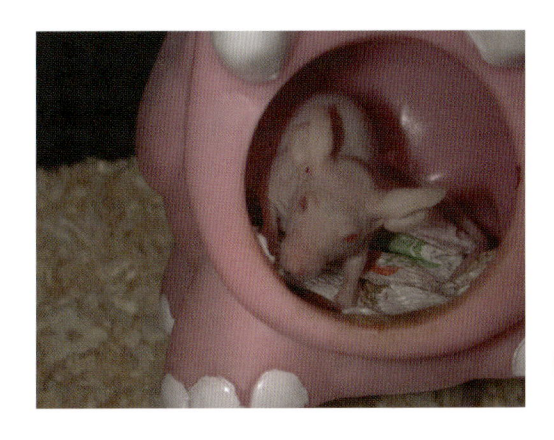

図 15-4　飼育環境下での観察は重要なことがある．

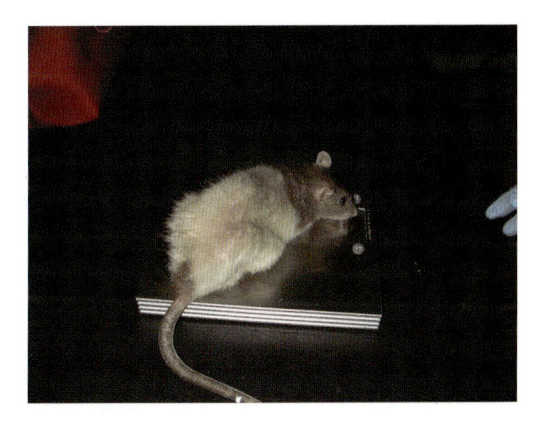

図 15-5　薬物の用量を計算するために小型哺乳類の体重記録は重要である．

それから，病変を詳細に検査し，観察を記録し，できればスケッチを描く．このような記録により，文字で記載された記録よりも，ずっとより正確な病変配布が分かり，病変の経過と治療に対する反応のモニタリングにとても役立つ．

病変は，以下の点について正確に記述されなければならない．

- 分 布．
- 配 列．
- 構 成．
- 深 度．
- 稠密度．
- 質 感．
- 色 調．

個々の病変形態も記述されなければならない．病変は以下のどちらかの可能性がある．
1. 原発性：例，斑(macule)，斑(patch，人の皮膚科領域では1cmを超える大きさの扁平な領域)，膨疹，小疱，丘疹，膿疱，結節，腫瘍．
2. 続発性：例，鱗屑，痂皮，角化亢進症，擦過創，潰瘍，瘢痕，苔癬化，色素沈着症，亀裂，コメド（面皰）．

診断手技

採 血

採血は皮膚科症例の診断のための精密検査の一部をなすことがあり，全身的な健康状態と種々のホルモン濃度（例えばフェレット）に関する情報を提供してくれる．

通常は鎮静または麻酔が必要である（表15-3参照）．

表15-3 小型哺乳類の採血部位

動物種	手 技
マウス	外側尾静脈，伏在静脈
ラット	頸静脈，外側尾静脈，伏在静脈
ハムスター	橈側皮静脈，伏在静脈，前大静脈
スナネズミ	外側尾静脈，伏在静脈
モルモット	頸静脈，前大静脈
チンチラ	頸静脈，橈側皮静脈，大腿静脈（内側）
ウサギ	頸静脈，橈側皮静脈，伏在静脈，辺縁部耳静脈
フェレット	頸静脈，前大静脈，橈側皮静脈，伏在静脈
ハリネズミ	頸静脈，前大静脈，橈側皮静脈，伏在静脈，大腿静脈（内側）

細菌感染症

　細菌のサンプリングは難しいことがあり，正確に実施しなければ，紛らわしい結果をもたらす．開放性の感染性病変は，通常，皮膚の既存の微生物集団で汚染されているので，採材のために利用してはならない．サンプリングのためには，無傷の膿疱を選ばれなければならない．毛を剃り，70％アルコールで穏やかに消毒し，膿疱が破裂しないように注意すべきである．それから，膿疱を慎重に無菌的な25または27ゲージ針を用いて開口し，内容物を無菌的な綿棒を挿入して採取する．周囲の皮膚に綿棒が触れないように最大限の注意を払わなければならない．綿棒は細菌の乾燥を防ぐために運搬用培地に植え，培養と同定のために検査機関に提出する．

　膿瘍中心部からの針吸引標本は，しばしば無菌的である．培養に提出するのに最良の材料は膿瘍壁である．

真菌感染症

紫外線（ウッド）ランプ

　小胞子菌属を見つけるのに用いる手技である．犬小胞子菌（*Microsporum canis*）のほぼ60％は紫外線灯を当てると蛍光を発し，他の小胞子菌属 — オードアン小胞子菌（*M. audouini*），*M. distortum* と *M. incurvata* も反応を示すことがある．紫外線ランプの使用は齧歯類とウサギに限定され，大部分の症例が白癬菌による皮膚糸状菌症である．被毛の細かい動物では，若干の毛幹の直径が人間の分解能力以下である可能性があるので，陽性結果を見逃すことを避けるために拡大が必要となるかもしれない．紫外線ランプは使用前に点灯して準備しておくことが重要である．

　検査は暗室で実施しなければならない．陽性ではアップルグリーンの蛍光を発する．塵埃による紫・青色の発色とは区別する．感染した毛自体が蛍光を発する — 鱗屑，痂皮または培養真菌は蛍光を示さない．罹患した毛は，確定診断のために毛を抜く．陽性例では，毛包内の一部分も緑色に見える．

直接顕微鏡検査

　顕微鏡評価のためには注意深い採材が必要である．正常の毛は感染している可能性が低い．ウッドランプで陽性蛍光が観察された場合は，罹患した毛を選ぶべきである．患部を細菌の汚染を減らすために，最初に70％アルコールで消毒する．それから，障害を受けた毛を鉗子で抜き，鱗屑または痂皮を切れ味の鈍ったメスの刃で取り除くべきである．病変の辺縁は，感染が最も活発で，最適部位である．材料は，以下の外部寄生虫の項で記載したように，5％水酸化カリウム（KOH）で透徹し，顕微鏡を用いて真菌の胞子と菌糸の存在を調べる．胞子は，鎖状をなす複屈折性の小球体または毛の周囲にモザイク状の鞘として存在する．菌糸はフィラ

メントとして観察され，時々断片化して胞子となる．標本はラクトフェノール-コットンブルー染色またはブルーブラックのインクで染色するが，これはしばしば不必要なこともある．

真菌培養

　病原性菌類の同定は，真菌類培養によってのみ可能である．サブローデキストロース寒天培地は最も一般的に用いられる培地である．わずかに酸性で，細菌増殖を抑制する抗生物質と腐生真菌類の成長を抑制するシクロヘキサンスルファミン酸を含んでいる．少量の標本材料を，平板表面にしっかりと押し付け蓋を緩めておく．材料は直接鏡顕検査で記載されたように採取されるか，あるいは，毛と痂皮を無菌的な歯ブラシで被毛にブラシをかけて採取する，マッケンジーブラシテクニック（Mackenzie brush technique）によって集める．採取した材料は，それから，培養培地上で振とうするか，あるいは，穏やかにブラシ毛を培地表面に押しつけることによって植菌する．真菌は発育に好気的条件を要求する．インキュベーションは室温で行い，乾燥を避けるために水で満たされたポットを含む閉鎖された容器内に培養皿を置く．一般的な皮膚糸状菌は 1～2 週以内に発育するが，材料の培養が陰性であると考える前に 1 ヵ月間は培養を維持しなければならない．

外部寄生虫

直接観察

　マダニ，ノミとシラミのような，より大型の外部寄生虫は，肉眼で簡単に見つけられるかもしれない．スイダニ科，ツツガムシ属とツメダニ属のようなより大きなダニは，接近すれば直接観察でも見られるかもしれないが，虫眼鏡または耳鏡を使って拡大すれば，より簡単に見つけられる．それから，採取して低倍率顕微鏡検査によって同定すべきである．

被毛のブラッシングまたは梳毛

　被毛を櫛で梳かすことはノミとツメダニの寄生を見つけるのに役立つことがある．被毛中の匹数が少なくて特定が困難な場合に，フィプロニルのような殺虫剤使用後に被毛のブラッシングをするとノミが見つけられることがある．ノミの糞は，コンマ形で，色は褐色・黒色である．湿った脱脂綿のような明るい色の表面が湿っぽい物に軽く擦り付けると血液内容物により触れた部位の周囲に赤褐色の輪ができ，他の残渣から区別可能となる．ツメダニは，表面の色が暗調のブラシで被毛を梳かすことによって見られることがある．ダニは，微小な移動する白色の形状で「生ていているふけ」と称される．この場合も採取して低倍率顕微鏡検査によって同定すべきである．

粘着テープによる採取

　皮膚表面に生息するダニ（例えば *Myobia* とツメダニ属）の採取に役に立つ手技である．毛

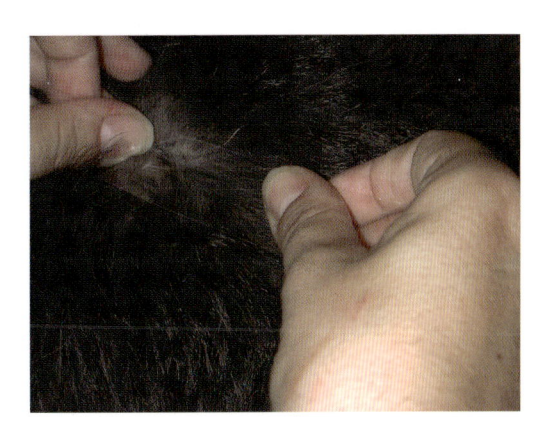

図 15-6 テープを剥がすことで被毛ダニの同定が可能となることがある.

を掻き分けて，皮膚に透明な粘着テープを貼り付けて，それから剥がすことを数回繰り返して採材する（図 15-6）．それからテープを顕微鏡用のスライドグラスに付けて，低倍率下で顕微鏡観察する．

皮膚掻爬標本

　皮膚掻爬は，きわめて有用な診断手技であるが，エキゾチックアニマルでは活用されない傾向にある．掻爬部位は，外部寄生虫の推定される好発部位，外部寄生虫感染が疑れる変化を示す部位，罹患した動物により傷つけられていない部位を選択すべきである．
　掻爬部位は，推定されるダニが皮膚表面生息性か，あるいは穿孔性・毛包寄生性によって，準備が異なる．
- 皮膚表面生息性のダニに対する表層性皮膚掻爬：毛の標本は汚染をできる限り少なくするために表面を毛刈りする．これは，より大型種では比較的簡単となるが，ウサギとチンチラの毛は非常に微細で毛刈りするのが難しいことがある．皮膚表面に生息するダニのための皮膚掻爬は毛刈りをせずに行うことがある（図 15-7）．それはより小型の齧歯類では，体が小さいた

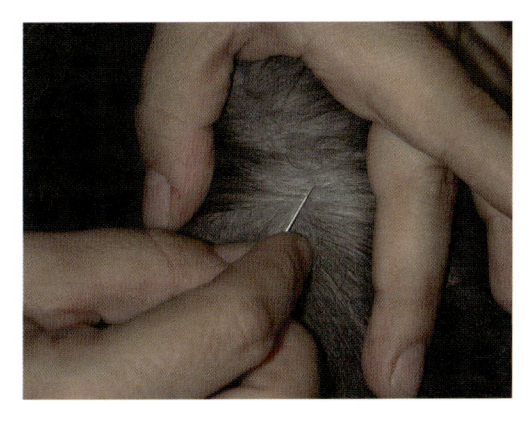

図 15-7 表層性皮膚掻爬により皮膚表面生息性のダニの同定が可能となることがある.

めに難しいことがあり，麻酔または鎮静が必要である．
- 穿孔性または毛包寄生性ダニのための深部皮膚掻爬：可能な限り，きっちりと毛刈りする．毛刈り後に2つの採取方法がある．方法の選択は，たんに個人の好みである．

1. **水酸化カリウム**．標本内のケラチンを溶解することで，ダニを観察しやすくなることが長所であるが，短所はダニを殺すことである．
   - 毛を刈り，刈った毛を取り除く．
   - 皮膚を5％水酸化カリウムをつけた脱脂綿で湿らせる．
   - 切れ味の鈍ったメスの刃で1方向に皮膚を掻爬する．刃の背面は，術者に向かってほぼ60度の角度を保つ．皮膚表面に生息するダニでは，皮膚表面を掻爬する必要がある．穿孔性あるいは毛包寄生性のダニには毛細血管から血が滲む程度の掻爬が必要となる．
   - 掻爬部位を水酸化カリウムを除くために湿った脱脂綿で拭く．
   - 集めた材料を顕微鏡用のスライド上に載せる．
   - 材料に20％水酸化カリウムをスポイトまたはピペットで添加する．
   - ガラス棒で潰す（ダニを傷つけるのでメスの刃は使用しない）．
   - ブンゼンバーナーの弱い炎（沸騰させない）で加温するか，1時間室温に放置する．
   - カバーグラスを載せる．
   - 秩序立った方法で，まず最初は低倍率下で，さらに高倍率下でより詳細なダニの形態を検査する．

2. **流動パラフィン**．流動パラフィンは，ダニを生きたままの状態にしておけるため，その動きが観察者に分かりやすいという利点があるが，ケラチンが溶かされず，ダニが見難いという欠点がある．もしサンプルをきれいにする必要があっても，流動パラフィン標本作製後に水酸化カリウムを使用することはできない．
   - 毛刈りをし，刈り残しを取り除く．
   - 皮膚を湿潤化する．流動パラフィンをメスの刃に1滴付ける．
   - 前述のように，皮膚を掻爬し，移しかえて，擂り潰す．必要に応じて流動パラフィンを追加する．
   - 加熱しないこと．
   - カバーグラスをかけ，先に述べたように検査する．

毛抜き検査／トリコグラフィー（trichography，*被毛検査*）

取り扱いの難しい個体あるいは鎮静または麻酔が可能でない場合は，罹患領域からの毛を抜き，20％水酸化カリウムまたは流動パラフィンにどちらかを加え，直接検査する．

毛尖，毛幹と毛球の検査で，役に立つ情報が得られる可能性がある．
- 破損に関する毛尖検査では，毛の消失が外傷性で，自傷行為によるのかどうかの手掛かりとなる可能性がある．
- 毛幹検査では，皮膚糸状菌胞子，色素異常またはウサギの皮脂腺炎にみられる毛包円柱を

同定できる可能性がある．
● 毛球検査では，成長期または休止期の毛が存在するかどうかを調べることができる．ニキビダニと真菌胞子も同定できる可能性がある．

滲出性病変または細胞浸潤を同定するために掻爬を行った後の病変からは押捺標本の作製が可能である．生検が安全ではないかあるいは高価であると考えられるが，この方法は小型の哺乳類に役立つ．例えば，ハムスターのリンパ腫にみられる，局面におけるリンパ球性浸潤の同定に用いることができることがある．

細針吸引生検は結節性病変の評価に有用で，腫瘍性と化膿性肉芽腫性疾患の鑑別をしようとする場合に役に立つ可能性がある．

生検法

生検法は多くの種類の皮膚疾患の診断において非常に役に立つ手技であるが，特に腫瘍，ダニの感染，真菌感染，免疫介在性病態と若干の内分泌性疾患の診断に役立つ．小型哺乳類では切除生検が，しばしば最も実用的な方法であり，病変全体が全身麻酔下で切除され，検査のために提出される．

典型的な，非擦（過）創性病変については他の生検法が選ばれる．動物を麻酔するか，鎮静化し，毛刈りをしてアルコールで消毒する．鎮静の場合は，局所麻酔薬を病変部下または周囲に直接皮下に注射する．小型の，全層を含む楕円形の切除を皮膚面に対して垂直に実施する．生検は，病変部の皮膚と明らかに正常な皮膚との移行部を含むべきである．1つの角を鉗子で摘み，皮下脂肪を切除する．傷口は縫合または組織用接着剤により閉じる．標本は皮下組織側を下にして厚紙に貼り付けて10％ホルマリン中に入れる．生検には市販のパンチバイオプシー器具が使われることもある．

試験的治療

いくつかの症例において臨床的な引き金となる因子の特定のためにあらゆる努力をしたにもかかわらず，検査試験の結果から診断に至らない場合に試験的治療が勧められる．
● 外部寄生虫症が推定される場合は，抗寄生虫治療が行われることがある．
● 膿疱性疾患には，感染性か無菌性かを評価するために抗生物質が使われることがある．
● 投薬中止：有力な要因としての投薬を除外することは重要である．

参考文献

Thoday, K.L.(1984)'An approach to the skin case'. The Henston Veterinary Vade Mecum(Small Animals). Henston Ltd., pp. 243-246.

第16章
チンチラの皮膚疾患と治療

細菌性疾患

膿瘍

原因と病理発生
　チンチラが群で飼育されている場合は，同じケージ内のチンチラによる咬傷に起因する膿瘍がよくみられる．雌は雄よりも攻撃的である．ブドウ球菌とレンサ球菌が通常分離される（Ellis & Mori, 2001）．

臨床徴候
　外傷下部領域の皮膚にある腫脹した柔らかい波動感を有する領域．

診断と治療
　典型的には膿瘍内容の濃縮が起き，完全な外科的切除が推薦される治療法である（Jenkins, 1992）．破裂した膿瘍は積極的に洗浄し，全身性の抗生物質を投与する．

その他の細菌による病態

　二次的なブドウ球菌性感染症を伴う湿性皮膚炎は，歯牙疾患による過剰な唾液分泌に起因する可能性もある（Ellis & Mori, 2001）．二次的なブドウ球菌性感染症は皮膚糸状菌症でもみられることがある（Rees, 1963）．

真菌性疾患

皮膚糸状菌症

原因と病理発生
　チンチラの皮膚糸状菌症は毛瘡白癬菌（*Trichophyton mentagrophytes*）感染により起きる

（Hagen & Gorham, 1972；Hoefer, 1994；Scott ら, 2001；Shaeffer & Donnelly, 1997）．石膏状小胞子菌（*Microsporum gypseum*）と犬小胞子菌（*M. canis*）が分離されることは滅多にない．伝染媒介物，干し草，床敷または発症した動物または保菌動物への直接的な暴露を介して伝染する．砂浴びにより複数の個体に拡散する恐れがある．

臨床徴候

病変は主に眼，鼻，口，脚と足の周辺にみられ，脱毛，落屑，毛の破損，紅斑と痂皮形成で構成される，はっきりと区切られた領域からなる（図 16-1, 図 16-2）．

診断と治療

臨床徴候毛の顕微鏡検査と真菌培養によって診断する．大多数の感染症が毛瘡白癬菌によるので，分離株は蛍光を発する見込みない．治療は，チンチラの飼育環境とチンチラの両方に向

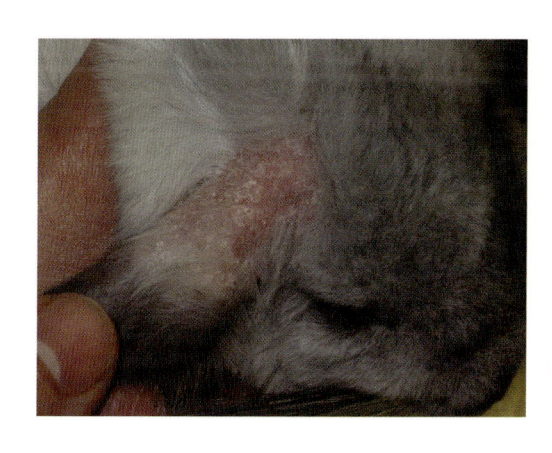

図 16-1 チンチラの耳の毛瘡白癬菌感染症．（原図：J. Fontanie）

図 16-2 チンチラの鼻の毛瘡白癬菌感染症．（原図：J. Fontanie）

けられなければならない．

　砂浴び用の砂をオーブン内で15℃で20分間処理することが，真菌類胞子を殺菌する手段として提案されている（Burgmann, 1997）．ケージはエニルコナゾール（**訳者注**：アゾール系抗真菌剤）あるいは，水で1対1に希釈した漂白剤を用いて消毒する．動物を再導入する前に，必ずケージをよくすすぎ，乾燥させる．治療には，グリセオフルビン経口投与またはエニルコナゾール等の抗真菌製剤の局所投与を用いる．

外部寄生虫症

　チンチラの被毛はとても緻密（毛包当たり60〜90本の毛がある）なので，外部寄生虫はまれである（図16-3）．ツメダニ（*Cheyletiella* spp.）寄生の事例が報告されており，アイバメクチンで治療可能であった．ノミが時折，見つかるかもしれず，痒みも引き起こすかもしれない．猫やウサギで承認されている局所的なノミ用の製剤（例えば，イミダクロプリド）の局所投与が妥当である．

栄養性疾患

脂肪酸欠乏症

原因と病理発生

　チンチラにリノール酸とアラキドン酸の不足した餌を与えると，皮膚徴候がみられることがある．保存の良くない食餌（誤った保管，温度）あるいは自家製の食餌が原因となることが最も一般的である．脂肪酸障害は不適切な抗酸化剤により脂肪が悪臭を放つような食餌にもみられる．

臨床徴候

　欠乏性飼料は落屑，毛の発育減退と被毛消失と時には皮膚潰瘍を引き起こすと考えられている（Hoefer, 1994）．徴候は数週間以上数ヵ月にわたって起こる．重度症例では，チンチラは

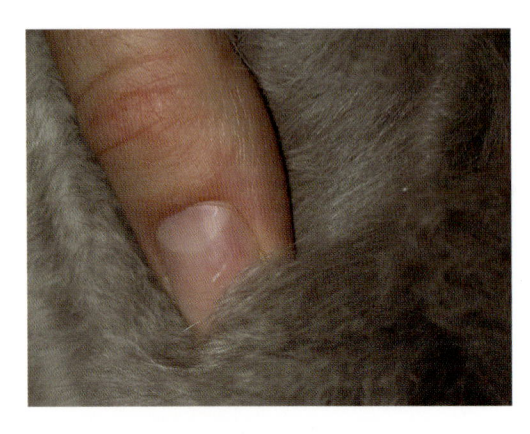

図16-3　チンチラの毛皮は緻密なので外部寄生虫感染症の可能性は低い．

衰弱し，死亡することがある．その病態は，ブリーダーにより，時々誤って"脱毛症"または"真菌症"が原因であるとされている．

診断と治療

　診断は，臨床徴候，皮膚糸状菌症等の他の鑑別すべき疾患に対する除外診断，餌の変更に対する反応に基づく．治療は，飼料への添加により行われ，急速な改善が通常みられる．皮膚に痒みがある時は，リノール酸またはウンデシレン酸を含む局所用の軟膏により緩和する．

パントテン酸欠乏症

原因と病理発生

　パントテン酸は，正常な皮膚形成にとって不可欠である．単一のビタミンB欠乏症は珍しい．

臨床徴候

　パントテン酸欠乏症は，脂肪酸欠乏症に類似した病変を引き起こすことがある（Hoefer, 1994）．斑状脱毛症と時に肥厚した鱗屑に覆われた皮膚がみられ，罹患したチンチラは食欲不振を示し，過活動性で，痩せている．

診断と治療

　診断は病歴，特にバランスの悪い飼料，臨床徴候と治療への反応に基づく．治療は，パントテン酸塩カルシウムを2～3日，筋肉内投与し，続いて経口的にpropothiouracil〔監訳者注：propylthiouracil（プロピルチオウラシル）の間違いと思われる〕を投与する（Strake, 1996）．

亜鉛欠乏症

原因と病理発生

　亜鉛は，多くの欠くことのできない機能の重要な共同因子および調節因子である．亜鉛欠乏症は市販の餌と良質の乾草を与えられているペットのチンチラではまれである．

臨床徴候

　亜鉛欠乏によって，落屑と脱毛症が起きることがある．臨床的に脂肪酸欠乏症，パントテン酸欠乏症と亜鉛欠乏症を区別することは難しい．

診断と治療

　診断は，病歴，臨床徴候と治療への反応によってなされる．治療は，飼料のバランスが取れていることを確認することによる．

耳の黄変/黄色脂肪（Yellow ears/Yellow fat）

原因と病理発生

　本病態は，コリン，メチオニンまたはビタミンEの欠乏した飼料を与えられたチンチラでみられる（Ellis & Mori, 2001）．植物色素代謝障害により，皮膚と脂肪組織に黄褐色色素が濃縮される．

臨床徴候

慢性症例において，腹側腹部と会陰部皮膚の黄色調の変色が起き，重度症例では，皮膚全体が影響を受ける．腹側腹部では痛みを伴う腫脹も発現することがある．

診断と治療

診断は臨床徴候と病歴に基づいてなされる．処置は，バランスの取れた飼料を検討することによって行う．

綿毛症候群

原因と病理発生

チンチラに高蛋白食（粗蛋白質28％超）を与えると，綿毛症候群（cotton fur syndrome）が起こる．

臨床徴候

本病態では，毛は波打って脆弱化し，綿のような形態を呈する（Ellis & Mori, 2001）．

診断と治療

診断は，飼料中の蛋白質濃度分析と臨床徴候によってなされる．治療は蛋白質濃度を減少させることである．餌料中の適正な蛋白質濃度は，ほぼ15％である．

環境および行動に起因する病態

毛咬み

原因と病理発生

毛咬み（fur chewing）とくり返しの毛咬み（barbering）は，時折チンチラでみられ，過密状態または若干の他のストレス要因に関連がありそうである（Rees, 1963）．潜在する原因については，多くの説があり，真菌感染症，甲状腺機能亢進症，副腎皮質機能亢進症と食餌性の欠乏が原因として取り上げられている．しかし，これらの理論を支持する証拠はほとんどなく，商業的に飼育されている毛皮用のチンチラの群で発生率が高いことから，行動性疾患であると一般に信じられている．くり返しの毛咬みは母から若い個体に受け継がれることから，遺伝性の素因が示唆され，一部のブリーダーは毛咬みをする個体を繁殖集団から取り除いている．

臨床徴候

毛が咬み取られて，明らかな脱毛領域が形成される－短い刈り株のような毛．トリコグラフィー（trichography，被毛検査）では毛球と毛幹は正常であるが，毛の先端部は破壊されており，毛の消失が自傷性であることが示唆される．

診断と治療

臨床例では，飼養管理，栄養と全般的な健康状態が評価されるべきで，可能性のあるどんな素因も検討されなければならない．上質な乾草を自由に採食させ，高品質のチンチラ用ペレットを与え，ストレス因子を最小限に知ることは全て役に立つ可能性がある（Burgmann,

1997).完全な毛の再生は緻密な下毛があると起きないので,下毛は,もし可能ならば,引き抜くべきである（Ellis & Mori, 2001）.フルオキセチンのような向精神薬での治療報告はないが,5〜10mg/kg の経口的な服用が提案される.

毛　球

原因と病理発生

チンチラは,被毛が極めて緻密（毛包 1000 個/cm^2）であるため毛の手入れするのが難しい.砂浴びをしないと相対湿度が高くなり（80％超）,毛球ができる.ずっと砂浴びをし続けているとグルーミング過剰と眼の障害に陥ることがある（Shaeffer & Donnelly, 1997）.

臨床徴候

被毛は明らかに厚くもつれている.

診断と治療

診断は臨床徴候と病歴に基づいてなされる.砂浴びはチンチラの被毛を良い状態に保つために欠かせず,1日およそ 30 分間は行うべきである.可能ならば,相対湿度は 80％の以下に保つべきである.

その他の病態

脱毛症（抜け毛）

原因と病理発生

チンチラの毛は皮膚との結合がゆるい.粗暴に取り扱われたり,喧嘩をしたチンチラ,または闘争中のチンチラでは被毛が斑状に急に抜け落ちる.これは自然の防衛機構の 1 つで,一般にいわゆる脱毛症（抜け毛,fur-slip）として知られている.

臨床徴候

毛の引き抜かれた,きれいでなめらかな皮膚からなる境界の明瞭な領域が残る.過去に毛の引き抜かれた後に,毛の発育した部位では,被毛は斑模様になることがある.

診断と治療

診断は,病歴,臨床徴候に基づき,他の鑑別診断,くり返しの毛咬みや感染,特に皮膚糸状菌症を除外する.治療は必要ではないが,毛の再生に数ヵ月かかる可能性があり,被毛発育は一様でなく斑状パターンを呈することがある（Scott ら,2001）.取扱いはできるだけ常に穏やかでなければならないが,何匹かの動物はどうしても,もがくために,脱毛は避けられないかもしれない.チンチラの飼い主は（特に展示用動物）獣医師がチンチラに触る前にその可能性を知っておくべきである.

表 16-1　齧歯類の処方

薬　物	用　量	コメント
抗菌薬		
ampicillin（アンピシリン）	20～100mg/kg，経口，皮下，筋肉内，1日2回	マウス，ラット，スナネズミ
chloramphenicol（クロラムフェニコール）	50mg/kg，経口，皮下，筋肉内	
ciprofloxacine（シプロフロキサシン）	10～20mg/kg，経口，1日2回	
doxycycline（ドキシサイクリン）	2.5～5mg/kg，経口，1日2回	
enrofloxacin（エンロフロキサシン）	5～10mg/kg，経口，皮下，筋肉内，1日2回または10～20mg/kg，経口，皮下，筋肉内，1日1回	
gentamicin（ゲンタマイシン）	5～8mg/kg，皮下，筋肉内，1日3回に分割～1日1回	1日1回投与で効果が増強．腎臓毒性
marbofloxacine（マルボフロキサシン）	5mg/kg，経口，皮下，1日1回	ハリネズミ
	5mg/kg，経口，皮下，1日2回	チンチラ，モルモット
	10mg/kg，経口，皮下，1日2回	マウス，ラット，ハムスター
oxytetracycline（オキシテトラサイクリン）	10～20mg/kg，経口，1日3回	モルモットで毒性が報告されている
trimethoprim/sulphadiazine（トリメトプリム/スルファジアジン）	30mg/kg，経口，皮下，筋肉内，1日2回	小児用のバナナ風味の懸濁液が経口で有用
tylosin（タイロシン）	10mg/kg，経口，皮下，筋肉内，1日1回	モルモットで毒性が報告されている
抗真菌薬		
griseofulvin（グリセオフルビン）	25mg/kg，経口，1日1回，14～60日間または1.5％グリセオフルビンDMSO溶液を局所に5～7日間，または小児用懸濁液250mg/kg，経口で毎日10日間を3回繰り返す療法	
eniconazole（エニコナゾール）	0.2％エニコナゾール洗浄/薬浴，7日おき，または週2回20週間，50mg/m²を群単位で噴霧	
itraconazole（イトラコナゾール）	20mg/kg，経口，1日1回	モルモット
terbinafine（テルビナフィン）	40mg/kg，経口，1日1回または局所クリーム	モルモット
lime～sulphur（硫化カルシウム）浴	1：40希釈で7日おき	
miconazole（ミコナゾール）	局所クリーム	モルモット
mupirocin（ムピロシン）	局所クリーム	モルモット
butenafine（ブテナフィン）	局所クリーム	モルモット
抗寄生虫薬		
amitraz（アミトラズ）	100ppm薬浴週1回	
ivermectin（アイバメクチン）	0.2～0.4mg/kg，皮下，10～14日ごとを3回繰り返す	いくつかのマウス系統に毒性あり
selamectin（セラメクチン）	6～12mg/kg，局所	
imidacloprid（イミダクロプリド）	局所40mgまで	チンチラ

ppm＝parts per million（百万分量単位中の絶対数）

毛環（輪）（fur ring）

原因と病理発生

　成熟した雄のチンチラは，特に繁殖用動物において，包皮中のペニスの基部周囲に毛球の環が集積することがある．

臨床徴候

　ペニスの基部周囲に毛球の環の存在により，嵌頓包茎になることがある．

診断と治療

　診断は臨床徴候に基づく．治療としては，環に潤滑剤をつけて穏やかに除去する．鎮静または麻酔が通常必要である．著者は，包皮恥垢のような物質の厚いリングが2匹のチンチラで類似病変を引き起こしているのを見たことがある．

腫　瘍

　チンチラでは皮膚腫瘍の報告がないが，発生する可能性があると推定すべきで，皮膚腫瘍の鑑別診断にあげるべきである．

参考文献

Burgmann, P. (1997) 'Dermatology of rabbits, rodents and ferrets'. In: *Practical Exotic Animal Medicine, The Compendium Collection*, Rosenthal, K. (ed.). Veterinary Learning Systems, Trenton, pp. 174-194.

Ellis, C. and Mori, M. (2001) 'Skin diseases of rodents and small exotic mammals'. *Veterinary Clinics of North America: Exotic Animal Practice*, 4:2, pp. 523-527.

Hagen, K.W. and Gorham, J.R. (1972) 'Dermatomycoses in fur animals: chinchilla, ferret, mink and rabbit'. *Veterinary Medicine / Small Animal Clinician*, 38, p. 43.

Hoefer, H.L. (1994) 'Chinchillas'. *Veterinary Clinics of North America, Small Animal Practice*, 24:1, pp. 103-111.

Jenkins, J.R. (1992) 'Husbandry and common diseases of the chinchilla (Chinchilla lanigera)'. *Journal of Small Exotic Animal Medicine*, 2, pp. 15-17.

Rees, R.J. (1963) 'Some conditions of the skin and fur of Chinchilla lanigera'. *Journal of Small Animal Practice*, 4, p. 213.

Schaeffer, D.O. and Donnelly, T.M. (1997) 'Disease problems of guinea pigs and chinchillas'. In: *Handbook of Rodent and Rabbit Medicine*, Laber-Laird, K., Swindle, M.M., Flecknell, P.(eds). Pergamon, Oxford, pp. 260-281.

Scott, D.W., Miller, W.H. and Griffin, C.E. (2001) 'Dermatoses of pet rodents, rabbits and ferrets'. In: *Muller and Kirk's Small Animal Dermatology*, 6th Edition. W.B. Saunders Company,

Philadelphia, pp. 1415-1458.

Strake, J.G.（1996）'Chinchillas'. In: *Handbook of Rodent and Rabbit Medicine,* Laber-Laird, K., Swindle, M.M., Flecknell, P.（eds）. Elsevier Science Ltd, Oxford.

第17章
フェレットの皮膚疾患と治療

細菌性疾患

膿皮症

原因と病理発生
　フェレットでは細菌性皮膚疾患はまれであるが，発生がある場合は黄色ブドウ球菌（*Staphylococcus aureus*）またはレンサ球菌属に起因する．感染は通常，外傷（咬傷）または，外部寄生虫寄生による自傷に対する二次感染である．咬傷は，繁殖期に，特に頻繁にみられ，雌の頸部に頻発する．

　頸部のブドウ球菌性またはレンサ球菌性蜂窩織炎は，歯牙疾患と下顎骨髄炎と関連する可能性がある．

臨床徴候
　病変は，非常に多彩な表現型を取り，表在性，毛包性の病変からフルンケル（せつ［多発］症）領域までさまざまである．

診断と治療
　診断は，臨床徴候と病変からの細針吸引標本/押捺塗抹標本に基づいてなされる．治療は抗生物質とともに抗菌性シャンプーも使って行うべきで，できるだけ培養と感受性試験に基づいて実施する．

膿瘍

原因と病理発生
　特に口周囲の膿瘍は，劣悪な飼料に含まれる鋭利な骨に起因することがあり得る．他の部位の膿瘍は闘争に起因する可能性がある．グラム陰性菌に加えて，感染はコリネバクテリウム属，パスツレラ属，アクチノミセス属と大腸菌（*Escherichia coli*）に起因することもあり，結果と

して膿瘍，深部膿皮症または蜂窩織炎に至る．

臨床徴候

触診により熱感と疼痛のある波動感を有する腫脹領域．

診断と治療

診断は，臨床徴候と病変の細針吸引標本に基づいてなされる．通常，治療は麻酔下で膿瘍を切開，洗浄し，続いて培養と感受性試験に基づく抗生物質で治療する．通常，回復は順調である．

顎放線菌症

原因と病理発生

アクチノミセス属は，フェレットに"顎放線菌症（lumpy jaw）"型病変を引き起こすこともある．

臨床徴候

罹患した動物は，緑黄色膿汁を頸部にある結節または膿瘍から排出することがある．

診断と治療

診断は臨床徴候，培養と感受性試験と同時に病変からの押捺塗抹標本に基づいてなされる．治療は掻爬と膿汁排出に加えて，抗生物質による治療である．病変は，高用量のペニシリンまたはテトラサイクリンに反応する可能性がある．

真菌性疾患

皮膚糸状菌症

原因と病理発生

皮膚糸状菌症はフェレットでは珍しい．しかし，起きるとすれば通常は，犬小胞子菌（*Microsporum canis*）または毛瘡白癬菌（*Trichophyton mentagrophytes*）のどちらかが原因である．若齢で免疫抑制状態にあるフェレットは，感染症発生に関して最も感受性が高い．本疾患は人獣共通感染症としての危険がある．感染はキャリアー動物または感染性媒介物との直接接触により起きる．同居猫は感染源となり得る．

臨床徴候

皮膚病変は，環状脱毛症，毛の崩壊，落屑と紅斑と痂皮形成で構成される領域を含み，多彩である．痒みは，通常はみられない．

診断と治療

診断は，罹患した毛の顕微鏡検査に基づいて行われる．皮膚掻爬物と引き抜いた毛を真菌培養のために用いる．犬小胞子菌の分離株の一部は，蛍光を発する可能性がある．治療にはエニルコナゾールまたはミコナゾール等の抗真菌薬を局所的に使用する．全身的なグリセオフルビン投与が必要となることは滅多にないが，1日当たり25mg/kgを21～30日間使用可能である（Collins, 1987）．自然寛解も報告されている（Collins, 1987；Fox, 1988）．

飼育環境の消毒は重要である．飼育環境の消毒には温水で 1 対 1 に希釈した漂白剤が使用可能である．動物を戻す前に，ケージ等はよくすすぎ，風乾すべきである．

他の真菌性疾患

ブラストミセス皮膚炎が，肺炎と足底部潰瘍のあったフェレット 1 例で報告されている．

ヒストプラスマ症とコクシジオイデス症も皮下結節の原因として同定されている（Scolt ら，2001）

ウイルス性疾患

犬ジステンパーウイルス

原因と病理発生

フェレットは，犬ジステンパーウイルスに非常に感受性が高い．犬ジステンパーウイルス感染症は，パラミクソウイルスが原因である．フェレットは鋭敏な感受性を示し，死亡率は100%に達する．伝播は直接接触，エアゾールと接触伝染媒介物による．

臨床徴候

感染後 7～10 日目のフェレットは，食欲不振，発熱と粘液化膿性の目やにと鼻汁を排出する．おとがい（頤）下部と巣径領域の特徴のある発疹が 10～15 日目にみられる．足底部と鼻平面は，しばしば腫脹し角化亢進症を呈する．褐色の痂皮病変がおとがい，鼻，肛門周囲域に存在する．最終的に，感染したフェレットは，神経徴候，痙攣を示し，常に死亡する．

診断と治療

診断は，臨床徴候に基づいてなされる．診断は，血清抗体価と血液または結膜塗抹標本のウイルス抗原に対する蛍光抗体検査によって可能となる（Kelleher, 2001）．治療法は存在せず，予防法はワクチン接種である．犬のワクチンを使用した予防接種で，多くのフェレットに問題はない．米国は，フェレットのために一価犬ジステンパーワクチンを利用できる唯一の国である．非フェレット細胞株由来ならば，犬用の多価犬ジステンパー修飾生ワクチンが使用可能である．フェレットにワクチンを使用する場合は，製造メーカーにアドバイスを求めるべきである（Schoemaker, 2002）．

外部寄生虫

フェレットに重要な外部寄生虫としては以下のものが含まれる．

ダ　ニ
- キュウセンダニ科　ミミヒゼンダニ（*Otodectes cynotis*）．
- ヒゼンダニ科　センコウヒゼンダニ（*Sarcoptes scabiei*）．

マダニ
- マダニ（*Ixodes ricinus*）．

昆 虫
- ノ ミ．

蠕 虫
- ウシバエ（*Hypoderma* spp.），ウサギヒフバエ（*Cuterebra* spp.）．
- *Dracunculus insignis*〔**訳者注**：この寄生はフェレットにドラクンクルス症（メジナ虫症）を起こす〕．

キュウセンダニ科

ミミヒゼンダニ（耳疥癬ダニ）

原因と病理発生
ミミヒゼンダニには，犬猫と同様にフェレットも罹患する可能性がある．通常は外耳道で見つかるが，重度症例では内耳で見つかる可能性もある．ダニは，リンパ，血液および皮膚残渣を餌としている．寄生によって，激しい刺激が起きる．伝播は，直接接触による．ダニの生活環は3週である．

臨床徴候
フェレットの耳垢は正常では暗褐色である．フェレットの耳は，定期的に耳掃除をする必要がある．掃除は鉱油または刺激の穏やかな耳垢溶解剤を用いて行う．フェレットの耳からの正常な耳垢とダニ寄生のある耳垢を区別するのが困難なことがある．耳道は，刺激の原因となる，浸出物，耳垢とダニを伴ってうっ血することがある．フェレットは頭部を振り，頭を低くして休んでいる．異所性の寄生が，足と尾の先端部に起きることがある．

診断と治療
診断は，水酸化カリウム（KOH）または流動パラフィンに耳垢を加えて検査する．ダニは卵円形で脚が体から突き出ている（図17-1）．対をなす第一脚の先端に短い無節の柄のついた吸盤がある．治療は，全身的なアイバメクチン投与が非常に効果的であることがある．フェレッ

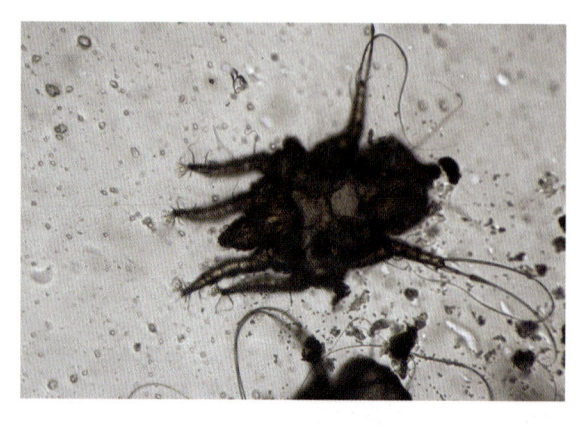

図17-1 ミミヒゼンダニ．

トでは，耳道が狭いため，薬物が通らないかもしれず，局所治療は効果的ではないことが多い．

ヒゼンダニ科

センコウヒゼンダニ

原因と病理発生
センコウヒゼンダニはフェレットの疥癬の原因である．犬は，フェレットの感染源となる可能性がある．特に毛の乏しい部位において，ダニは皮膚の隧道内に潜んでいる．重症例では，広範な領域が罹患することがある．フェレットの疥癬は，人獣共通感染症である．

臨床徴候
センコウヒゼンダニは全身性の脱毛症と重度の痒みを引き起こすか，趾端部と足に限局性病巣を起こす．病変は，特に毛がまばらに生えている部位で顕著である．皮膚は脱毛し，滲出と痂皮を伴い苔癬化する．爪は変形し，脱落することがある．

診断と治療
診断は皮膚掻爬標本に基づいて行われるが，結果が偽陰性ということがよくある．ダニは丸く，対をなす第一脚のみが体の輪郭を越えて突き出している．脚は短く，先端に長い無節の柄のついた吸盤がある．治療はアイバメクチンを7〜14日ごとに0.2〜0.4mg/kg，皮下注射を3回繰り返す．罹患したフェレットおよび罹患動物と接触したフェレットは治療すべきで，飼育環境も完全に清浄化すべきである．

マダニ

マダニ

原因と病理発生
マダニ（*Ixodes ricinus*）は，フェレットに罹患する最も重要なマダニ（tick）である．特に屋外で狩猟用（ウサギ狩）に使われるフェレットで重要である．

臨床徴候
重度寄生が貧血の原因となることがあり，マダニは多くの異なる疾病の媒介者となる可能性がある．

診断と治療
診断は，臨床徴候に基づいてなされる．マダニは手で取り除くか，全身的にアイバメクチン，0.4mg/kgで治療する．

ノミ

原因と病理発生
猫ノミ（*Ctenocephalides felis*）と犬ノミ（*C. canis*）がフェレットに寄生する可能性がある．

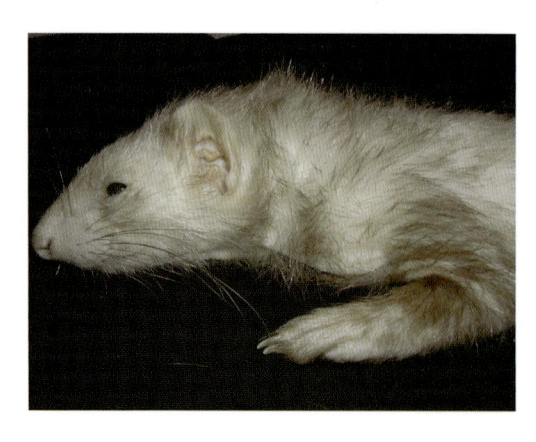

図 17-2 ノミによるフェレットの頸部周囲の脱毛症.

臨床徴候

軽度から重度の痒みが一般に頸部周囲にみられ，自虐性の外傷性脱毛（図 17-2）や擦過創が認められる．時折，脱毛が頸部と胸部にみられることがある．

診断と治療

診断はノミを捕まえるか，湿らせた紙でノミの糞の存在を確かめる．フェレットとともに，猫と犬も，さらに環境も加えて対処しなければならない．猫用に承認されている製品はフェレットにも使用できる．フィプロニルスプレーまたはポンプは，慎重に計量すべきで，過量となることを避けるために，布につけてからフェレットに使用する．ジクロルボスはフェレットに毒性効果がある可能性があるので，ジクロルボスを含浸させたノミ取りカラーはフェレットには推薦されない．イミダクロプリドは安全かつ効果的に使用され（Kelleher, 2001），ルフェヌロンは猫用の投薬量を用いると効果的である可能性がある（Orcutt, 1997）．

内分泌性疾患

副腎皮質機能亢進症

原因と病理発生

副腎皮質機能亢進症は米国では中年のフェレットによく起こることが報告され，副腎皮質過形成，腺腫または腺癌と関連する（Keeble, 2001；Rosenthal, 1997）．下垂体依存性副腎皮質機能亢進症は，フェレットでは認められていない．

英国での発生率は報告されていなかったが，副腎皮質機能亢進症は珍しいようである．ユトレヒト大学で行われた研究では，オランダのフェレットでの副腎皮質機能亢進症の発生率は0.55％で，去勢の実施された年齢と副腎皮質機能亢進症の診断が下された年齢との間には強い相関性が認められた（Schoemaker ら, 2000）．米国で一般的な早期の去勢が，中年以降の副腎皮質機能亢進症の発生の素因になる可能性があることが推定されている．

発症は 2 〜 8 歳齢である〔平均 3.5 〜 4 歳齢（Scott ら, 2001；Keeble, 2001）〕．

フェレットでの研究では，現在，副腎皮質機能亢進症は，副腎皮質刺激ホルモン（ACTH）またはαメラニン細胞刺激ホルモン（MSH）とは独立した病態で（Schoemakerら，2002a），性ステロイドホルモン産生性副腎皮質細胞における黄体ホルモン受容体発現の結果である（Schoemakerら，2002b）．

臨床徴候：皮膚

副腎疾患のフェレットの90％の以上に，何らかの左右対称性の脱毛症がある可能性がある（図17-3）（Keeble，2001）．

毛が簡単に抜け，会陰部，尾部，脇腹部，側部と背部に脱毛が進行する（図17-4）．

コメド（面皰）が存在するかもしれない（図17-5）．

30％以上の症例が痒みを伴い，時に皮膚徴候は痒みだけのことがある．

臨床徴候：全身

70％以上の雌が陰部の腫脹と漿液粘液性の滲出を伴う．

去勢された雄が再び雄の性行動を示すことがある．

前立腺肥大は，アンドロジェン濃度の増加によるもので，部分的あるいは完全な尿道閉塞と有痛性排尿困難を引き起こすかもしれない．

身体検査で副腎の腫大を触知できるかもしれない．

診断と治療

診断は，病歴，臨床徴候，腹部の触診と血漿アンドロジェン濃度の上昇（アンドロステンジオン，硫酸デヒドロエピアンドロステロン），エストラジオールと17-ヒドロキシプロジェス

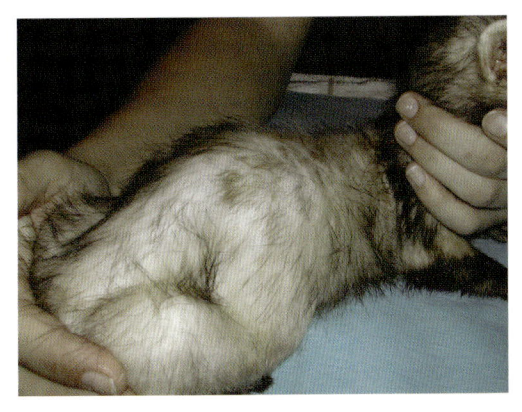

図17-3 フェレットの内分泌性疾患による両側左右対称性脱毛症．

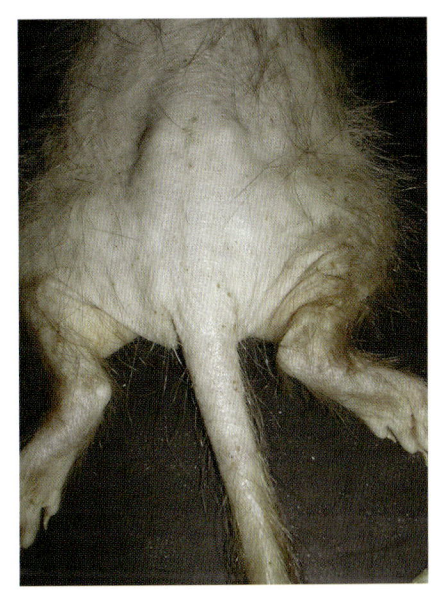

図17-4 フェレットの尾のコメドと脱毛症．

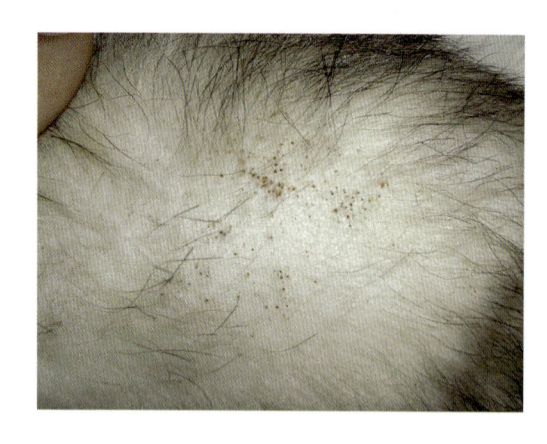

図17-5　フェレットの腹側腹部のコメド．

テロン濃度に基づく．全4ホルモンを測定することを推奨する．1つ以上のホルモンの上昇は副腎皮質機能亢進症を示す．

　汎血球減少症があり得るが，血清生化学値は通常は正常である．腹部超音波検査は腫大した副腎を可視化するための最も役に立つ診断ツールである．左側副腎は腎臓の頭側極，正中よりに位置し，正常では長さ6〜8mmである．右側副腎は腎臓の頭側極の頭側に位置し，肝臓尾状葉で覆われ，後大静脈に近接する．正常では長さ8〜11mmである（Kelleher，2001）．

　血清コルチゾール濃度，ACTH刺激試験またはデキサメタゾン抑制試験は，臨床的に罹患したフェレットにおいて，しばしば正常であるため，これらに基づいて診断することはできない．

　副腎皮質機能亢進症による陰門部の腫脹（下記参照）は，週1回で，2用量のヒト絨毛性ゴナドトロピンを注射しても反応を欠くことで鑑別する．

　好んで用いられる治療法は外科的切除である．

　両側の副腎が罹患した場合は，片側の完全および部分副腎切除が主唱されている（Weissら，1999）．術後，副腎皮質ステロイド治療は，通常は行わない．片側の副腎病変の症例では，2〜8週で改善がみられ，5ヵ月以内に完治する（表17-1参照）．

エストロジェン（卵胞ホルモン）過剰症

原因と病理発生

　エストロジェン過剰症は，おそらく英国におけるフェレットの診療では最も頻繁に遭遇する内分泌性病態である（Keeble，2001）．つがいではないか，あるいは排卵刺激がない場合，雌の50％までが，持続発情（最長6ヵ月）後，再生不良性貧血になるかもしれない．高水準のエストロジェンは，骨髄のエストロジェン抑制に至り，結果として汎血球減少症を伴う貧血となる．エストロジェン過剰症の他の原因としては，卵巣子宮摘出術後の卵巣の遺残または副腎腫瘍があげられる．

　不妊のつがいの偽妊娠が記録されている．

表 17-1 フェレットの副腎皮質機能亢進症の内科療法に利用できる薬物の一覧

薬物	用量	コメント
ミトタン	50mg，経口，7日間毎日，以後3日ごとに50mg，経口で維持することをお勧めする	滅多に成功しない．反応はさまざま 低血糖症を含む副作用の報告あり
ケトコナゾール	15mg，経口，12時間ごと	無効
合成GnRH類似体ロイプロリド	100μg/kgの酢酸ロイプロリドを皮下注射し，蓄積注射を3～8週間ごとに実施．3回目の注射で臨床的反応がみられ，6ヵ月後に臨床徴候は完全に回復．その後，投与間隔をあける	副腎疾患に関連した臨床徴候の寛解には有効（Orcutt1997, Johnson-Delaney1998）
フルタミド*		アンドロジェン遮断薬も特に前立腺肥大のあるフェレットでは有効である可能性がある
アリミデックス*		アロマターゼ阻害薬はアンドロジェンに起因する効果を減弱させる（Weiss, 1999）

*これらの人体薬は現在評価中

臨床徴候：皮膚

両側対称性の脱毛が粘膜と皮膚の斑状および点状出血とともにみられる．

臨床徴候：全身

徴候としては，陰門腫脹，粘膜蒼白化，収縮期心雑音，脈拍微弱化，後躯不全麻痺（出血性脊髄軟化症による）と白血球減少による全身性感染症があげられる．

診断と治療

診断は病歴，臨床徴候と貧血の発現に基づく．治療は支持療法（静脈内補液，注射器による給餌，鉄のおよびビタミンBサプリメントと予防的な抗生物質投与）と発情を停止させることである．PCVが15%未満ならば，輸血が必要である．子宮卵巣摘出術は衰弱した動物ではあまりに危険で，100IUのヒト絨毛性ゴナドトロピン（性腺刺激ホルモン）の筋肉内投与が効を奏した．発情徴候がまだ明らかならば，注射を7日後に繰り返す．性腺刺激ホルモン-放出ホルモンも1～2週後に，繰り返し筋肉内あるいは皮下に20μg注射で使用されている．一旦安定化してから，子宮卵巣摘出術を行うべきである．

本病態は，雌のフェレットではルーチンの子宮卵巣摘出術，精管切除を行った雄との交配あるいは繁殖期が始まる前のプロジェステロン皮下注射で簡単に予防できる．酢酸メゲストロールは発情期の開始を回避するのにも使用可能であるが，両方の薬が子宮蓄膿症の発生と関連する点に留意する必要がある．

甲状腺機能低下症

本病態については，甲状腺機能低下症が原因となって内分泌性脱毛症が起きたとする，逸話的な報告があるにもかかわらず，フェレットでこれまで文書として記録されていない．

その他の病態

過度の臭気

原因と病理発生
フェレットの皮膚には，天然のじゃ香の匂いと時に被毛に油っぽさを付与する無数の皮脂腺が存在する．

臨床徴候
雄のフェレットは常により臭気が強く，分泌物は，アルビノフェレットの被毛が一見すると黄色く汚れているほどに多量であることがある．

診断と治療
診断は臨床徴候に基づいて行われる．フェレットの臭いをなくすことは困難であるが，シャンプー（お勧めは月1回程度），市販のペレット給餌と去勢の全てが，強烈な臭気を最低限にさせるのに有効である．

季節性脱毛症

原因と病理発生
フェレットの被毛は，気候が暖かくなると，正常では菲薄化する．

臨床徴候
尾部，会陰部と鼠径部領域における両側対称性の脱毛症が，繁殖期（雌では3月〜8月にかけて，雄では7月〜12月にかけて）の間に頻繁に起こることがある．雌でより顕著である．

診断と治療
内分泌性脱毛（上記参照）を除外することが重要である．治療は，通常は必要ではない．

休止期脱毛症

原因と病理発生
休止期脱毛は，ストレスの多い出来事の後，2〜3ヵ月してみられる．ストレスの多い出来事には妊娠，授乳あるいは消耗性全身性疾患があげられる．全ての毛が，休止期（telogen）へ移行し，その後，失われる．

臨床徴候
フェレットは非常に重度の換毛を経験する．ほとんど明白な脱毛症はみられず，全身性に被毛が菲薄化するのみである．

アトピー

原因と病理発生

アトピーは，環境アレルゲンに対するアレルギー反応である．診断をする前に外部寄生虫と他のアレルギーについて調べることは重要である．

臨床徴候

体幹部，腰部と脚に及ぶ対称性で，病変のない痒みを示した，アトピーと推定される疾患が報告された（Scottら，2001）．痒みは，屈曲面と肛門周囲領域にも認められるかもしれない（図17-6，図17-7）．

診断と治療

診断に際しては，他の要因，特に食餌と外部寄生虫を除外する．確定診断は，皮内アレルギー試験を実施して行う．治療は，抗ヒスタミン剤，ステロイド，油分の補足で行うか，あるいは，アレルギーワクチンを用いた脱感作を実施する．

食物過敏症

市販の猫用低アレルギー性食に反応した食物過敏症例が1例記載されている（Scottら，2001）．

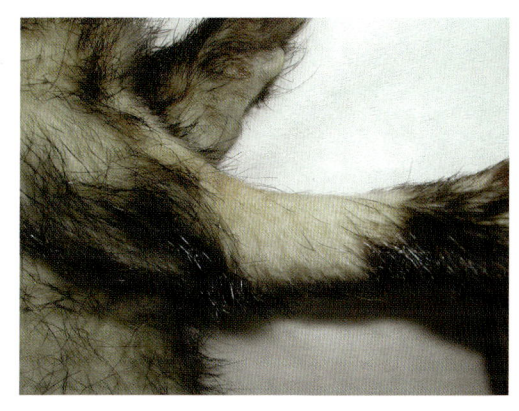

図17-6 アレルギーによるフェレットの唾液による染みと自傷．

図17-7 アレルギーによるフェレットの肛門周囲の瘙痒症．

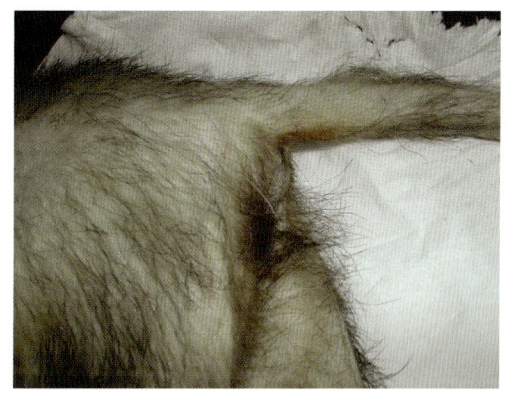

ブルーフェレット症候群

原因と病理発生

　ブルーフェレット症候群（blue ferret syndrome，**訳者注**：皮膚青色症とする成書もあった）は，Burgmann（1991）によって報告された特発性症候群である．両性とも，不妊・去勢処置をされたフェレットもされていないフェレットも罹患する可能性がある．中間の毛周期段階である退行期に手術のために毛刈りをするとしばしばみられる．

臨床徴候

　フェレットでは，腹部皮膚に青味がかった変色部が存在する以外は徴候がない．毛刈りをした皮膚領域は無毛のままで，その後に青くなるが，これは，毛包がメラニンを産生し，それにより成長中の毛がメラニンを含むためである．

診断と治療

　診断は臨床徴候に基づいてなされる．青い色の出現後，1～2週以内に毛の再発育が始まるので治療は必要ではない（Scottら，2001）．変色部は，2，3週以内に消える．

腫　瘍

原因と病理発生

　フェレットでは皮膚腫瘍が比較的普通にみられ，3番目に頻繁に報告されている腫瘍型である（Liら 1995）（表17-2参照）．

診断と治療

　多くの症例で，特に肥満細胞腫の症例では，細針吸引標本のディフクイック（Diff Quik™，**訳者注**：一般にディフクイック染色等の簡易染色法では，肥満細胞顆粒の染色性はよくない）染色が診断の役に立つ可能性がある．他の腫瘍性病変のためには，生検検査が通常，必要である．ほとんどの場合，治療は病変の外科的切除である（表17-3参照）．

表17-2　フェレットの腫瘍

腫　瘍	頻　度	臨床徴候
皮脂腺上皮腫	57例を用いた皮膚腫瘍の研究で58％（Parker & Picut，1993）診断時点での平均年齢は5.2歳で70％が雌	有茎または局面様の腫瘤で潰瘍化することがある
肥満細胞腫	全腫瘍の16％（Parker & Picut，1993）	単発性または多発性の境界の明瞭な無毛性結節で，しばしば潰瘍化し黒色の滲出物で覆われる．一部は瘙痒性である
扁平上皮癌，腺癌，表皮向性皮膚リンパ腫，血管腫と線維腫はフェレットでは報告されている他のより頻度が低い腫瘍の範疇にある．		

表 17-3　フェレットの処方

薬　物	用　量	コメント
抗菌薬		
amoxicillin（アモキシシリン）	10〜20mg/kg，経口，皮下，1日2回	
amoxicillin/clavunate（アモキシシリン/クラブラン酸）	12.5〜25mg/kg，経口，1日2回	
ampicillin（アンピシリン）	5〜30mg/kg，経口，皮下，筋肉内，静脈，1日2回	
cephalexin（セファレキシン）	15〜25mg/kg，経口，1日2〜3回	
chloramphenicol（クロラムフェニコール）	50mg/kg，筋肉内，1日2回	
ciprofloxacine（シプロフロキサシン）	5〜15mg/kg，経口，1日2回または10〜30mg/kg，経口，1日1回	
clindamycin（クリンダマイシン）	5.5〜10mg/kg，経口，1日2回	
enrofloxacin（エンロフロキサシン）	5〜10mg/kg，経口，皮下，筋肉内，1日2回または10〜20mg/kg，経口,皮下,筋肉内，1日1回	
metronidazole（メトロニダゾール）	20mg/kg，経口，1日2回	
oxytetracycline（オキシテトラサイクリン）	20mg/kg，経口，1日3回	
penicillin G（ペニシリンG）	40,000IU/kg，筋肉内，1日1回	
trimethoprim/sulpha（トリメトプリム/スルファ）	15〜30mg/kg，経口，皮下，1日2回	
抗真菌薬		
griseofulvin（グリセオフルビン）	25mg/kg，経口，1日1回，21〜30日間	
抗寄生虫薬		
amitraz（アミトラズ）	患部領域への局所療法．14日ごとに3〜6回	ニキビダニ症．最高濃度で使用すること
ivermectin（アイバメクチン）	0.2〜0.4mg/kg，皮下	
fipronil（フィプロニル）	局所．ミミダニについては各耳で2滴またはフェレット1匹につき2.5g/Lを2〜3噴射	
imidacloprid（イミダクロプリド）	猫の1回分の用量（40mg）を背部に2〜3スポットに分けて投与	
lufenuron（ルフェヌロン）	30〜45mg/kg，経口，月1回	
permethrin/pyrethrin（ペルメトリン/ピレトリン）	局所7日ごと	子犬と子猫に安全な製品を使用すること
selamectin（セラメクチン）	局所，最高15mg/kg，月1回	
ホルモン薬		
leuprolide acetate（酢酸ロイプロリド）	100μg/kg，3〜8週ごと	

（つづく）

表 17-3　フェレットの処方（つづき）

薬　物	用　量	コメント
HCG（ヒト絨毛性ゴナドトロピン）	100IU，筋肉内	
GRH（性腺刺激ホルモン放出ホルモン）	20〜25μg，筋肉内，皮下，1〜2週後に繰り返す	
proligestone（プロリゲストン）	50mg，皮下，もし反応がなければ，7日後に25mg投与	子宮蓄膿症に関連する

参考文献

Burgmann, P.（1991）'Dermatology of rabbits, rodents and ferrets'. In: *Dermatology for the Small Animal Practitioner,* Nesbitt, G. H., Ackerman, L.J.（eds）. Veterinary Learning Systems Co., Trenton, NJ, p. 205.

Collins, B.R.（1987）'Dermatologic disorders of common small non-domestic animals'. In: *Contemporary Issues in Small Animal Practice: Dermatology,* Nesbitt, G.H.（ed）. Churchill Livingstone, New York.

Fox, J. G.（1988）'Mycotic diseases'. In: *Biology and Diseases of the Ferret,* Fox, J.G.（ed）. Lea and Febiger, Philadelphia, pp. 248-254.

Johnson-Delaney, C.（1998）'Ferret adrenal disease: Alternatives to surgery'. *Exotic DVM* 1, pp. 19-22.

Keeble, E.（2001）'Endocrine diseases in small mammals'. *In Practice,* 23:10, pp. 570-585.

Kelleher, S.A.（2001）'Skin diseases of ferrets'. In: *The Veterinary Clinics of North America: Exotic Animal Practice: Dermatology,* Schmidt, R.E.（ed）, 4:2, pp. 565-572.

Li, X., Fox, J.G. and Padrid, P.A.（1995）'Neoplastic diseases in ferrets: 574 cases（1968-1997）'. *Journal of the American Veterinary Medicine Association,* 212:1402.

Orcutt, C.（1997）'Dermatologic diseases'. In: *Ferrets, Rabbits and Rodents: ClinicalMedicine and Surgery,* Hillyer, E. V., Quesenbery, K.E.（eds）. W.B. Saunders Company, Philadelphia, pp. 115-125.

Parker, G.A. and Picut, C.A.（1993）'Histopathologic features and post-surgical sequelae of 57 cutaneous neoplasms in ferrets（*Mustela putorius furo*）'. *Veterinary Pathology,* 30:499-504.

Schoemaker, N.J.（1999）'Selected dermatologic conditions in exotic pets'. In: *Exotic DVM,* 1:5.

Schoemaker, N.J.（2002）'Ferrets'. In: *Manual of Exotic Pets,* Meredith, A. and Redrobe, S.（eds）. BSAVA, Gloucester.

Schoemaker, N.J., Schuurmans, M. and Moorman（2000）'Correlation between age at neutering and age at onset of hyperadrenocorticism in ferrets'. *Journal of the American*

Veterinary Medical Association, 15, 216:2, pp. 195-197.

Schoemaker, N.J., Mol, J.A., Lumeij, J.T. and Rijnberk, A. (2002a) 'Plasma concentrations of adrenocorticotrophic hormone and alpha-melanocyte-stimulating hormone in ferrets (*Mustela putorius furo*) with hyperadrenocorticism'. *American Journal of Veterinary Research*, 63:10, pp. 1395-1399.

Schoemaker, N.J., Teerds, K.J., Mol, J.A., Luneij, J.T., Thijssen, J.H. and Rijnberk, A. (2002b) 'The role of luteinising hormone in the pathogenesis of hyperadrenocorticism in neutered ferrets'. *Molecular and Cellular Endocrinology*, 197:1-2, pp. 117-125.

Scott, D.W., Miller, W.H. and Griffin, C.E. (2001) 'Dermatoses of pet rodents, rabbits and ferrets'. In: *Muller and Kirk's Small Animal Dermatology*, 6th Edition. W.B. Saunders Company, Philadelphia, pp. 1415-1458.

Rosenthal, K.L. (1997) 'Endocrine diseases part II'. In: *Ferrets, Rabbits and Rodents: Clinical Medicine and Surgery*, Hillyer, E.V., Quesenbery, K.E. (eds). W.B. Saunders Company, Philadelphia, pp. 91-98.

Weiss, C. (1999) 'Medical treatment of hyperadrenocorticism'. *American Ferret Reproduction*, 10, p. 12.

Weiss, C., Williams, B., Scott, J.B. and Scott, M.V. (1999) 'Surgical treatment and long-term outcome of ferrets with bilateral adrenal tumours or adrenal hyperplasia: 56 cases (1994-1997)'. *Journal of the American Veterinary Medical Association*, 215, p. 820.

第18章
スナネズミの皮膚疾患と治療

細菌性皮膚疾患

ブドウ球菌性皮膚炎

原因と病理発生

　黄色ブドウ球菌（*Staphylococcus aureus*）は，主に若齢のスナネズミにおいて，急性原発性皮膚炎と関連する．鼻部にブドウ球菌分離株を接種することによって実験的に再現されている（Peckhamら，1974）．高い罹患率と死亡率をもたらす可能性がある．ブドウ球菌性感染症は，通常は外傷（ケージに関連する外傷，咬傷），外部寄生虫，または老齢動物の鼻部皮膚炎における集積したハーダー腺分泌物に二次的に認められる．黄色ブドウ球菌，*S. saprophyticus* と *S. xylosus* の全てが，鼻部皮膚炎症例から分離されることがある（「環境および行動に起因する病態」，p.210参照）．

臨床徴候

　粗い床敷き等のケージに由来する外傷による感染は通常，顔面にみられる．咬傷による病巣は，通常は腰部，頭部，尾部と肛門周囲領域にみられる．ハーダー腺分泌物の蓄積による病変は，典型的には鼻と眼の周囲の皮膚でみられる．感染が表在性ならば，痂皮と鱗屑を伴う，紅斑性，脱毛性滲出性病変（図18-1）を形成する傾向がある．深部感染症では膿瘍とろう管形成が起きる．

診断と治療

　細菌の存在は，滲出物の押捺塗抹染色標本または病変の細針吸引染色標本で確かめることができる．培養は，通常は不必要である．治療には，根本要因の確認とそれに対する対処，1～2％クロルヘキシジンによる毎日の消毒と全身性抗生物質の投与をあげるべきである．

図 18-1　スナネズミの頸部の脱毛とブドウ球菌二次感染症.

皮脂腺皮膚炎

原因と病理発生

スナネズミには腹側腹部に大型皮脂腺（臭腺）があり，縄張りのためのマーキングや子の臭いによる識別に利用されている．腹側腹部の大型皮脂腺は，全てのスナネズミで正常所見である（図18-2）．大きさはアンドロジェン依存性であり，雄でより大きい．腺にはブドウ球菌やレンサ球菌が感染し炎症が起きることがある．

臨床徴候

腹部の腺は発赤し，潰瘍化しているように見える．

診断と治療

診断は臨床徴候と滲出物の押捺塗抹標本において感染の存在が明らかなことに基づく．生検検査が腫瘍の確定的除外のためには必要となる．特に老齢のスナネズミにおいて，初期の腫瘍性変化は，皮脂腺皮膚炎に類似しているように見えることがあるので，鑑別診断として考慮されなければならない．治療は局所性または全身性の抗生物質の使用である．局所的に抗生物

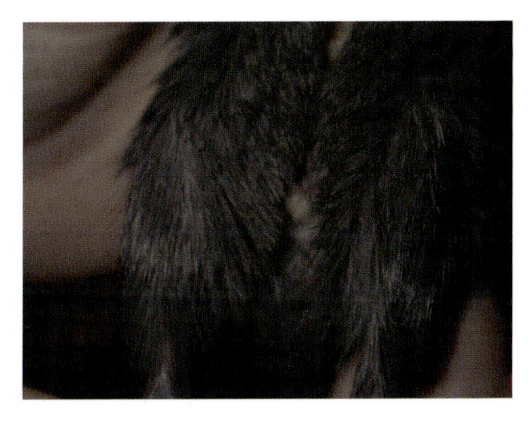

図 18-2　スナネズミの正常腹部臭腺.

質およびステロイドクリームを塗布し腹部包帯を巻くことが提案されているが（Laber-Laird, 1996），スナネズミは嫌がり，包帯を咬み切ってしまう．治癒は，腺のある位置のために，床敷きが常に患部と接触するため困難である．薬物治療に応答しない時は，完全な腺の切除が推奨される．

ウイルス性疾患

スナネズミではウイルス性皮膚疾患の報告はない．

真菌性疾患

皮膚糸状菌症

原因と病理発生

皮膚糸状菌症は，スナネズミではまれな疾患である．通常は石膏状小胞子菌（*Microsporum gypseum*）または毛瘡白癬菌（*Trichophyton mentagrophytes*）に起因する．

臨床徴候

皮膚糸状菌感染症では局所性脱毛と角化亢進症増殖となる．

診断と治療

診断は被毛の顕微鏡検査と真菌類の培養によってなされる．皮膚糸状菌感染症は人獣共通感染症である．治療には環境の消毒も必要で，感染個体については，周囲の毛を刈って，グリセオフルビンを25〜30mg/kgを3週間，毎日，経口的に投与する．培養が2回陰性となるまで，エニルコナゾールで毎週2回を洗うという記載もある．

外部寄生虫

外部寄生虫感染症は，他の小型齧歯類と比較するとスナネズミでは一般的ではない．

Demodex meroni

原因と病理発生

Demodex meroni 感染症が報告されている（Reynold & Gainer, 1968；Schwarzbratt ら，1974）．全身性毛包虫（ニキビダニ）感染症には，しばしば免疫抑制と老齢，栄養不良，過密飼育状態と換気不良等の飼養関連の問題等の基礎疾患が関連する．

臨床徴候

Demodex meroni はスナネズミに種特異的であって，二次細菌性感染症を伴う，脱毛，落屑と局所性潰瘍性皮膚炎の原因となる．病変は，通常，顔面，胸部，腹部と四肢で見い出される．

診断と治療

診断は，引き抜いた被毛と深部皮膚掻爬の顕微鏡検査で *Demodex meroni* を検出することである．治療は2週間隔で，3〜6回，局所的にアミトラズ，100ppmを塗布する．毛包虫症は，

7～10日間隔で，アイバメクチンを皮下に0.2～0.4mg/kg投与すると有効なことがある．

被毛ダニ

原因と病理発生
被毛ダニ（*Acarus farris*）は，スナネズミでは臨床徴候を伴うとされている．

臨床徴候
脱毛症，落屑と皮膚の肥厚が尾で確認され，後躯と頭部まで広がった．慢性病変は自傷と関連し，擦過創と二次的な皮膚変化に至る．

診断と治療
診断は，引き抜いた毛の顕微鏡検査結果に基づく（Jacklin, 1997）．

アイバメクチンは治療にほとんど役立たないことが分かっている．しかし，環境の改変，例えば湿度の低下させること，または新しい飼料の導入を行い，1回フィプロニル（Fipronil®）スプレーを併用すると治療効果があることが示されている．

他の外部寄生虫

他の外部寄生虫にはマウスの被毛ダニ（*Liponyssoides sanguineous*）が含まれる．しかし，いかなる病的臨床徴候もみない（Levine & Lage, 1985）．

内分泌性疾患

嚢胞性卵巣疾患

原因と病理発生
嚢胞性卵巣は，老齢の雌のスナネズミによくみられ，400日齢以上の個体ではほぼ50％に達する．嚢胞の大きさはさまざまであるが，最大直径5cmにまでなる可能性があり，しばしば両側性である．

臨床徴候
繁殖成績は低下し，スナネズミは不妊となる．対称性の脱毛と被毛の質の低下が臨床的にみられる．

重症例では，腹部の拡張が起き，しばしば呼吸困難を伴う．

診断と治療
診断は，臨床徴候，腹部の触診，腹部のX線撮影または超音波検査に基づく．全身麻酔下での細針吸引排液が試みられることがあるが，子宮卵巣摘出術が治療の第一選択肢である．

副腎皮質機能亢進症

原因と病理発生
副腎皮質機能亢進症は老齢のスナネズミではほとんど報告されていない．

臨床徴候

臨床徴候と診断は，脇腹部と側部大腿部領域の両側対称性の脱毛，皮膚の菲薄化と色素沈着過剰，多渇，多尿と多食と関連する．複雑な疾患が繁殖用のスナネズミに記載され，副腎皮質機能亢進症の発生は血管石灰化，心筋壊死／線維症と糖尿病と関連するようである．詳細な関連と病因は不明だが，これらの病変は繁殖用スナネズミに同時に頻発する．

診断と治療

診断は臨床徴候に基づく．治療は今のところ記述されない（Keeble, 2001）．

環境および行動に起因する病態

鼻（部）皮膚炎〔鼻のただれ（"sore nose"），顔面皮膚炎〕

原因と病理発生

本病態は，特に過密状態と高湿度でストレスを受けている可能性のある，性的に成熟した，群で飼育されているスナネズミにおいて，非常に高頻度にみられる．発生率はいくつかのコロニーでは最高15％に達することがある．ハーダー腺の分泌過多により，鼻孔周囲のポルフィリン色素沈着に至る．ハーダー腺分泌物は刺激性で，自傷と二次的なブドウ球菌性感染症に至ることがある（Thiessen & Pendergrass, 1982；Farrarら，1988；Bresnahanら，1983）．粗く鋭い床敷を掘ることは前駆的要因となり得るだろう．ハーダー腺分泌物はストレスで増加し，さらに，場合によってはグルーミングの欠如により分泌が増加することがある．

臨床徴候

病変は，鼻孔外部周囲の，小さな局所性脱毛と痂皮として始まり（図18-3），顔面，脚内側と腹部を含む，脱毛と皮膚炎に進行することがある．重度の感染症が，虚弱と死亡と関与していることがある．

診断と治療

診断は，臨床徴候，細菌培養と押捺塗抹標本の細胞診に基づく．ポルフィリンは紫外線光下で蛍光を発する．湿度（50％未満）を減らすだけでなく，飼育方法と環境温度を改善することは，この問題を解決に役立つ．砂浴びをさせることで，被毛の質が改善し，グルーミングが促進される．ハーダー腺除去手術が記載されているが，この手術の長期間にわたる効果は分かっていない（Farrarら，1988）．局所性あるいは全身性の抗生物質治療に加えて，背景に存在するストレス因子の摘発が提案されている．

禿鼻

原因と病理発生

"禿鼻（bald nose）" は，針金製の給餌器やケージの金網または床敷きで擦ることにより，鼻の背面と鼻面周囲から毛がなくなることである．

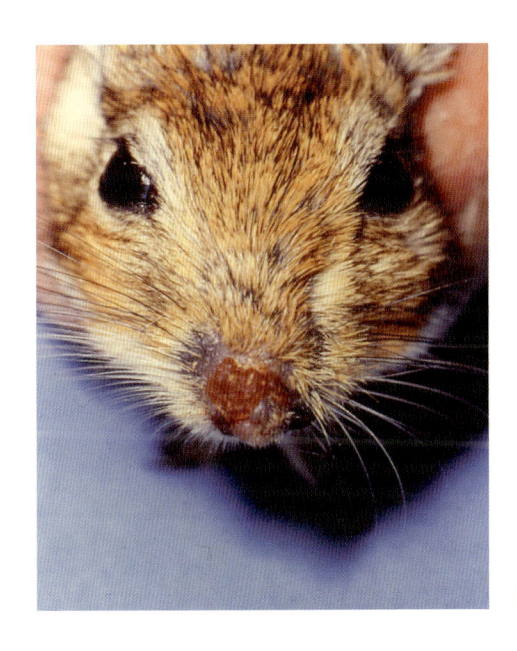

図 18-3　スナネズミ顔面の鼻部皮膚炎.

臨床徴候
鼻背面の短く刈りこまれたような脱毛.

診断と治療
診断は臨床徴候と皮膚糸状菌症等の他の病態の除外に基づいてなされる．トリコグラフィー（trichography，被毛検査）は脱毛が外傷性かどうかを判断する役に立つことがある．

病変はケージ内に餌を置いて給餌するか，あるいはガラス容器内で飼育することで予防できる可能性がある．禿鼻は鼻部皮膚炎の初期の型のこともある（p.210 参照）(Collins, 1987).

くり返しの毛咬み

原因と病理発生
くり返しの毛咬み（barbering）が起きるのはスナネズミが大きな群で飼育されている場合で，順位の高い個体が他の個体の毛を何度も咬み切ることである．

臨床徴候
病変は，背側頭部と尾の基部の外傷性被毛消失領域として出現する．

診断と治療
診断は，禿鼻と同様である．対処方法は，ケージに収容している個体群の密度を減らし，環境を改善し，必要に応じて，くり返しの毛咬みをしている個体を除外することである．

闘争性外傷

原因と病理発生
闘争性外傷は，通常2匹の攻撃的個体間の衝突と関係している．

臨床徴候
傷は，一般に頭部，尾の基部，臀部と会陰部に生じ，しばしば膿瘍を伴う．

診断と治療
診断は，臨床徴候，腫瘍等の鑑別すべき病変の除外のために作成した，結節性病変からの押捺塗抹標本，細針吸引標本により行う．

治療は患部の除去と洗浄を行った後，局所性および全身性の抗生物質で治療する．根本原因について検討しなければならない．

被毛粗剛

原因と病理発生
環境中の相対湿度が50％を上回ると，スナネズミは被毛が粗剛となる．

ケージ内の湿度の上昇は湿った床敷，多尿，下痢，給水瓶からの漏水に起因することがある．しかし，被毛粗剛（rough coat）は健康状態の不良とストレスによる一般的な徴候である可能性がある．杉または松削りくずも，もつれた，ベタベタした印象を与える被毛の原因となることがある（Ellis & Mori, 2001）．

臨床徴候
通常では滑らかで光沢のある被毛が，ベタついて毛をひねりあわせたような被毛になる．

診断と治療
診断は，病歴，臨床徴候と感染症等の鑑別すべき疾患を除外して診断する．治療は背景にある環境状態を修正することに向けられるべきである．

その他の病態

"尾抜け"

原因と病理発生
"尾抜け（tail slip）"は，不適切な取扱いの後によくみられる（Donnelly, 1997）．スナネズミの尾の皮膚は非常に菲薄で，剥離しやすい．尾をつかまれると，その部位の皮膚が剥ぎ取られる．

臨床徴候
皮膚が尾から失われ，むき出しの筋肉と骨が残る〔**訳者注**：degloving injury；脱手袋損傷（皮膚がはぎ取られて，その部分の皮膚や皮下組織の大部分または全部がなくなり，骨格のみになってしまう状態）〕．治療しないと，尾は脱落するか，障害された領域から上行性の感染が起きる

かもしれない.

診断と治療

　診断は病歴と臨床徴候に基づいてなされる．治療法は手術である．傷害された部位の近位で断尾することが指示されている（Ellis & Mori, 2001）．

先天性脱毛症

原因と病理発生

　時折同腹子に，脱毛，毛の異常色素沈着と発育阻害領域が発生することがある．病因は知られていない．

臨床徴候

　典型的には，背中から毛が消失し，周囲の毛は白毛を伴ってび漫性に薄くなる．罹患した子は発育が停止し，しばしば離乳時点（3週齢）で死亡する（Collins, 1987）．

診断と治療

　診断は，病歴と臨床徴候に基づいてなされる．治療法は記述されない．しかし，生残するスナネズミでは正常な被毛が発達する．

腫　瘍

原因と病理発生

　皮膚腫瘍は，スナネズミでは，特に老齢になると，比較的よくみられる（図18-4）．スナネズミの自然発生腫瘍の発生は非常に高頻度で，皮膚は2番目に発生頻度の高い部位である（Collins, 1987）（表18-1 参照）．

　腹部臭腺の腫瘍性病変は隆起性の潰瘍性腫瘤として生じる傾向がある（図18-5）．

診断と治療

　診断は，押捺塗抹標本による細胞診検査，細針吸引または切除生検に基づく．腹部臭腺腫瘍の場合は，早期の完全な腺切除が推奨される治療法である．早期切除はしばしば治療効果があ

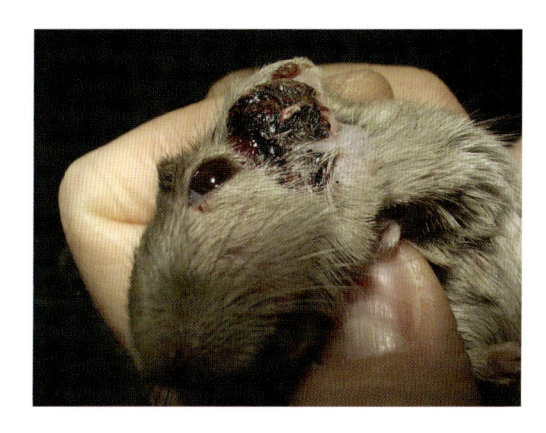

図18-4　老齢スナネズミの悪性耳介黒色腫（原図：J. Fontanie）．

表 18-1　スナネズミの腫瘍の型

腫瘍の型	参考文献	部　位	コメント
皮脂腺（腺）腫	Burgmann，1991	腹部臭腺	非常に一般的
扁平上皮癌	Jacksonら，1966	腹部臭腺，足，耳介	非常に一般的
基底細胞癌		腹部臭腺	
黒色腫（melanoma）	Cramletら，1974	足掌，耳介	一般的
黒色細胞腫（melanocytoma）	Cramletら，1974	足掌，耳介	一般的
乳頭腫，皮下線維肉腫，乳腺（腺）癌			

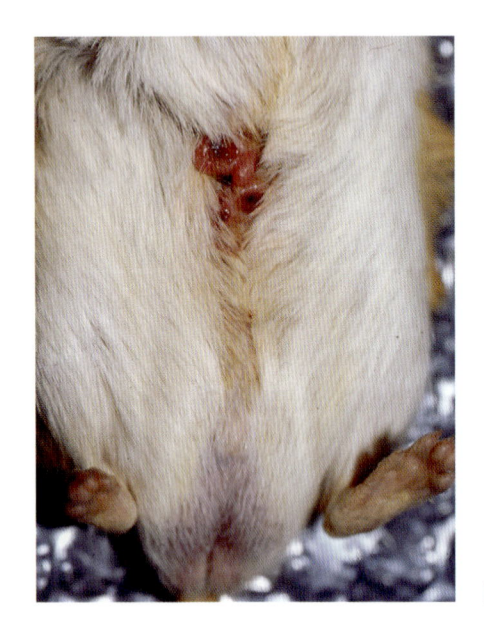

図 18-5　スナネズミの腹部臭腺腫瘍.

るが，進行例では鼡径リンパ節へ局所転移する可能性がある．他の病変の治療法は広範な外科的切除である．

処　方

第 16 章，チンチラの項の p.188 表 16-1 を参照.

参考文献

Bresnahan, J.F., Smith, G.D., Lentsch, R.H., Barnes, W.G. and Wagner, J.E.(1983)'Nasaldermatitis in the Mongolian gerbil'. *Laboratory Animal Science*, 33:258-263.

Burgmann, P. (1991) 'Dermatology of rabbits, rodents and ferrets'. In: *Practical Exotic Animal Medicine, The Compendium Collection*, Rosenthal, K. (ed), 1997:174-194. Veterinary Learning Systems, Trenton.

Cramlet, S.H., Toft, J.D. and Olsen, N.W. (1974) '*Malignant melanoma in a black gerbil (Meriones unguiculatus)*'. *Laboratory Animal Science*, 24, p. 545.

Collins, B.R. (1987) 'Dermatologic Disorders of Common Small Non-domestic Animals'. In: *Dermatology. Contemporary Issues in Small Animal Practice*, Vol. 8, Nesbitt, G. H. (ed). Churchill Livingstone, pp. 235-294.

Donnelly, T.M. (1997) 'Tail-slip in gerbils'. *Laboratory Animals*, 26: pp. 15-16.

Ellis, C. and Mori, M. (2001) 'Skin diseases of rodents and small exotic mammals'. *Veterinary Clinics of North America: Exotic Animal Practice*, 4:2, pp. 523-527.

Farrar, P., Opsomer, M., Kocen, J. and Wagner, J. (1988) 'Experimental nasal dermatitis in the Mongolian gerbil: Effect of bilateral Harderian gland adenectomy on the development of facial lesions'. *Laboratory Animal Science*, 38:72-76.

Jacklin, M.R. (1997) 'Dermatosis associated with *Acarus farris* in gerbils'. *Journal of Small Animal Practice*, 38:410-411.

Jackson, T.A. et al., (1996) 'Squamous cell carcinoma of the midventral abdominal pad in three gerbils'. *Journal of the American Veterinary Association*, 209 (4), pp. 789-791.

Keeble, E. (2001) 'Endocrine disease in small pet mammals'. In: *In Practice*, March, pp. 570-585.

Laber-Laird, K. (1996) 'Gerbils'. In: *Handbook of Rodent and Rabbit Medicine*, Laber-Laird, K., Swindle, M.M., Flecknell, P. (eds). Pergamon, Oxford, pp. 39-58.

Levine, J.F. and Lage, A.L. (1985) 'House mouse mites infecting laboratory rodents'. *Laboratory Animal Science*, 34:393-394.

Peckham, J.C., Cole, J.R. and Chapman, W.L. (1974) 'Staphylococcal dermatitis in Mongolian gerbils (*Meriones unguiculatus*)'. *Laboratory Animal Science*, 24:43-47.

Reynold, S.L. and Gainer, J.H. (1968) 'Dermatitis of Mongolian gerbils (*Meriones unguiculatus*) caused by Demodex sp'. Abstract no. 150, October 21. *Scientific sessions of the Nineteenth Annual Meeting of the American Association for Laboratory Animal Science*, Las Vegas, Nevada.

Schwarzbratt, S.S., Wagner, J.E. and Frisk, C.S. (1974) 'Demodicosis in the Mongolian gerbil (*Meriones unguiculatus*) : A case report'. *Laboratory Animal Science*, 24:666.

Thiessen, D.D. and Pendergrass, M. (1982) 'Harderian gland involvement in facial lesions in the Mongolian gerbil'. *Journal of the American Veterinary Association*, 181 (11) :1375-1377.

第19章
モルモットの皮膚疾患と治療

細菌性疾患

ブドウ球菌性膿皮症

原因と病理発生
　黄色ブドウ球菌（*Staphylococcus aureus*）または表皮ブドウ球菌（*Staphylococcus epidermidis*）による細菌性皮膚感染症がモルモットでは一般的である（Ellis & Mori, 2001；White ら, 2003；Huerkamp ら, 1996）．通常，咬傷（図19-1）または他の外傷，自傷（例えば，外部寄生虫による痒みのため），過剰なグルーミング，または異物肉芽腫に対する二次的な病変である．例えば歯牙疾患による，過度な唾液分泌の結果として皮膚が慢性的に濡れた状態にあることも，二次的な細菌性膿皮症の素因となる．乾草，リンゴ等の粗くて鋭いあるいは酸性の餌を与えることにより二次的に起きると考えられるブドウ球菌性口唇炎もみられる（Smith, 1977）（p.229〜230の「その他の病態」の項参照）．

臨床徴候
　病変には，脱毛，紅斑，表層性化膿，痂皮，膿瘍，潰瘍と毛包炎があげられる可能性がある．病変の局在は，基礎にある膿皮症の誘因に依存している．咬傷は，通常，頭部，尾部と腰部周囲にみられる．

診断と治療
　診断は，臨床徴候と細菌培養による．治療は，細菌培養と感受性試験に基づいて全身性に抗生物質を投与し，いかなる根本原因についても検討する．モルモットの感染では感染による連続的な免疫刺激がアミロイド症と臓器不全に至ることがよくあるので，迅速な治療が必要である．

図 19-1　咬傷によるモルモット脇腹部の感染.

剥脱性皮膚炎

原因と病理発生
　モルモットでは黄色ブドウ球菌は，顆粒層の表皮の開裂による表皮の紅斑と剥脱の原因であると報告されている（Ishihara, 1980）．病変は，ブドウ球菌剥脱性毒素に起因し，細菌汚染と粗悪な床敷きによる皮膚の擦り傷は重要な誘発因子と考えられている．

臨床徴候
　病変は腹側腹部と四肢の内側で報告されている．2，3日後に，皮膚に亀裂が生じる前に，皮膚は紅斑化し，大型の鱗屑片が剥離する．病変は 10 〜 14 日後に自然に寛解する．

診断と治療
　診断は臨床徴候，黄色ブドウ球菌の培養と病理組織学的所見に基づく．病態は寛解するので，治療が必要であるとは考えられていない．

その他の細菌が原因の膿皮症

原因と病理発生
　頻度は低いが，細菌性膿皮症の原因として，トレポネーマ属，レンサ球菌属，フソバクテリウム属とコリネバクテリウム属があげられる．混合感染も頻繁にみられ，ブドウ球菌との混合感染も起こることがある．

臨床徴候
　病変はブドウ球菌膿皮症と同様である．

診断と治療
　診断は臨床徴候，病変からの染色押捺塗抹標本の検査と培養と感受性試験に基づいて行う．治療は，可能であれば，感受性試験に基づいて，全身性抗生物質投与を実施する．

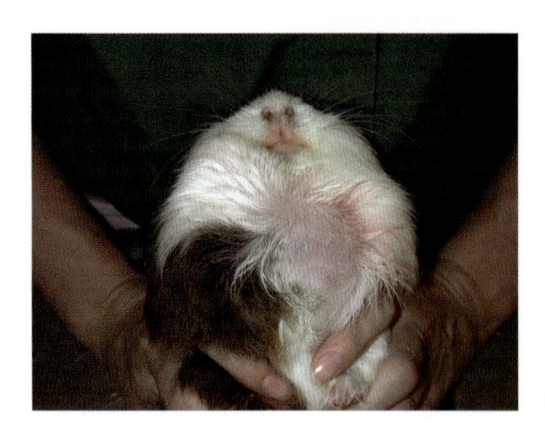

図 19-2　モルモットの頸部膿瘍.

膿瘍

原因と病理発生

膿瘍は闘争の結果としてしばしば起こる．緑膿菌（*Pseudomonas aeruginosa*），*Pasteurella multocida*，*Corynebacterium pyogenes*，ブドウ球菌属とレンサ球菌属等の細菌が，一般的に培養される．

臨床徴候

腫脹した波動感のある領域が顔面（図 19-2），尾部と腰部にしばしばみられる．

診断と治療

診断は病歴と臨床徴候とともに病変からの細針吸引標本の結果によって行われる．治療は，切開，排出と洗浄で行うか，むしろ外科的切除を行う．膿瘍膜の培養と感受性試験に基づいて，全身性抗生物質投与を行わなければならない．

真菌性疾患

皮膚糸状菌症

原因と病理発生

皮膚糸状菌症はモルモットには頻繁にみられ，常に毛瘡白癬菌（*Trichophyton mentagrophytes*）に起因する．犬小胞子菌と他の皮膚糸状菌は，滅多に報告されることはないが，実験的感染を起こすのには用いられたことがある．一部のモルモットは無症候性のキャリアー（6〜14％）となり（Vangeel ら，2000），顕在性疾患は過密状態，劣悪な飼養，低栄養水準と高い環境温度と湿度等の他のストレス因子によって一般に促進される．皮膚糸状菌は，直接接触または媒介物によって簡単に伝播される．飼い主は皮膚糸状菌症が人獣共通感染症である可能性について知っているべきである．

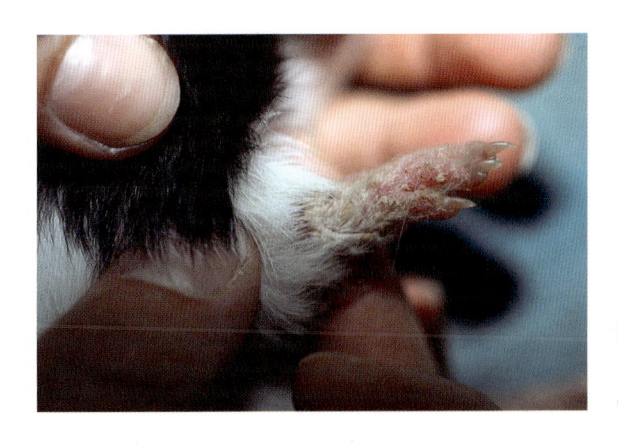

図 19-3　毛瘡白癬菌に起因するモルモットの足の脱毛と紅斑．（原図：Z. Alha idari）

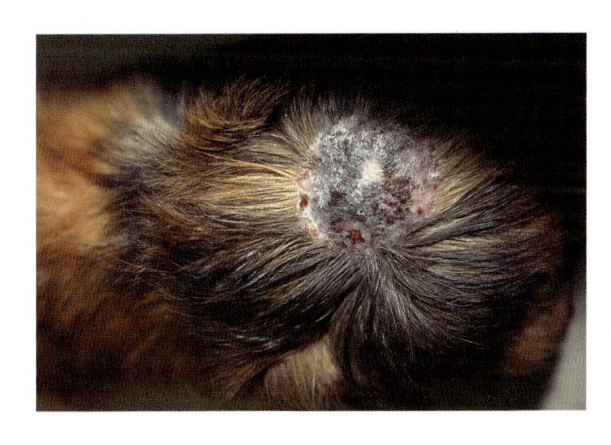

図 19-4　毛瘡白癬菌に起因するモルモットの背部の落屑と痂皮．（原図：Z. Alha idari）

臨床徴候

　病変は顔面周囲，四肢（図 19-3）と頭部に起きる非瘙痒性の落屑と脱毛が認められ，重度例では背部も罹患する．時折，より炎症性の瘙痒性膿疱，丘疹，痂皮（図 19-4），二次細菌性皮膚炎と遅延型過敏性反応が起こることがある．重度感染症の新生子は，死亡することがある．

診断と治療

　診断は罹患した被毛の顕微鏡検査と真菌培養によってなされる．罹患した動物とそのモルモットと接触のあった全ての動物を治療すべきである．いろいろな治療法が可能である．局所病変には，局所的にミコナゾールまたはムピロシンクリームを1日1回，2～4週間の使用が可能である．局所的に DMSO に溶解した1.5％のグリセオフルビン，5～7日間と局所的にブテナフィンを1日1回，10日間も使用可能である（Huerkamp ら，1996；Schaeffer & Donnelly，1997）．しかし，より全身的な治療法が通常は必要である．0.2％エニルコナゾール浴あるいはミコナゾールシャンプー，毎週1，2回が実施されることがある．脂肪酸サプリメント中に経口的に 25mg/kg のグリセオフルビンを1日1回，3～5週間投与するか，0.75mg/kg の比率で飼料に添加して使用することが可能である．小児科用のグリセオフルビ

ン懸濁剤を10日間ごとに1回，3回実施すると効果的であるとも報告されている（Schaeffer & Donnelly, 1997）．グリセオフルビンは催奇形性があり，妊娠動物に使用すべきではない．皮膚糸状菌感染実験において，1日当たり20mg/kgの経口的イトラコナゾールまたはフルコナゾール投与（Naginoら，2000）と1日当たり40mg/kgの経口的テルビナフィンが使用され（Petranyiら，1987），治療は成功している．モルモットコロニーの状況によっては，抗真菌療法，消毒と隔離をしてさえも，皮膚糸状菌症の根絶は難しいかもしれない．

その他の真菌感染症

Cryptococcus neoformans は，特に鼻の潰瘍性皮膚炎を引き起こすことがある（Huerkampら，1996）．

実験的に，*Candida albicans* と *Malasssezia ovale* 感染により皮膚病変が形成されたが，これら真菌の自然感染病変発生における意義は不明である．

ウイルス性疾患

ポックスウイルス

原因と病理発生

ポックスウイルスは2匹のモルモットの口唇炎で見い出された．ポックスウイルスは，1群の8ヵ月齢のモルモットの大腿部筋肉における大型の線維血管性増殖中にも認められた（Hamptonら，1968）．

臨床徴候

モルモットは口唇と人中（philtrum）周囲に痂皮性潰瘍病変を有する（Cully, 1995）．

診断と治療

診断は臨床徴候と可能性であればウイルス分離である．治療法は記述されていない．

外部寄生虫

モルモットにおいて重要な外部寄生虫には以下のものがあげられる．

ダニ
- ヒゼンダニ科－ *Trixacarus caviae*，センコウ（穿孔）ヒゼンダニ（*Sarcoptes scabiei*）．
- Atopomelidae －モルモットズツキダニ（*Chirodiscoides caviae*）．
- スイダニ科－ネズミケクイダニ（*Myocoptes musculinus*）．
- ツメダニ科－ウサギツメダニ（*Cheyletiella parasitovorax*）．
- ニキビダニ科－ *Demodex caviae*.

昆虫
- シラミ－カビアハジラミ（*Gliricola porcelli*），カビアマルハジラミ（*Gyropus ovalis*）．

原因と病理発生

センコウヒゼンダニ〔*Trixacarus*（Caviocoptes）*caviae*〕は，モルモットにおいて最も重要な外部寄生虫である．生活環は2〜14日である．徴候のないキャリアー状態のモルモットが存在することがあり，他のモルモットから隔離された状態で，顕在化したダニ症が長期間にわたって個体単位または群単位で出現する．重度に寄生のある同居個体と密接な接触があっても，一部のモルモットは感染しないこともある（Whiteら，2003）．加齢，合併症またはビタミンC欠乏症等のストレス因子が，しばしば臨床的疾患発生のきっかけとなる．ダニは人にも皮膚炎を引き起こすことがある．

臨床徴候

ダニは激しい痒みによる，重度の自傷を引き起こすが，一部の例では宿主に適合している．妊娠動物では，流産と胎子の吸収がみられるかもしれない．病変は，肩部，背部と脇腹にみられる（図19-5）．二次細菌感染が頻繁にみられる．慢性感染は，苔癬化と色素沈着，痂皮形成，落屑と脱毛に至る（図19-6）．

診断と治療

診断には皮膚掻爬を行う．深部皮膚掻爬により第Ⅰおよび第Ⅱ脚に吸盤のある典型的な円形のヒゼンダニ虫体が明らかになる．治療は，アイバメクチン200〜400mg/kgを10日ごとに3回皮下注射する．モルモットでは経口投与したアイバメクチンは吸収されないという証

図19-5 センコウヒゼンダニ寄生に起因するモルモットの腹部の脱毛症．（原図：Z. Alha i dari）

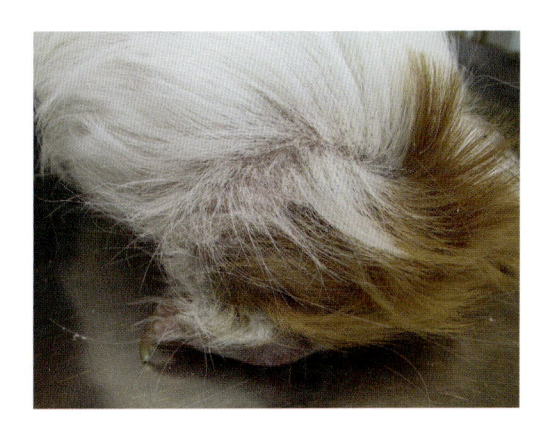

図19-6 モルモットの慢性疥癬．（原図：J. Fontanie）

拠が多少ある（Shipstone，1997）．接触のあったモルモットは全て治療し，ダニは宿主から離れてもしばらくの間，生残できるので，ケージは完全に消毒すべきである．

ヒゼンダニ

ヒゼンダニ（Sarcoptes scabiei）がモルモットで記載されている．しかし，モルモットではセンコウヒゼンダニがより頻繁にみられるヒゼンダニである．

Atopomelidae

モルモットズツキダニ

原因と病理発生

モルモットズツキダニ（Chirodiscoides caviae）は，モルモットの被毛ダニである．多くのモルモットは，多数の寄生があり，臨床徴候を示すことがない．状態の悪い時，あるいは免疫抑制下で臨床的症状を発症することがある．ダニは皮膚表面で直接見つかることよりむしろ毛につかまっている状態で見つかる．

臨床徴候

痒みと自傷性の脱毛が，衰弱したモルモットにおける重度寄生でみられる．寄生と関連する過度の自ら行うグルーミングは，自傷（図19-7，図19-8）と潰瘍性皮膚炎に至ることがある（Whiteら，2003）．ダニは鼠径部と腋窩部に集中する傾向がある．

診断と治療

皮膚掻爬よりむしろ抜毛で同定される（毛をつかんでいるダニ，hair-clasping mites）（図19-9）．センコウヒゼンダニに関してはアイバメクチンの皮下投与が効果的で，コロニーで飼育されている状況ではスプレーが有効である（Hirsjarvi & Phyala，1995）．12mg/kgのセラメクチンを2週間隔で2回投与するのも効果的なようである（Whiteら，2003）．

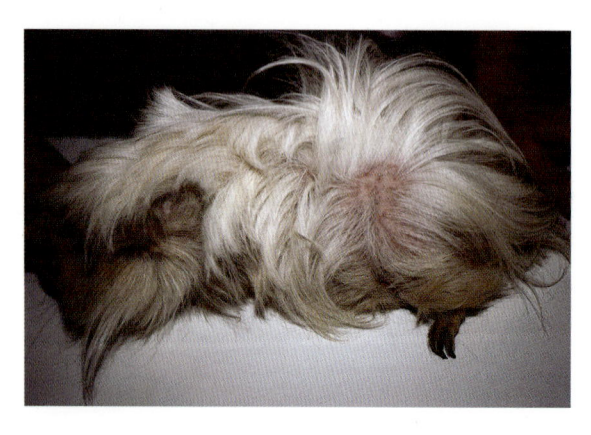

図19-7　モルモットのモルモットズツキダニ寄生．（原図：Z. Alha i dari）

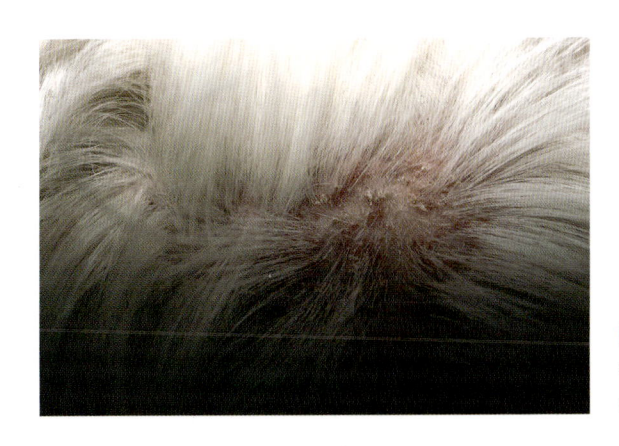

図 19-8　モルモットのモルモットズツキダニ寄生（接写）．（原図：Z. Alha i dari）

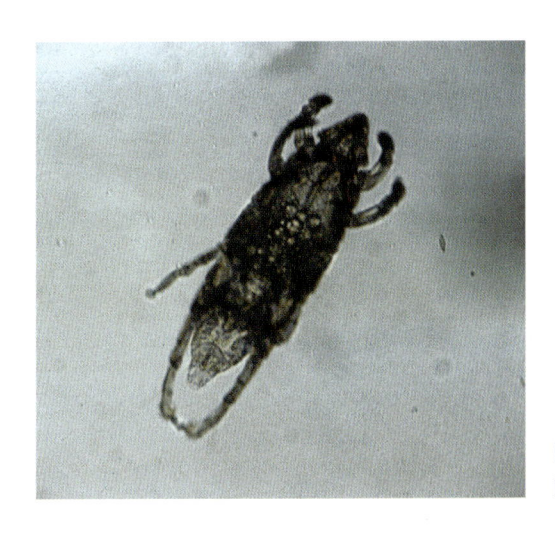

図 19-9　モルモットズツキダニ．（原図：J. D. Littlewood）

スイダニ科

ネズミケクイダニ

　マウスの被毛のダニである，ネズミケクイダニは，時折，モルモットに寄生することがある．このダニとその臨床徴候の詳細に関しては，マウスに関する第 22 章の p.261 ～ 262，スイダニ科を参照．

ツメダニ科

ウサギツメダニ

　ウサギツメダニはウサギでよくみられる外部寄生虫である．ウサギと一緒に飼育されている

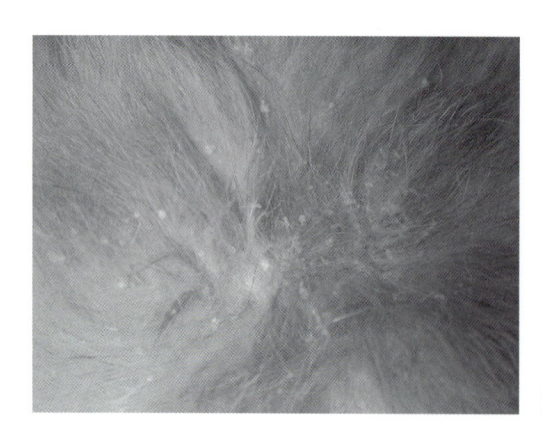

図 19-10 モルモットのウサギツメダニ．

モルモットで最も頻繁にみられる（図 19-10）．ウサギツメダニがいると，背部に沿って落屑と痒みをもたらす．治療はアイバメクチンで行われる．詳しくは，ウサギに関する第 23 章のウサギツメダニに関する項目，p.279〜280 を参照．

ニキビダニ科

Demodex caviae

原因と病理発生

このダニの生活環は不明である．伝播は通常，保育中の雌モルモットと子の間で起こる．モルモットは，何ら臨床的疾患の所見を示すことなく，ダニを伝播することもある．ダニの寄生数は宿主の免疫抑制状態に応じて上がる．

臨床徴候

Demodex caviae は，モルモットでほとんど記録されていない．寄生があると，典型的には頭部，前肢と体幹部で，脱毛，紅斑，丘疹と痂皮が形成される．罹患した動物は，通常は免疫抑制状態にある．

診断と治療

診断は深部皮膚掻爬検査で行う．治療は，皮膚掻爬検査が 4 週間陰性になるまで，アイバメクチン投与，または，毎週，アミトラズ薬浴（250ppm）を行う．基礎疾患またはストレス要因を検索すべきである．

昆　虫

シラミ

カビアハジラミ，カビアマルハジラミ

原因と病理発生

モルモットには，2種の異なるハジラミが寄生する．カビアハジラミ（*Gliricola porcelli*，細長いモルモットシラミ，図 19-11），カビアマルハジラミ（*Gyropus ovalis*，卵円形のモルモットシラミ）である．モルモットが衰弱するか，あるいは多数のシラミ寄生がいない限り，シラミはモルモットの被毛でよく見つかるが，臨床徴候をもたらさない．

臨床徴候

重度寄生では，被毛は粗剛で，乱雑となる．臨床徴候には，特に耳と背部周囲の痒み，び漫性の落屑と脱毛があげられる．

診断と治療

診断は，毛（図 19-12）にしっかりと付着しているシラミまたは卵を見つけることである．治療は，ダニと同じく全身性アイバメクチンで行う．

内分泌性疾患

嚢胞性卵巣疾患

原因と病理発生

嚢胞性卵巣疾患は，老齢の雌のモルモットに非常に多くみられる．1.5 〜 5 歳の間のモルモットの 76％ で発生が報告された（Shi ら，2002）．病因は知られていないが（Neilsen ら，2003），乾草中のエストロジェン様物質が関連している．嚢胞の発生頻度と大きさは年齢とと

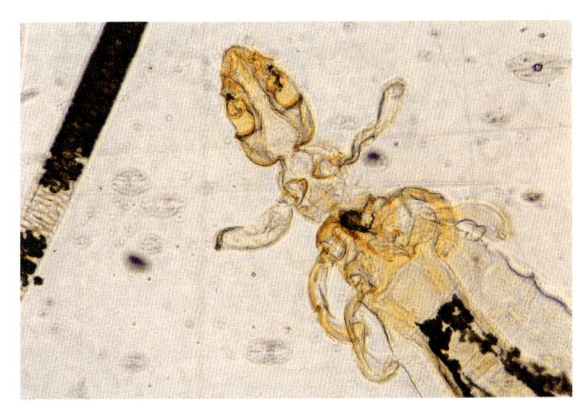

図 19-11　モルモットシラミ（*Gliricola porcelli*）．（原図 J. D. Littlewood）

図 19-12　モルモットの毛に膠着するシラミの卵.

もに増加する，しかし，繁殖状態は有病率に影響されないようである（Neilsenら，2003）.

臨床徴候

　最初は囊胞は無症状かもしれないが，大きさが増すと，非瘙痒性脱毛が背部，腹部と対称性に脇腹にかけて発生する（図 19-13）．腹部の腫脹と不妊も明らかになることがある．43匹の雌モルモットを用いた1つの研究において，58％に囊胞があったが，わずか2匹（4.7％）のみが対称性脱毛であった．診断は，病歴，腹部の触診，X線検査と超音波検査に基づく．囊胞は通常，両側性で，10cmまでの大きさ（図 19-14）であり，触診で疼痛がある．しばしば，囊胞性子宮内膜過形成，子宮粘液症，子宮内膜炎と線維平滑筋腫を併発する．

診断と治療

　診断は臨床徴候に基づいてなされる．子宮卵巣摘出術が第1選択肢であるが，7〜10日ごとに1,000USPのヒト絨毛性性腺刺激ホルモンの筋肉内投与をすることで，一時的に病態が寛解したという報告がある（Whiteら，2003）．麻酔下での囊胞の経皮的排出も可能であるが，

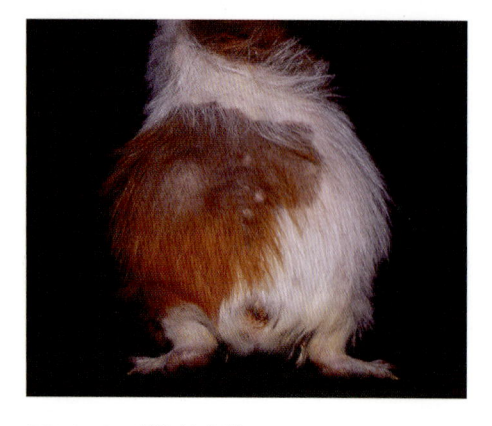

図 19-13　囊胞性卵巣によるモルモットの脱毛.

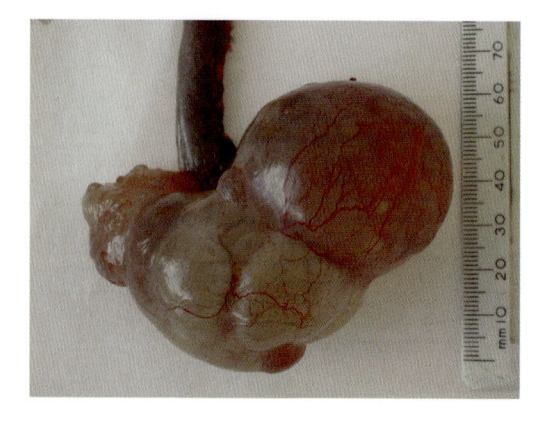

図 19-14　手術後のモルモットからの囊胞．（原図：J. Henfrey）

モルモットに医原性腹膜炎の危険があり，再発が起こる恐れがある．

妊娠関連脱毛症

原因と病理発生

休止期脱毛による脱毛（集中的な繁殖と関連する）は，母体の皮膚の同化作用の減弱によると考えられ，胎子の成長と関連し，分娩後に元に戻る．

臨床徴候

妊娠後期に，非瘙痒性の両側性の脇腹の脱毛が雌のモルモットにみられるのは，よくあることである．脱毛は，それ以降の妊娠のたびに悪化するかもしれない．

診断と治療

診断は繁殖歴に基づいて，皮膚糸状菌症，くり返しの毛咬み，ビタミン欠乏症，卵巣嚢胞と外部寄生虫等による脱毛の除外診断をする．雌モルモットが子育て後に良好な健康状態になれば，病態は寛解する．

栄養性疾患

ビタミンC欠乏症

ビタミンC欠乏症は，モルモットではよくみられる．モルモットには1日当たり食餌中に10mg/kgのビタミンCが絶対に必要であり，妊娠中には1日につき30mg/kgまで要求量が上昇する．

ビタミンC欠乏症は，細菌性，真菌性および外部寄生虫性の皮膚疾患における潜在的な背景要因と考えるべきである．ビタミン欠乏症が最もよく報告されているのは，唯一の栄養源として，市販のウサギ用飼料または期限切れのモルモット用飼料が与えられている場合である．

臨床徴候

不適切な食餌中のビタミンCレベルまたは食欲不振により急速に臨床徴候を発現する．重要な早期の皮膚徴候は，被毛粗剛と耳介の落屑である．より重度の症例では，全身性の落屑が点状出血，斑状出血と血腫形成を伴って起こることがある．

診断と治療

臨床徴候が寛解するまで，治療は食餌を修正して，1日当たり，さらに50〜100mg/kgのビタミンCを添加することが必要である．

その他の栄養不足

その他の栄養不足はペットのモルモットではまれであるが，実験的に栄養不足が作り出されてきている．蛋白質欠乏症は全身性脱毛症の原因となる．脂肪酸とピリドキシン欠乏症は，脱毛症，落屑と皮膚炎に至る（Scottら，2001）．

環境性および行動性の病態

ストレス

原因と病理発生

ストレスのある，または病気のモルモットは，しばしば大量に毛が抜ける．これは，おそらく，一部はビタミンC要求量の増加に起因する（Whiteら，2003）．

臨床徴候

全身性の脱毛の増加があるが，原発性病変が存在しない．

診断と治療

診断は，病歴と臨床徴候に基づいてなされる．引き抜いた毛のトリコグラフィー（trichography，被毛検査）では，毛の先端部が外傷の所見を示さないことが，脱毛が自傷ではないことを示唆する．治療は動物の環境の改善とビタミンC添加を増やすことを目指す．

毛咬みとくり返しの毛咬み

原因と病理発生

毛咬み（fur chewing）とくり返しの毛咬み（barbering）は，食餌中の線維成分の欠乏，ストレスまたは過密状態と関係している．時折，耳を咬んでいるのがみられる．

臨床徴候

脱毛は非炎症性である．咬まれた部位の毛は短く，切り株状に見えるが，下部にある皮膚は通常は正常である．脱毛の原因が他のモルモットによる毛咬みの場合は，脱毛は体のどこにでも起きる可能性があるが，特にくり返しの毛咬みが雄の順位付けのための攻撃性の結果として起きたときには，頭部，腰部，会陰部と包皮が脱毛のよく起こる部位である．脱毛をモルモットが自ら招いた時には，頭部，頸部と前肩部は比較的脱毛を起こしにくい．

診断と治療

被毛のトリコグラフィーは，先端に自ら加えた外傷の徴候を示す．成長期の毛球はよく保持される．治療では，いかなるいじめや退屈もなくするようにしなければならない．いくつかに症例において，茎の長い乾草を導入することにより，くり返しの毛咬みが減った．これは退屈が背景にある原因であること，または線維の必要性を示していると考えられる．

潰瘍性足底部皮膚炎（趾瘤症 bumble foot）

原因と病理発生

潰瘍性足底部皮膚炎は，モルモットではよくみられる．肥満，劣悪な衛生状態，加齢，ビタミンC欠乏症と金網の床の全てが素因である．

罹患したモルモットは歩くことを嫌い，しばしば鳴き声を出す．

黄色ブドウ球菌が通常，病変から分離されるが，*Corynebacterium pyogenes* も見い出され

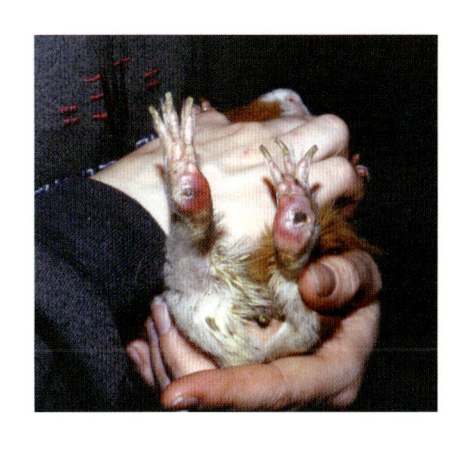

図 19-15 モルモットの足底部皮膚炎．

ることがある．

臨床徴候
体重を支える肉球は腫脹し，痛みを伴う（図 19-15）．紅斑，角化亢進症と潰瘍がみられる．重度症例では，感染は腱と骨にも及ぶことがある．

診断と治療
診断は，臨床徴候，培養と X 線検査の結果に基づく．治療は局所的抗菌剤塗布（例えば，スルファジアジン銀またはムピロシン），全身性の抗生物質投与と傷に包帯を行い，根本原因について検討する．外科的創面切除はほとんど効果がなく，実施すべきではない．しかし，治療はしばしば不成功に終わり，慢性感染症のためにしばしば全身性アミロイド症が発生する．他の治療に反応しない片側性の症例の場合は，後肢は仙腸関節（**訳者注**：原書では sarcohumeral joint）での断脚を考慮することがある（Huerkamp ら，1996）．

その他の病態

臭腺埋伏（症）（scent-gland impaction）

原因と病理発生
モルモットでは腰部と会陰部領域に皮脂腺性臭腺がある．腺からの油性分泌物により，全く正常の被毛が毛玉になる可能性がある．しかし，一部の雄のモルモットでは，床敷と糞と油性分泌物とが混じって，生殖器と肛門周囲領域の襞の中に詰まることがあり，皮膚疾患に至る可能性がある．

臨床徴候
二次細菌感染を伴う悪臭を放つ皮膚炎が，皮膚が障害された部位に生じることがある．

診断と治療
刺激の弱い抗菌性シャンプーで病変域を洗うことは，病態を軽減させ，再発を防ぐのに役立つ．皮膚軟化保護剤は，以後の発生を防ぐかもしれない．

口唇炎

原因と病理発生
口唇炎は，酸性の粗剛な食餌を給与することと関連していると考えられる．ブドウ球菌属による二次細菌感染はよくみられ，ポックスウイルスが2匹のモルモットで本病態と関連していた（p.220参照）．

臨床徴候
口の周辺の潰瘍化と悪臭を放つ排出物．

診断と治療
診断は病歴と臨床徴候に基づいてなされる．著者は，口唇炎の症例の治療で創面切除を行い，潰瘍をカルメロースナトリウム，ペクチンとゼラチン軟膏でパックして良い結果を得た．

その他

皮 角
特に体重の重いモルモットが，底が針金でできているケージで飼育されている場合は，角化亢進症と皮角（cutaneous horn）が肉球に発生する可能性がある．病変はハサミで切るかあるいはやすりで削る．

遺伝性脱毛
遺伝性脱毛症はモルモットで報告されているが，ヘアレス動物は実験用としてしばしば使用される．いくつかの系統は胸腺低形成または無胸腺の可能性もある．

腫 瘍

毛包腫

原因と病理発生
毛包腫は，モルモットで最も頻発する皮膚腫瘍である．通常，良性で孤立性であり（図19-16），一般に背部に発生する．

臨床徴候
結節性病変では中心部の孔からケラチンあるいは出血性物質が放出される．

診断と治療
細針吸引標本では診断が可能ではない．診断と治療には切除生検を行うのが最もよい．

その他の腫瘍
皮脂腺腫，線維腫，線維肉腫，脂肪腫，脂肪肉腫，神経鞘腫とリンパ腫の全てが，モルモッ

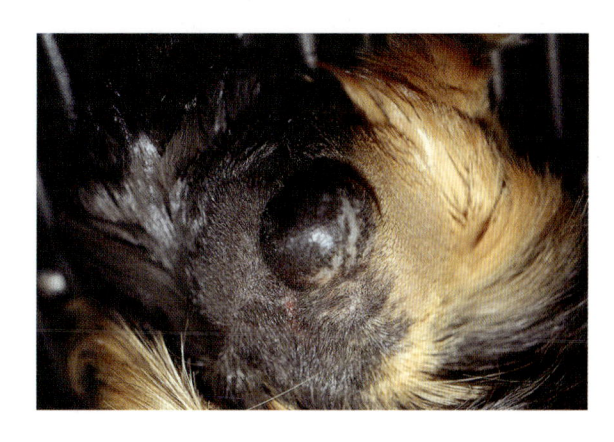

図 19-16　モルモットの毛包腫.
（原図：Z. Alha i dari）

トで報告されている.

　血管奇形が成熟雌モルモットの脇腹に不整形の青みがかった紫色の局面として見い出され，潰瘍化し出血が繰り返され，結局，致命的な出血に至った（White ら，2003）.

処　方

チンチラに関する第 16 章，p.188 表 16-1 を参照.

参考文献

Culley, D.（Spring 1995）'Poxvirus as a cause of cheilitis in the guinea pig'. *British Veterinary Dermatology Study Group Newsletter.*

Ellis, C. and Mori, M.（2001）'Skin diseases of rodents and small exotic mammals'. *Veterinary Clinics of North America: Exotic Animal Practice*, 4:2, pp. 531-539.

Hampton, E.G., Bruce, M. and Jackson, F.L.（1968）'Virus-like particles in a fibrovascular growth in guinea pigs'. *Journal of General Virology*, 2, p. 205.

Hirsjarvi, P. and Phyala, L.（1995）'Ivermectin treatment of a colony of guinea pigs infested with fur mite（*Chirodiscoides caviae*）'. *Laboratory Animals*, 29, pp. 200-203.

Huerkamp, M.J., Murray, K.A. and Orosz, S.E.（1996）'Guinea pigs'. In: *Handbook of Rodent and Rabbit Medicine*'. Laber-Laird, K., Swindle, M. M., Flecknell, P. A.（eds）. Elsevier Science, Oxford, pp. 118-124.

Ishihara, C.（1980）'An exfoliative skin disease in guinea pigs due to *Staphylococcus aureus*'. *Laboratory Animal Science*, 30:3, pp. 552-557.

Nagino, K., Shimohira, H. and Ogawa, M.（2000）'Comparison of the therapeutic efficacy of oral doses of fluconazole and itraconazole in a guinea pig model of dermatophytosis'. *Journal of Infectious and Chemotherapeutics*, 6, pp. 41-44.

Neilsen, T.D., Holt, S., Ruelokke, M.L. and McEvoy, F.J. (2003) 'Ovarian cysts in guinea pigs: Influence of age and reproductive status on prevalence and size'. *Journal of Small Animal Practice*, 44, pp. 257-260.

Petranyi, G., Meingasser, J.G. and Mieth, H. (1987) 'Activity of terbinafine in experimental fungal infections of laboratory animals'. *Antimicrobial Agents and Chemotherapeutics*, 31, pp. 1558-1561.

Schaeffer, D.O. and Donnelly, T.M. (1997) 'Disease problems of guinea pigs and chinchillas'. In: *Ferrets, Rabbits and Rodents. Clinical Medicine and Surgery*, Hillyer, E. V. and Quesenbery, K. E. (eds). W.B. Saunders Company, Philadelphia.

Scott, D.W., Miller, W.H. and Griffin, C.E. (2001) 'Dermatoses of pet rodents, rabbits and ferrets'. In: *Muller and Kirk's Small Animal Dermatology*, 6th Edn. W.B. Saunders Company, Philadelphia, pp. 1415-1458.

Shi, F., Petroff, B.K. and Herath, C.B. (2002) 'Serous cysts are a benign component of the cyclic ovary in the guinea pig with an incidence dependent on inhibin bioactivity'. *Journal of Veterinary Medicine and Science*, 64.

Shipstone, M. (1997) '*Trixacarus caviae* infestation in a guinea pig: Failure to respond to ivermectin administration'. *Australian Veterinary Practice*, 27, pp. 143-146.

Smith, M. (1977) 'Staphylococcal cheilitis in the guinea pig'. *Journal of Small AnimalPractice*, 18, pp. 47-50.

Vangeel, I., Pasmans, F., Vanrobaeays, M., *et al.* (2000) 'Prevalence of dermatophytes in asymptomatic guinea pigs and rabbits'. *Veterinary Record*, 146, pp. 440-441.

White, S.D., Bourdeau, P.J. and Meredith, A. (2003) 'Dermatologic problems in guinea pigs'. *Compendium on Continuing Education for the Practicing Veterinarian*, 25:9, pp. 690-697.

第 20 章
ハムスターの皮膚疾患と治療

細菌性疾患

膿皮症と膿瘍

原因と病理発生

　ハムスターの感染症は，通常，咬傷，外傷，粗くて鋭いかあるいは汚染された床敷，またはダニ寄生に対する二次的な病変である．ハムスターは歯周病と虫歯になりやすい傾向にあり，歯根膿瘍に至る可能性がある．

　黄色ブドウ球菌（*Staphylococcus aureus*）が最もよく分離されるが，レンサ球菌（*Streptococcus* spp.），肺パスツレラ菌（*Pasteurella pneumotropica*），牛放線菌（*Actinomyces bovis*）も分離されることがある（Lipman & Foltz, 1996）．マイコバクテリウム（*Mycobacterium* spp.）も皮膚肉芽腫から分離された（Harkness & Wagner, 1995）．

臨床徴候

　膿瘍は波動感のある腫脹領域として出現する（図 20-1）．咬傷は，頭部，尾と臀部周囲に存在する傾向にある．眼の頭腹側部の顔面腫脹は歯根病変と関連してよくみられる．膿皮症病変は，より表層性で，滲出，脱毛と擦過創からなる領域として存在する．

診断と治療

　診断は臨床徴候と病変部からの押捺塗抹標本または細針吸引標本の結果に基づく．治療には何らかの根本原因を検索，同定し，培養と感受性試験に基づいて，局所用の抗菌剤と全身性抗生物質を使用する．膿瘍は外科的に排出するか，切除するのが望ましい．

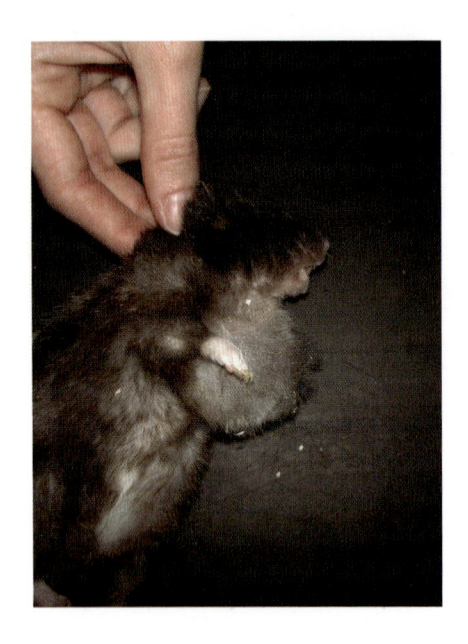

図 20-1　ハムスターの頸部の膿瘍.

真菌性疾患

皮膚糸状菌症

原因と病理発生

皮膚糸状菌症はハムスターでは珍しく，通常，毛瘡白癬菌（*Trichophyton mentagrophytes*）に起因する．犬小胞子菌（*Microsporum canis*）が，時折見つかる．

臨床徴候

感染は無症状ないし，乾性環状皮膚病変として出現することがある．

診断と治療

診断は罹患した毛の顕微鏡検査と真菌の培養によって行う．治療は，エニルコナゾール等の局所用抗真菌薬または全身性に 25 〜 30mg/kg のグリセオフルビンを，1 日 2 回，経口的に 3 〜 4 週間投与する．

ウイルス性疾患

ハムスターポリオーマウイルス

ハムスターポリオーマウイルス（HaPV，ハムスターパポバウイルスとも称される）は，シリアンハムスターで皮膚上皮腫 / 毛上皮腫の発生と関係し，実験用コロニーの 50％までが罹患している（Percy & Barthold，1993；Parker ら，1987）．感染は無症状かもしれないし，腹

部および胸部のリンパ腫または皮膚腫瘍を伴うこともある．流行すると，死亡率が高くなることがある．感染症がコロニーに定着していると，皮膚腫瘍発生率はより高い．HaPV による感染性皮膚病変の所見が，ペットのシリアンハムスターコロニーでも発見されている（Foster ら，2002）．ウイルスは非常に感染性が高く，尿を介して広がる．ウイルスは，環境中で非常に抵抗性である．潜伏期間は 4～8 ヵ月である．毛包上皮腫は良性であると考えられ，転移しないが，多数存在するとハムスターは衰弱することがある．

外部寄生虫

ハムスターで重要な外部寄生虫としては以下のものがあげられる．
- ダ　ニ．
  - *Demodex criceti*.
  - *Demodex aurati*.
  - *Notoedres notoedres*.
  - 猫ショウセンコウヒゼンダニ（猫疥癬ダニ，*Notoedres cati*）．
  - センコウヒゼンダニ（*Sarcoptes scabiei*）．
  - *Trixacarus caviae*.
  - イエダニ（*Ornithonyssus bacoti*）．
- 昆　虫．
  - 猫ノミ（*Ctenocephalides felis*）．

ダ　ニ

ニキビダニ症

原因と病理発生

　ニキビダニはハムスターでは最も一般的な外部寄生虫であって，正常動物の皮膚掻爬標本でも見つかる（Ellis & Mori，2001；Collins，1987；Scott ら 2001）．授乳期間中に母から子に伝播される．*Demodex criceti*（短く太った体型）は角質と表皮表面のくぼみに生息し，*Demodex aurati*（葉巻型）は毛包に生息する．生活環は，10～15 日間と考えられる．明白な疾患が発生するための素因には，合併症，免疫抑制（特に腫瘍）または加齢があげられる．

臨床徴候

　臨床徴候には乾燥した落屑性の皮膚（図 20-2，図 20-3），紅斑と小型の出血を伴う，中等度から重度の脱毛があげられる．病変は体のどこにでもみられるが，特に背胸部と腰部領域に見い出される．痒みは通常はない．

診断と治療

　診断は皮膚掻爬標本に基づいてなされる．治療はアミトラズ（100ppm に希釈し，皮膚掻爬標本の結果が陰性となった後 4 週間目まで，毎週 1 回，外用）またはアイバメクチンの皮

図 20-2 副腎皮質機能亢進症を併発したハムスターのニキビダニ症.

図 20-3 広範な脱毛と紅斑を示すハムスターのニキビダニ症.

下投与である．毎週，過酸化ベンゾイルシャンプーで薬浴すると，刺激されて毛包の血流が良くなりダニの寄生数を減数する．薬浴は患部領域に綿棒でアミトラズを塗布する前に行うことができる．臨床疾患は基礎疾患があることを示唆するので，可能な限り基礎疾患を検索すべきである．

ショウセンコウヒゼンダニ症（notoedric mange）

原因と病理発生

ハムスターの耳ダニ（*Notoedres notoedres*）と猫ショウセンコウヒゼンダニ（猫疥癬ダニ）がまれにハムスターに寄生する．

臨床徴候

病変は耳介，尾，性器，足と鼻面の痂皮，脱毛と紅斑を伴う，厚い，黄色の痂皮形成によって特徴付けられる．

診断と治療

診断は深部皮膚掻爬標本でダニを見つけることによる．ショウセンコウヒゼンダニは肛門が背面に開口し，後端に肛門があるヒゼンダニと鑑別できる．

両方のタイプのショウセンコウヒゼンダニは，アイバメクチンで治療することができる．ショ

ウセンコウヒゼンダニ寄生した 30 匹のハムスターを用いた研究では，0.4mg/kg のアイバメクチンを週に 1 度皮下投与するのと，0.4mg/kg のモキシデクチン経口で週に 1 回および 2 回投与するのを比較した．3 つの処方は全て病変を改善するのに等しく効果的だったが，8 週間後の皮膚搔爬検査では 60 〜 70％だけが陰性だった（Beco ら，2001）．局所的なセラメクチン投与も有用かもしれない．

他の外部寄生虫

猫ノミ（*C. felis*）が，時折，ハムスターに見つかることがある（Collins, 1987）．シラミとマダニはハムスターでは報告されていない．

内分泌性疾患

副腎皮質機能亢進症

原因と病理発生

原発性副腎皮質機能亢進症（副腎皮質の腫瘍性変化による）と続発性の副腎皮質機能亢進症（機能的下垂体性腫瘍に対して二次的に ACTH 分泌が過剰となることによる）が報告された（Bauck & Lawrence, 1984）．

医原性クッシング病は，グルココルチコイド療法後にも起こることがある．原発性副腎皮質機能亢進症は老齢の雄で最も頻繁にみられ，副腎皮質腺腫はシリアンハムスターで最もよく報告されている良性腫瘍の 1 つである．

興味深いことに，副腎皮質腺腫の多くは，ミネラルコルチコイドが主に生産される球状帯に発生する．

臨床徴候

全身性徴候には，多渇（図 20-4），多尿と多食があげられる．行動の変化も記録されている．皮膚病変には脇横腹と側部大腿部領域の両側対称性の脱毛があげられている（図 20-5）．皮

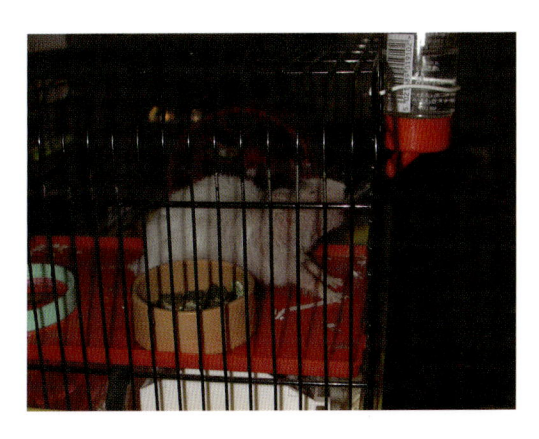

図 20-4　副腎皮質機能亢進症のハムスターの多渇症．

膚は薄く，弾力性がなく，コメド（面皰）が認められることもある（図20-6，図20-7）．ハムスターは，通常，太鼓腹である．ニキビダニ症は副腎皮質機能亢進症で二次的に起きる成獣発病型が一般的である．

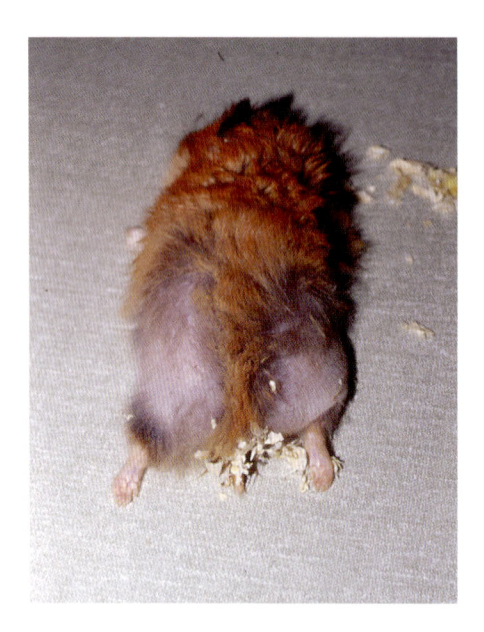

図 20-5　副腎皮質機能亢進症のハムスターの両側対称性の脱毛．

図 20-6　副腎皮質機能亢進症のハムスターの腹側腹部の脱毛とコメドを伴う太鼓腹．

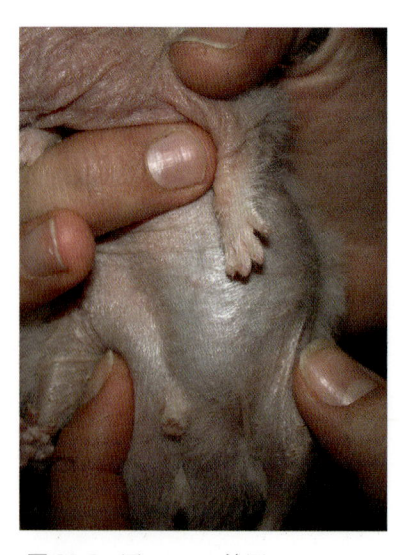

図 20-7　図 20-6 の接写．

診断と治療

仮の診断は，血中コルチゾール濃度の上昇の有無にかかわらず，病歴，臨床検査，アルカリホスファターゼの上昇に基づいてなされることがある．

血液分析を実行するために必要な血液量が実施するうえでは問題である．安全に採取できる最大血液量は循環血の10％，総体重の1％である．

- 血漿コルチゾール濃度はおそらく最高1L当たり110.4nmol（Bauckら，1984）であるが，一定した所見ではない．正常のコルチゾール値は，ハムスターでは1L当たり13.8～27.6nmolまで変動する．
- 血清アルカリホスファターゼ値は1L当たり40U以上に上昇することがあり，正常値は1L当たり8～18Uである．ハムスターはコルチゾールとコルチコステロンの両方を分泌することが考えられ，したがって，血液コルチゾールレベルだけに基づく診断は正確ではない可能性がある．コルチゾールまたはコルチコステロン濃度が取扱いまたは輸送等のストレス要因により上昇することに留意することは重要である．濃度は新周囲環境への順応で，48時間後に減少する．
- 副腎の超音波検査法により，腫大または異常が明らかになることがある．
- ACTH刺激試験，低容量デキサメタゾンスクリーニングテストまたは尿中のコルチコイド-クレアチニン比等の動態機能テストは，ハムスターでは十分に記述されていない．必要となる血液量から，最初の2つのテストは実用的なレベルでは難しく，さらに度重なるサンプリングとそのために必要となる全身麻酔によるストレスが加わる．後者は，より有用かもしれないが，テストの感度と特異性とともに，ハムスターの正常値も確かめる必要がある．下垂体依存性と副腎依存性の副腎機能亢進症の鑑別を生体内で行うことはできない．

これらの症例の治療は難しいかもしれない．

薬物療法．

- メチラポン（経口的に8mgを毎日，1ヵ月間）が1匹のハムスターに効果的で，12週後に毛が完全に再発育した．メチラポンは，コルチゾール生産を，その前駆体を阻害することで抑制する．
- ミトタン投与（経口的に5mgを毎日，1ヵ月間）は成功しなかったと報告されているが，この例はメチラポン治療にも応答しなかった．ミトタンは副腎皮質束状帯と網状帯の壊死を引き起こす．このハムスターの剖検検査では下垂体の色素嫌性腺腫と両側性の副腎皮質過形成がみられた．

脇腹の開腹術による罹患した副腎の外科的摘出が記述されている．

その他の病態

正常臭腺

シリアンハムスターは腰部領域〔腰腺（hip gland），脇腹腺（flank gland）〕に皮脂腺性の

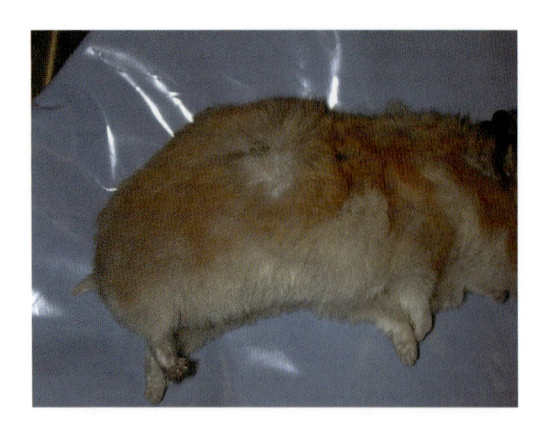

図 20-8　ハムスター脇腹の正常臭腺．

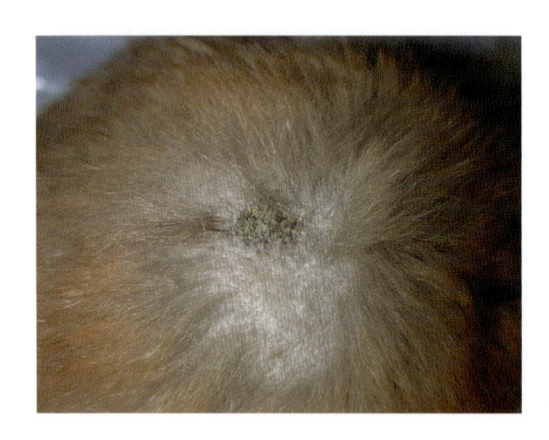

図 20-9　臭腺の接写．

臭腺を有し，周囲から境界され，わずかに隆起した，暗い色調の構築である（図 20-8，図 20-9）．腺は雄においてより顕著で，覆っている毛はしばしば加齢とともに薄くなる．性的刺激を受けると，被覆している毛が分泌物で毛玉のようになる．飼い主はこれを異常と間違えることがよくある．

臭腺の炎症

原因と病理発生
時折，臭腺に炎症が起きることがある．

臨床徴候
ハムスターは腺が腫脹し痂皮で覆われる．

診断と治療
診断は病歴と臨床徴候に基づいて可能となることがある．患部の毛皮を刈り込み，局所的に抗菌剤を塗布する．去勢は，分泌活動を減少させるのに役立つ(Lipman & Foltz, 1996)．しかし，去勢は寿命の短縮と良性副腎腫瘍と結節性過形成の高発生率と関連している．

接触性皮膚炎

原因と病理発生

床敷（敷料）に使われる杉または松の木屑に起因すると考えられる接触性皮膚炎が報告されている．

臨床徴候

罹患した動物は，顔面と足の腫脹と痒みの徴候を示した（Meshorer, 1976）．

診断と治療

診断は，病歴と臨床徴候に基づいてなされる．治療は接触アレルゲン／刺激物を除去することと必要に応じた局所的なグルココルチコイド製剤による対症療法である．

床敷関連性皮膚炎（bedding-associated dermatitis）

原因と病理発生

趾の皮膚炎が木屑を床敷として使用しているハムスターで報告された．

臨床徴候

肉芽腫性炎症反応を伴う趾の変性と萎縮が通常は観察される（図 20-10）（Meshorer, 1976）．

診断と治療

診断は病歴と臨床徴候に基づいてなされる．報告された例では，組織学的に木屑が真皮と皮下組織に観察された．治療は，基礎的な原因を取り除いて，対症的な局所療法を行うべきである．

腫　瘍

黒色腫と黒色細胞腫は，最も頻繁に報告されている皮膚腫瘍である（Collins, 1987；Scottら, 2001）．雄でより発生率が高い．黒色腫はメラニン性（青黒色）または，メラニン欠乏性（灰

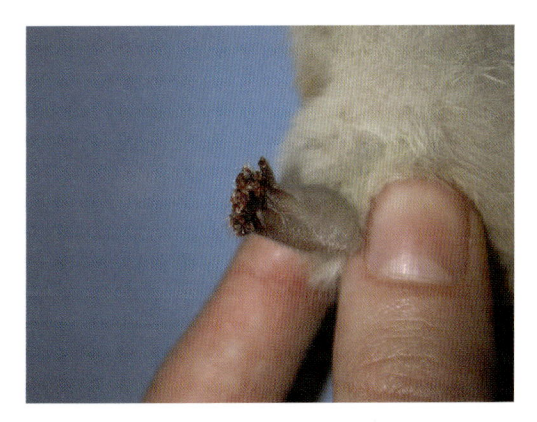

図 20-10 ハムスターの趾の皮膚炎．

白色）のことがある．

表皮向性リンパ腫（菌状息肉腫）

原因と病理発生

　表皮向性リンパ腫（菌状息肉腫）は，ハムスターでは2番目に頻度の高い皮膚腫瘍である（Harveyら，1992）．ハムスターポリオーマウイルス（パポバウイルス）が伝達性リンパ腫の原因であると考えられており，ハムスターの皮膚上皮腫の原因であることが確認された（上記の「ウイルス性疾患」の項，p.234を参照）．

臨床徴候

　通常は，老齢動物に起こる．皮膚徴候には脱毛，痒みと落屑（図20-11）それに局面と結節が含まれ，潰瘍化し，痂皮を形成することがある（図20-12，図20-13，図20-14）．表皮向性リンパ腫に罹患したハムスターでは，皮膚掻爬標本で多数のニキビダニがしばしば見つかり，診断が混乱することがある．

診断と治療

　仮診断は，病歴と臨床徴候によってなされる．潰瘍病変からの押捺塗抹標本，または，結

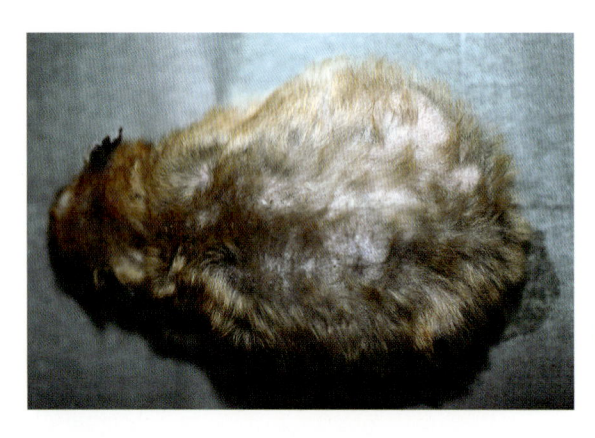

図20-11 リンパ腫のハムスターのび漫性の脱毛と落屑（原図：Z. Alha i dari）

図20-12 リンパ腫のハムスターの頸部の潰瘍性結節．

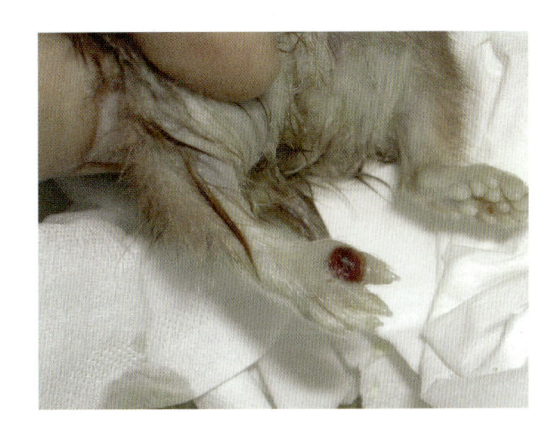

図 20-13　リンパ腫のハムスターの足の潰瘍性結節．

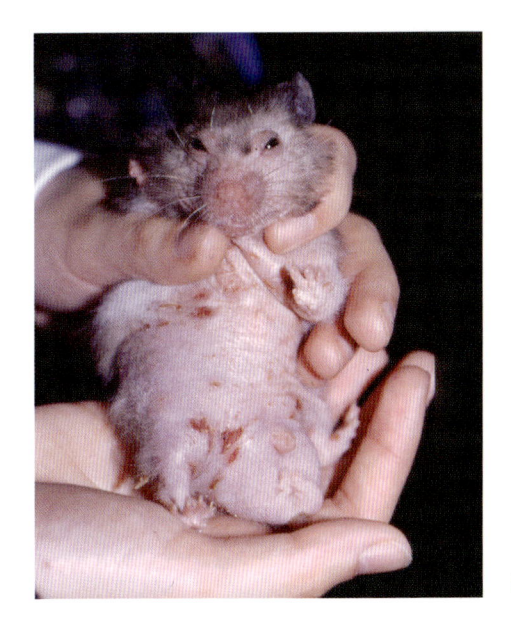

図 20-14　菌状息肉腫のハムスター．

節／局面からの掻爬標本は，悪性腫瘍の基準を満たす細胞を伴うリンパ球浸潤物の徴候をしばしば示す．確定診断は，生検により行う．免疫組織化学染色により，腫瘍細胞がTリンパ球であることが示されている（Harveyら，1992）．治療は滅多に成功していないが，局所用グルココルチコイドクリームによる緩和的な治療は行える．安楽死をお勧めする．

他の腫瘍

　ハムスターで報告される他の腫瘍病変には細網細胞癌，形質細胞腫，肉腫，線維肉腫，線維腫，扁平上皮癌，基底細胞癌と乳頭腫があげられる（図 20-15）．

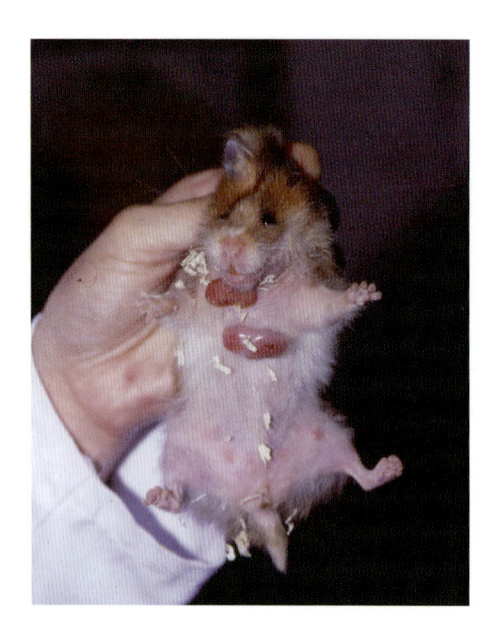

図 20-15 ハムスターの腹側の皮膚腫瘤.

処 方

チンチラの関する第 16 章，p.188 表 16-1 を参照.

参考文献

Bauck, L.B., Orr, J.P. and Lawrence, K.H.（1984）. 'Hyperadrenocorticism in three Teddy Bear Hamsters'. *Canadian Veterinary Journal*, 25, pp. 247-250.

Beco, L., Petite, A. and Olivry, T.（2001）'Comparison of subcutaneous ivermectin and oral moxidectin for the treatment of notoedric acariasis in hamsters'. *Veterinary Record*, 149, pp. 324-327.

Burgmann, P.（1991）'Dermatology of rabbits, rodents and ferrets'. In: *Practical Exotic Animal Medicine, The Compendium Collection*, Rosenthal, K.（ed.）. Veterinary Learning Systems, Trenton, 1997: pp. 174-194.

Collins, B.R.（1987）'Dermatologic disorders of common small non-domestic animals'. In: *Dermatology. Contemporary Issues in Small Animal Practice*, Vol. 8, Nesbitt, G.H.（ed）. Churchill Livingstone, pp. 235-294.

Ellis, C. and Mori, M.（2001）'Skin diseases of rodents and small exotic mammals'. *Veterinary Clinics of North America: Exotic Animal Practice*, 4:2, pp. 523-527.

Foster, A.P., Brown, P.J., Jandrig, B., *et al.*（2002）'Polyomavirus infection in hamsters and tricho-epitheliomas / cutaneous adnexal tumours'. *Veterinary Record* 151, pp. 13-17.

Harkness, J.E. and Wagner, J.E. (1995) 'Clinical signs and differential diagnosis'. In: *The Biology and Medicine of Rabbits and Rodents*, 4th edn. Williams and Wilkins, Baltimore, pp. 155-158.

Harvey, R.G., Whitbread, T.J., Ferrer, L. and Cooper, J. (1992) 'Epidermotropic cutaneous T-cell lymphoma (*mycosis fungoides*) in Syrian hamsters (*Mesocricetus auratus*). A report of six cases and the demonstration of T-cell specificity'. *Veterinary Dermatology*, 3, pp. 13-19.

Lipman, N.S. and Foltz, C. (1996) 'Hamsters'. In: *Handbook of Rodent and Rabbit Medicine*, Laber-Laird, K., Swindle, M.M., Flecknell, P. (eds). Elsevier Science, Oxford, pp. 59-89.

Meshorer, A. (1976) 'Leg lesions in hamsters caused by wood shavings'. *Laboratory Animal Science*, 26, pp. 827-829.

Parker, J.C., Ganaway, J.R. and Gillet, C.S. (1987) 'Viral Diseases'. In: *Laboratory Hamsters*, Van Hoosier, G.L. and McPherson, C.W. (eds) . Academic Press Inc., London, pp. 95-111.

Percy, D.H. and Barthold, S.W. (1993) *Pathology of Laboratory Rabbits and Rodents*. Iowa State University Press, Ames, pp. 116-118.

Scott, D.W., Miller, W.H. and Griffin, C.E. (2001) 'Dermatoses of pet rodents, rabbits and ferrets'. In: *Muller and Kirk's Small Animal Dermatology*, 6th Edn. W.B. Saunders Company; Philadelphia, pp. 1415-1458.

第21章
ハリネズミの皮膚疾患と治療

2種のハリネズミが獣医臨床の現場に持ち込まれる．野生のナミハリネズミ（ヨーロッパハリネズミ，European hedgehog, *Erinaceus europaeus*）は，傷病動物としてよく持ち込まれる（図21-1）．ヨツユビハリネズミ（African pygmy hedgehog, *Atelerix albiventris*）とオオミミハリネズミ（Egyptian long-eared hedgehog, *Hemiechinus auritus auritus*, 図21-2）もペットとして飼われている．

細菌性疾患

ブドウ球菌性皮膚炎

原因と病理発生
細菌性皮膚感染症は，通常，ブドウ球菌（*Staphylococcus* spp.），特に黄色ブドウ球菌（*S. aureus*）に起因する．膿瘍が発生した時には，ブドウ球菌，大腸菌（*Escherichia coli*）と緑膿菌がよく分離される．

臨床徴候
通常，細菌感染は，傷に対して二次的に起きるが，腹部で原発性剥脱性皮膚炎を引き起こす可能性がある（Robinson & Routh, 1999；Bexton & Robinson, 2003）．膿瘍もよくみられる（Bexton & Robinson, 2003；Larson & Carpenter, 1999）．

診断と治療
診断は，臨床徴候と病変の細胞診に基づいてなされる．
治療は，どんな傷についても消毒し，創面切除を実施し，適当な全身性抗生物質投与を行う．膿瘍治療は排膿と抗生物質投与による．

図 21-1 ナミハリネズミは獣医師のもとに野生の傷病動物として持ち込まれることが最も多い.

図 21-2 オオミミハリネズミはペットとして人気が高まってきている.

真菌性疾患

皮膚糸状菌症

原因と病理発生

　ハリネズミの皮膚糸状菌症は，通常，白癬菌〔*Trichophyton erinacei*（*T. mentagrophytes* var. *erinacei*）〕に起因するが，時折，犬小胞子菌（*Microsporum canis*）と石膏状小胞子菌（*M. gypseum*）でも起きる．74匹のナミハリネズミに関する1研究においては，1匹だけが皮膚糸状菌症に罹患していたが（Keymerら，1991），ハリネズミの25％までが皮膚糸状菌を保有しているが，無症状である可能性がある（Morris & English，1969）．ダニ，*Caparinia tripilis*

の重寄生が頻繁にみられる（下記の p.249 参照），あるいは，無菌性膿皮症もみられることがある．

　皮膚糸状菌の伝播は，おそらく母から若齢個体への直接接触，または，闘争または求愛の間に起き，それにより大部分の病変が，なぜ頭部にあるかについての説明できるのかもしれない（Reeve, 1994）．感染は環境中の胞子からも起き，胞子は乾燥した場所でも最高1年まで生存できる（Morris & English, 1969）．真菌がダニの糞から回収されるので，*Caparinia* は白癬菌の伝達に関連するとされている（Reeve, 1994）が，*Caparinia* が媒介体としての働いているという証拠は示されなかったとする研究報告が1報ある．

　白癬の発病率は個体密度が高いと高くなり，これはおそらく，接触とねぐらを共有する機会が増加することに関連があるだろう（Morris & English, 1969）．

臨床徴候

　臨床徴候は，棘と毛の基部周囲の痂皮病変と棘の消失である．病変は典型的には頭部周囲にみられる．痂皮を除去すると，出血することがある．耳介の肥厚も慢性感染症で起こることがある．痒みと衰弱は一般に認められず，重度感染症があっても，罹患した動物は正常に体重が増加する（Morris & English, 1969）．白癬菌は人獣共通感染性の病原体で，急速に拡大する，非常に瘙痒性の強く，水疱性で，その後，落屑性の病変を引き起こす（Bexton & Robinson, 2003）．

診断と治療

　確定診断は真菌培養の結果に従って行う．治療方式には，局所的にナタマイシンまたはエニルコナゾール（Robinson & Routh, 1999），経口的に 50mg/kg のグリセオフルビンを1日1回，2～3週間，あるいは経口的に 10mg/kg のケトコナゾールを1日1回，6～8週間があげられる．

　感染による病原性が低いことと自然界に広く分布していることから，治療の必要性には議論の余地があるが，人獣共通感染の可能性があることが治療を実施する理由となる（Bexton & Robinson, 2003）．回復と棘の再発育には非常に長い時間がかかることがある．

ウイルス性疾患

口蹄疫ウイルス

原因と病理発生

　ハリネズミは口蹄疫（FMD）に感受性があり，媒介動物として活動する可能性がある（Thomson ら, 2001；Isenbugel & Baumgartner, 1993）．ハリネズミが口蹄疫の保毒動物として機能するかどうかは不明である．初期の研究で示唆された潜伏感染については，当時のウイルス学的技術が信頼できないことに注意を払うべきで，ハリネズミが口蹄疫のヨーロッパまたはアフリカでの拡大に関与したという証拠はほとんどない．

臨床徴候

　罹患した動物は，体部，足，口唇部と会陰部の毛のある部分に，水疱，紅斑と腫脹を示す．

食欲不振，くしゃみと過流涎も顕著な臨床徴候である．
診断と治療
診断は臨床徴候の存在とウイルス分離で行う．通常，治療は行われない．

外部寄生虫

ハリネズミにおいて重要な外部寄生虫としては以下のものがあげられる．
ダ　ニ
- 疥癬ダニ（*Caparinia tripilis*）．
- ヒゼンダニ属．
- ミミヒゼンダニ属．
- ショウセンコウヒゼンダニ属．
- ショクヒヒゼンダニ属．
- ニキビダニ（*Demodex erinacei*）．
- ツツガムシ（*Trombicula autumnalis*）．

マダニ
- マダニ属〔*Ixodes hexagonus*，*I. ricinus*（英名：castor bean tick），*I. trianguliceps*〕．

昆　虫
- ハエーキンバエ属，クロバエ属．
- ノミーハリネズミノミ（*Archaeopsylla erinacei*，英名：hedgehog flea）．

ダ　ニ

疥癬ダニ

野生のナミハリネズミで最もよく見つかるダニは疥癬ダニ（*Caparinia tripilis*）である．ハリネズミの40％までに寄生している可能性があり（Bexton & Robinson, 2003），皮膚糸状菌との相乗感染が，頻繁に起こる．
臨床徴候
*Caparinia*属のダニは，肉眼でちょうど確認できる大きさで，通常，目と耳の周囲と頬に白い動く粉状の沈着物として見える．被毛と棘の消失と痒みを伴う，より全身的な落屑病変が起こる可能性もある．米国でペットとして飼われているナミハリネズミにおいて，疥癬ダニと推定される肉眼で見えるダニが臨床的によくみられる．
診断と治療
診断は，虫眼鏡で皮膚検査をするか，または引き抜いた毛を顕微鏡検査することで簡単に行える．

ヒゼンダニ属

原因と病理発生
ビゼンダニ属は，時折，若齢ハリネズミでみられる．

臨床徴候
ビゼンダニは，全身性の紅斑と脱毛症を引き起こすことがあり，致命的である可能性がある．

診断と治療
診断は皮膚掻爬標本でダニを同定することによる．治療はアイバメクチンを使って行われることがある．

Demodex erinacei

原因と病理発生
D. erinacei は，宿主特異的で，ダニは皮脂腺内に生息している．大部分のハリネズミは無症候性のキャリアーである．

臨床徴候
重度の寄生があれば，ニキビダニ症は隆起した丘疹と痂皮性皮膚病変を引き起こす可能性がある．

診断と治療
特徴的な，いわゆる葉巻型のダニが深部皮膚掻爬標本で見つかる．アミトラズ（Amitraz®）薬浴と全身性のアイバメクチンが治療法として提案されている（Robinson & Routh, 1999；Bexton & Robinson, 2003；Ellis & Mori, 2001）．

他のダニ

ミミヒゼンダニ（Otodectes cynotis）は外耳炎を引き起こすことがあり，猫ショウセンコウヒゼンダニ（Notoedres cati）は頭部と耳周囲の痂皮病変を引き起こすことがある．これらのダニは，時折ハリネズミで見つかるが，おそらく猫との接触に由来する可能性が最も高い（Bexton & Robinson, 2003）．

ショクヒヒゼンダニ属が米国でヨツユビハリネズミから見つかり，痂皮，鱗屑と棘の消失の原因となることがある（Larson & Carpenter, 1999；Lightfoot, 1999）．

多数の他のダニが，野生のナミハリネズミとヨツユビハリネズミに記録されている．中気門類ダニ（mesostigmatid mites），Eulaelaps stabularis, Haemogamasus pontiger, H. nidi, Androlaelaps fahrenholzi と Caparinia erinacei と N. oudemansi があげられる（Reeve, 1994）．

ツツガムシ（Trombicula autumnalis）は，腋窩部，耳介，腹部と足で見つかるが，ほとんど臨床的意義はないだろう（Bexton & Robinson, 2003）．

マダニ

原因と病理発生

マダニはハリネズミでよくみられる外部寄生虫である．*Ixodes hexagonus* が最も高頻度に見つかる（Reeve, 1994）が，羊のマダニ（*Ixodes ricinus*）と *Ixodes trianguliceps* とその他の多くの種が記録されている（Smith, 1968）．

臨床徴候

マダニは，通常，耳の周囲，後肢，脇腹と肛門 - 性器領域に認められる（図 21-3，図 21-4）（Bexton & Robinson, 2003；Reeve, 1994）．

診断と治療

診断は，臨床徴候に基づいてなされる．治療は，フィプロニル（Fipronil®）で行うことができる（図 21-5）．

図 21-3　ハリネズミのマダニ（ixodes ticks）．

図 21-4　ハリネズミのマダニ（ixodes ticks）．

図 21-5 除去後のマダニ（ixodes ticks）.

ノ ミ

原因と病理発生

ノミはナミハリネズミの至るところに存在し，個々の個体で 100 〜 1100 匹が寄生する（Reeve，1994）．重度の寄生は，通常，衰弱動物で見い出される．

ハリネズミノミは *Archaeopsylla erinacei* である（図 21-6，図 21-7）．ノミはハリネズミの冬眠に耐え，繁殖中の雌の巣でのみ増殖する．ハリネズミノミは他種の哺乳類では繁殖することができないか，生き残ることはできない（Reeve，1994）．

臨床徴候

一般に，ノミはほとんどハリネズミに臨床症状を起こさず，わずかの刺激しか与えない．

診断と治療

診断はノミを捕獲して同定することに基づく．フィプロニル（Fipronil®）はハリネズミに有効のようで（Bexton & Robinson，1999），あるいはピレトリン製剤が使える．重度の寄生例だけを治療する必要がある．

図 21-6 *Archaeopsylla erinacei*（ハリネズミノミ）．（原図：J.D. Littlewood）

図21-7 ハリネズミノミの頭部の接写．
（原図：J.D. Littlewood）

シラミ

シラミはどのハリネズミにも，これまで見つかっておらず，報告がない（Reeve, 1994）．

ハ エ

ハエ幼虫症

原因と病理発生

ハエウジ症は，ナミハリネズミで一般的である．原発性ハエウジ症と続発性の創傷への寄生が起き，キンバエ（*Lucilia* spp.）とオオクロバエ（*Calliphora* spp.）に起因する（Robinson & Routh, 1999）．土着のヨツユビハリネズミの疥癬または咬傷に由来する皮膚病変は *Hemipyrella fernandica* のクロバエウジ寄生の誘因となる可能性がある．

臨床徴候

ウジは通常，傷で確認され，汚れたハリネズミでは原発性寄生も問題となる．

診断と治療

ウジとハエの卵を物理的に取り除かれなければならないが，特に目と耳には注意を払う．目は残存しているウジを殺すために粘稠性の眼軟膏剤で満たし，耳には殺虫性の点耳薬を滴下する（Bexton & Robinson, 2003）．全身性のアイバメクチンを投与し，加えて，補液療法，抗生物質カバーと非ステロイド性抗炎症剤からなる支持管理を行う．

内分泌性疾患

副腎皮質機能亢進症

原因と病理発生

1匹のヨツユビハリネズミで副腎腫瘍による副腎皮質機能亢進症が診断されている．

臨床徴候
臨床徴候は，脱毛，垂れ下がった腹部，多食，多尿と多渇であった．

診断と治療
診断を低用量デキサメタゾン抑制試験を用いて確定する（Johnson-Delaney，2002）．

栄養性疾患

棘と外皮の状態が不良であることは，餌が劣悪であること，栄養性副甲状腺機能亢進症，ビタミンAとD過剰症と亜鉛欠乏症と関連する可能性がある（Bexton & Robinson，2003；Ellis & Mori，2001）．

その他の病態

外傷と熱傷

原因と病理発生
野生のハリネズミはさまざまの原因でよく傷つく－網での捕獲，有刺鉄線，プラスチック，ブリキ缶，刈り取り機，犬，交通事故．

野生のナミハリネズミは点火してない焚木の中をねぐらにしていることがあり，重度の熱傷を負うことがある．

臨床徴候/診断と治療
新鮮創は消毒し，縫合する．もし汚染されている場合は，ドレインを留置する（Robinson & Routh，1999）．より陳旧化した汚染創は消毒し，創面切除を施すべきで，ウジまたはハエの卵をチェックして，肉芽形成による治癒機転を可能にさせる．蜂窩織炎と膿瘍形成がよくみられるので，抗生物質性のカバーを必要とする．

熱傷の治療は，他の動物種と同様で，補液療法，鎮痛，抗生物質治療を行い，患部を消毒し包帯をする．熱傷がひどい場合は安楽死させるべきである．

アレルギー性皮膚炎

原因と病理発生
アレルギー性皮膚炎の推定されている2症例が，ヨツユビハリネズミで報告された（Ellis & Mori，2001；Lightfoot，1999）．

臨床徴候
症例1では，顔面，腋窩部と鼠径部が重度皮膚炎を呈した．症例2では，進行性脱毛症，痒みと顔面腫脹を呈した．

診断と治療
症例1の病理組織検査はアレルギー性反応を示した．グルココルチコイド療法により病状は寛解したが，アレルゲンは同定されなかった．

症例2の皮膚生検の病理組織検査では，軽度び漫性のリンパ球形質細胞性苔癬様皮膚炎と局所性上皮異形成とび漫性亜急性皮膚炎が明らかになった．血清のラスト法（RAST）と酵素結合イムノソルベント検定法（ELISA）を用いた試験で，22種の植物と食物アレルゲンに対して陽性アレルギー反応を示したが，ハリネズミにおけるアレルギー試験の特異性を評価した研究はなかった．このハリネズミは，市販の猫用の低アレルゲン食と1mg/kg，1日2回のジフェンヒドラミン経口投与で改善し，0.5mg/kg，1日1回のプレドニゾロンを0.25mg/kg，1日おきの経口投与に減らしてさらに改善した．ハリネズミでは皮内皮膚テストの報告はない．

腫 瘍

皮膚腫瘍についてはナミハリネズミでの報告はないが，3歳齢以上のヨツユビハリネズミではよくみられる（Ellis & Mori, 2001）．乳頭腫，扁平上皮癌，リンパ肉腫と皮脂腺癌が記載されている．インディアンヘッジホッグ（*Hemiechinus* spp.）で4本の足全てが扁平上皮癌に罹患した例と，ヒトイロハリネズミ〔Eastern European (white-breasted) hedgehog, *Erinaceus concolor*〕の顔面，頭部と足には乳頭腫型増殖も報告されている（Ellis & Mori, 2001）．

参考文献

Bexton, S. and Robinson, I. (2003) 'Hedgehogs'. In: *BSAVA Manual of Wildlife Casualties*, Mullimeux, E., Best, D. and Cooper, J.E. (eds). BSAVA Gloucester.

Ellis, C. and Mori, M. (2001) 'Skin diseases of rodents and small exotic mammals'. *Veterinary Clinics of North America: Exotic Animal Practice*, 4:2, pp. 523-527.

Isenbugel, E. and Baumgartner, R.A. (1993) 'Diseases of the hedgehog'. In: Zoo and Wild Animal Medicine: Current Therapy 3, Fowler, M.E. (ed). W.B. Saunders Company, Philadelphia, pp. 284-302.

Johnson-Delaney, C.A. (2002) 'Other small mammals'. In: *BSAVA Manual of Exotic Pets*, Meredith, A., Redrobe, S. (eds). BSAVA, Gloucester, pp. 108-112.

Keymer, I.F., Gibson, E.A. and Reynolds, D.J. (1991) 'Zoonoses and other findings in hedgehogs (Erinaceus europeus): A survey of mortality and review of the literature'. *Veterinary Record*, 128, pp. 245-249.

Larson, R.S. and Carpenter, J.W. (1999) 'Husbandry and medical management of African hedgehogs'. *Veterinary Medicine*, 94, pp. 877-890.

Lightfoot, T.L. (1999) 'Clinical examination of chinchillas, hedgehogs, prairie dogs and sugar gliders'. *Veterinary Clinics of North America: Exotic animal Practice*, 2, pp. 447-470.

Morris, P. and English, M.P. (1969) '*Trichophyton mentagrophytes* var. *erinacei* in British hedgehogs'. *Sabouraudia* 7, pp. 122-128.

Reeve, N. (1994) Hedgehogs. T. and A.D. Poyser Ltd, London.

Robinson, I. and Routh, A.（1999）'Veterinary care of the hedgehog'. In: *In Practice*, March, pp. 128-137.

Smith, J.M.B.（1968）'Diseases of hedgehogs'. *Veterinary Bulletin*, 38, pp. 425-430.

Smith, J.M.B. and Marples, M.J.（1963）*'Trichophyton mentagrophytes var. erinacei'*. *Sabouraudia*, 3, pp. 1-10.

Thomson, G.R., Bengis, R.G. and Brown, C.C.（2001）'Picornavirus Infections'. In: *Infectious Diseases of Wild Animals*, 3rd Edn, Williams, E. S. and Barker, I. K.（eds）. Manson Publishing, London.

第22章
マウスの皮膚疾患と治療

細菌性疾患

ブドウ球菌およびレンサ球菌感染症

原因と病理発生
　黄色ブドウ球菌（*Staphylococcus aureus*）とレンサ球菌G群（group G Streptococcus）は，マウスに皮膚疾患を引き起こすと確認されている（表22-1参照）．

診断と治療
　以下の，「その他の細菌」の項参照．

その他の細菌

　Pasteurella pneumotropica，アクチノバチルス属，アクチノミセス属とクレブシエラ属は，感染性膿瘍と闘争性の外傷に関係している可能性がある．

　ネズミコリネ菌（*Corynebacterium kutscheri*）は敗血症性塞栓を引き起こす．皮膚血管梗塞を引き起こすことがあり，皮膚壊死と潰瘍化に至る．

　*Corynebacterium pseudiphtheriticum*は無胸腺のヌードマウスに皮膚炎を引き起こし，重度の正常角化性角化亢進症で特徴付けられる．乳飲みマウスでは死亡率が高い（Ellis & Mori, 2001）．

　*Mycobacterium chelonae*は，免疫に欠陥があるマウスの尾に肉芽腫炎症を引き起こしたことが報告されている（Mahler & Jelinek, 2000）．

診断と治療
　診断は，臨床徴候，病変の細胞診と培養の結果に基づいてなされなければならない．嫌気性細菌あるいはマイコバクテリウム感染症が疑われた場合は，検査機関にそれを知らせるべきである．

表 22-1 マウスの細菌性疾患の臨床徴候

病原体	症候群	臨床徴候
黄色ブドウ球菌	自然発生性潰瘍性皮膚炎	皮膚潰瘍と自傷, 典型的には頭部, 顔面周囲と肩越し
黄色ブドウ球菌	無胸腺ヌードマウスとその他の免疫不全マウス系統の皮膚膿瘍	眼窩周囲, 涙腺と皮膚膿瘍に発展する可能性あり
黄色ブドウ球菌とレンサ球菌	自傷または闘争による外傷	皮膚炎と膿瘍
レンサ球菌 G 群	自然発生性潰瘍性皮膚炎	皮膚潰瘍と自傷, 典型的には頭部, 顔面周囲と肩越し
	壊死性潰瘍性壊疽性皮膚炎	ヌードマウスの背部にみられる潰瘍性壊疽性病変, 時折, 後躯麻痺もみられる
Streptococcus moniliformis		水腫と四肢のチアノーゼ (Ellis & Mori, 2001)

　全ての細菌性皮膚疾患の治療には，素因の排除，手術によるドレーン形成または望ましくは膿瘍除去，0.5～1.0％のクロルヘキシジン等の局所的抗菌剤と培養と，感受性試験に基づいた全身性の抗生物質投与があげられる．

ウイルス性疾患

マウスポックス（エクトロメリア）

原因と病理発生

　このオルソポックスウイルスはペットのマウスでは報告されていない．エクトロメリアは実験室コロニーで発生している．エクトロメリア(奇肢症)は，四肢の欠如または欠陥を意味する．非常に伝染性が強く，伝播は空気感染，皮膚擦過傷，皮膚残渣との接触と汚染された糞の摂取を介して起きる．ウイルスは環境中で比較的安定しており，媒介物を介する伝播も可能である．

臨床徴候

　マウスマウスポックス感染症は無症候性，潜在性，急性，亜急性，または慢性のことがあり，感染の結果はマウス系統に依存して広範囲にばらつく．

　急性型：高い罹患率と死亡率を示し，臨床徴候には背弯姿勢，毛並みの乱れ，結膜炎，顔面と四肢の腫脹と下痢があげられる．

　亜急性および慢性型：全身性の丘疹，発疹からなる皮膚病変が，四肢と尾の腫脹，潰瘍と切断に至り，死亡率はさまざまである．

診断と治療

　診断は，臨床徴候，皮膚上皮，腸あるいは膵臓細胞の好酸性細胞質内封入体，電子顕微鏡検査，蛍光抗体試験または血清学（PCR）の結果によって行う．

治療法はないが，尾の根元に乱切法により，生のワクシニアウイルス株ワクチンを接種するとクローズドコロニーでは感染発生を抑えられる可能性がある．

レオウイルス 3 型

哺乳時のマウスのレオウイルス感染症は重度の全身性疾患と脂っぽい被毛の原因となる．もし生き残れば，脱毛症となる．

真菌性疾患

皮膚糸状菌症

原因と病理発生

皮膚糸状菌はマウスで頻繁にみられるが，しばしば無症候性の毛瘡白癬菌（*Trichophyton mentagrophytes*）が皮膚糸状菌症の最も一般的な原因である．病変のないペットショップのマウス 60％に毛瘡白癬菌が存在したことが報告されている（Collins, 1987）．

臨床徴候

感染は無症候性あるいは，紅斑と鱗屑を伴う脱毛および輪郭のはっきりした痂皮病変の原因となることがある（図 22-1）．臨床的疾患は，しばしば併発するストレス因子と関連している．

診断と治療

診断は，10％水酸化カリウム（KOH）で処理した皮膚掻爬標本の顕微鏡検査または真菌培養の結果に基づいて行う．治療は経口的グリセオフルビン投与あるいは，培養で 2 回，陰性になるまでエニルコナゾールで週に 2 回洗浄する．罹患マウス群については，環境への対処としては $1m^2$ につき 50mg のエニルコナゾール溶液を毎週 2 回，20 週間使用する．飼い主には，人獣共通感染の可能性について警告すべきである．

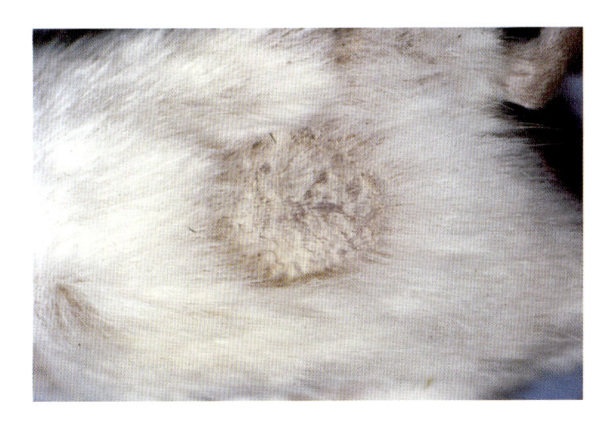

図 22-1 マウスの皮膚糸状菌症．

外部寄生虫

マウスで重要な外部寄生虫には以下のものがあげられる．
- ダ　ニ．
  - ケモチダニ科－被毛ダニ　ハツカネズミケモチダニ（*Myobia musculi*），ハツカネズミラドーフォードケモノダニ（*Radfordia affinis*）．
  - スイダニ科－疥癬ダニ　ネズミケクイダニ（*Myocoptes musculinus*），*Trichoecius rombousti*（まれ）．
  - ワクモ科－ *Liponyssoides sanguineus*，*Dermanyssus gallinae*．
  - プソレルガティデ科－ *Psorergates muricola*．
  - ニキビダニ科－ *Demodex musculi*．
- 昆　虫．
  - シラミ．
    - ハツカネズミジラミ（*Polyplax serrata*）．
  - ノ　ミ．
    - *Xenopsylla* spp.
    - *Nosopsylla* spp.

ダ　ニ

ケモチダニ科－被毛ダニ

ハツカネズミケモチダニ

原因と病理発生

　特に頭部と頸部腹側の被毛全体で毛の根元に寄生する．ダニは細胞外体組織を餌にする．伝播は直接接触である．しばしば，ネズミケクイダニとともに寄生する．若干のマウス近交系系統はケモチダニ（Myobia）に対するアレルギー反応があると信じられており（Weisbroth, 1982），極めて少数のダニに暴露されただけで過敏症と重度の自傷を誘発する．ケモチダニの生活環は23日間で，卵は8日で孵る．

臨床徴候

　少数寄生では臨床徴候を滅多に引き起こさない．多数寄生または免疫抑制動物では自傷による脱毛症と潰瘍がみられる（図22-2）．

診断と治療

　診断はセロハンテープ法（セロハンテープを皮膚に押し当てて剥がす方法）と皮膚掻爬法でダニを同定する．ダニの体は卵円形で脚は顕著な爪を有する．治療は，10～14日ごとに200～400μg/kgのアイバメクチンを皮下投与し，これを2～3回行う．大きなマウスのコ

図 22-2 マウスのハツカネズミケモチダニ寄生.（原図：J. Fontanie）

ロニーでは，平均ケージ当たり約1〜2ml散布されるように，1％アイバメクチンを1に対して水道水を10で希釈したスプレーでケージとマウスを毎週，3週間にわたって噴霧することが経験的に行われている.

代替法として，アイバメクチン0.08％，の経口治療があり，sheep drench（Oramec™, Merial Animal Health Ltd），4ml（3.2mg）を飲水1Lに添加し，1週投薬，1週休薬，1週投薬を行うのも効果的である（Conoleら，2003）．若干の実験用マウス系統では，特定の犬種でみられるように，おそらく，薬物が脳血液関門を通過するために，アイバメクチンによる毒性がみられる点に留意しておくことは重要である.

局所的なセラメクチンの使用も行われている．1つの研究では0日目と30日目に12mg/kgと24mg/kgを投与し，90日目に100％の有効性を見い出している（Bourdeauら，2003）．

ハツカネズミラドーフォードケモノダニ

ケモチダニと同じ科のダニで，類似の形態と臨床徴候を示す．*Radfordia*の生活環は未知であるが，21〜23日であると信じられている.

スイダニ科－疥癬ダニ

ネズミケクイダニ

原因と病理発生

ダニは皮膚の表面を自由に移動しているよりもむしろ毛にしっかり付いている状態で発見される（図22-3）．ダニは，表層の表皮組織を餌にしていると考えられている．生活環は8〜14日であると考えられ，卵は5日で孵化する．しばしば，ハツカネズミケモチダニと一緒に見つかる．ダニの伝播は直接接触によると考えられている.

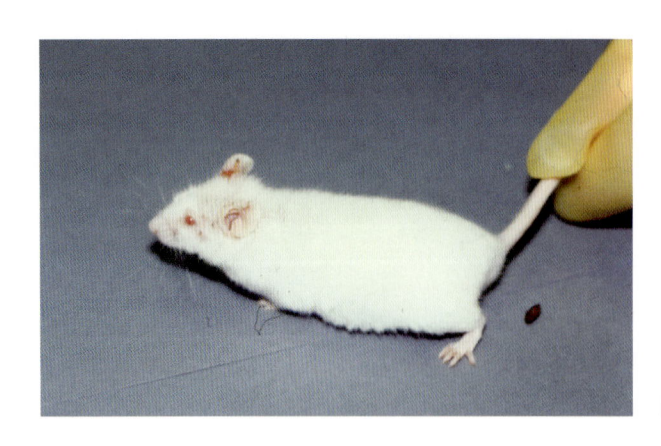

図 22-3　マウス頭部のダニ寄生.

臨床徴候

　健康なマウスは多数のダニに耐性があるらしい．しかし，妊娠動物と免疫抑制状態のマウスは臨床徴候を示す．臨床徴候を示すマウスは，通常，つやのない灰色の外皮を呈する．脱毛に至る痒みと自傷に起因する潰瘍が，さまざまの程度でみられる．病変は，通常頭部周囲，鼡径部領域と尾根部にみられる．スイダニ（myocoptes）は被毛ダニが原因の病変よりも軽度の潰瘍病変を形成する傾向にある．

診断と治療

　診断は流動パラフィンまたは水酸化カリウムで処理した皮膚掻爬標本で行うか，あるいは，虫眼鏡下あるいは実体顕微鏡下で直接，外皮を観察する．治療については上記の通りである．

Trichoecius rombousti

　このダニは，他の疥癬ダニと被毛ダニとともに頻繁にみられる．宿主に対する影響は不明である．ネズミケクイダニと類似した病変が記録されている．

ワクモ科

Liponyssoides sanguineus

原因と病理発生

　Liponyssoides sanguineus はハツカネズミのダニで，マウスとラットの両者に記録されている．吸血性の寄生虫で，大部分の時間を宿主から離れて，床敷の中で過ごす．寄生による正確な影響は知られていない．

臨床徴候

　多数のダニによる吸血活動により，外皮状態の劣悪化，貧血が起き，衰弱し，死につながると考えられる．

診断と治療

診断は宿主とその環境中でダニを同定することによってなされる．ダニは，吸血活動中と吸血後に赤褐色となる．治療は環境を対象としなければならない．

プソレルガティデ科

Psorergates muricola

原因と病理発生

Psorergates muricola は，角質層内の空洞でよく見つかる皮膚に潜伏するダニである．寄生を受けたマウスでは耳に病変ができる．伝播は直接接触による．

臨床徴候

感染により，特に耳介の上に小型白色結節が形成されるが，体部に病変が生じることもある．

診断と治療

上記と同様．

ニキビダニ科

Demodex musculi

原因と病理発生

毛包虫はマウスでは滅多に見つからない．ダニは，臨床徴候を示すことなく生息することがある．伝播は生後最初の数日間に母マウスと哺乳中のマウス間で直接接触によって起こると考えられる．

臨床徴候

寄生によって局所的な脱毛が起きる可能性があり，しばしば二次感染を伴う．

診断と治療

診断は流動パラフィンまたは水酸化カリウムで処理した皮膚掻爬標本を用いて行う．治療についてはアイバメクチンで行う，前述参照．

その他の重要性の低いダニ

耳ダニ *Notoedres muris* が時折見つかる．その他のさらに見つかる頻度の低いダニには，ヒゼンダニ（*Sarcoptes scabiei*），*Haemogamasus pontiger*，*Laelaps echidnina* と *Ornithonyssus bacoti*（イエダニ，tropical rat mite）があげられる．

シラミ

ハツカネズミジラミ

原因と病理発生

　マウスのシラミはハツカネズミジラミである（図22-4）．マウスで同定されることは滅多にない．野兎病〔*Pasteurella（Francisella）tularensis*〕の媒介体の1つとしての可能性があることから人獣共通感染症としての重要性がある．生活環は13日間で，卵は5～6日で孵化する．

臨床徴候

　シラミは，特に免疫に欠陥があるマウスで，痒み，落ち着きのなさ，皮膚炎と貧血症を引き起こす可能性がある．

診断と治療

　診断は，臨床徴候，シラミまたは卵の同定（図22-5）によって行う．上記のダニの項目を参照．

図22-4　マウスの吸血シラミ，ハツカネズミジラミ．

図22-5　マウス被毛のシラミの卵．

ノミ

猫ノミは，犬や猫が飼われている家庭で飼育されているペットのマウスから分離されることがある．野生マウスには多くの種類のノミ（例えば，ネズミノミ，*Xenopsylla* と *Nosopsylla* spp.）が生息している．

内部寄生虫

蟯虫

原因と病理発生

マウスの蟯虫感染症はネズミ盲腸蟯虫（*Syphacia obvelata*）による．

臨床徴候

病変は，肛門周囲の痒みと尾根部切断を伴う．

診断と治療

診断には，会陰領域に押し付けたセロハンテープを顕微鏡検査して，バナナ型の卵を見い出す．治療にはアイバメクチンを用いる（Le Blanc ら，1993）．

栄養性疾患

栄養性疾患はペットのマウスでも実験用のマウスでも珍しいが，実験的に作出することは可能である．亜鉛欠乏症とパントテン酸欠乏症は，剥脱性皮膚炎と毛の脱色を引き起こす．亜鉛欠乏症は脱毛症の原因にもなる．リボフラビン欠乏症は脱毛と落屑を起こし，ピリドキシン（pyridoxine），ビオチン（biotin）と脂肪酸欠乏症によって剥脱性皮膚炎が起きる（Scott ら，2001）．

環境性／行動性病態

くり返しの毛咬み

原因と病理発生

くり返しの毛咬み（barbering）は群で飼育されているマウス，特に雄マウスで一般的にみられ，優位のマウスが，他に皮膚障害となる原因のない順位の低いマウスの毛を咬む．マウスは，金網製のケージの網の間から餌を食べることにより，鼻面が擦れて禿げることもある．

臨床徴候

毛は外傷を受けた領域から消失する．咬むことによる脱毛は不完全で，脱毛領域は細かい毛の切り株のように見える．

診断と治療

診断は，くり返しの毛咬み行動を観察することと傷害を与えられた毛端を検査することに

よって行う．治療は，マウス群の密度を減らし，攻撃している個体を除き（しかし，別のマウスが，くり返しの毛咬みの役割を引き継ぐことがよくある），床敷とケージ内の器具を充実させて環境の質を向上することである．

闘争による外傷

原因と病理発生

一般に，マウス群で，優位のマウスが他のマウスを攻撃する時にみられる．くり返しの毛咬み病変と比較して，より重度の傾向がある．

臨床徴候

病変は，通常，限局性の，深い裂傷と刺創（図22-6）である．瘙痒性皮膚病による自傷と比較して，残りの外皮は状態が良く見える．

診断と治療

くり返しの毛咬みと同様．

リングテール

原因と病理発生

低環境湿度（20％未満）が，"リングテール（ringtail）"として知られる病態の原因である可能性がある．リングテールは主に15日齢未満の子マウスに起きる．一般にリングテールはラットの病態として報告されているが，時折マウスにも起こる．

臨床徴候

尾に起きた1個以上の環状狭窄が，遠位部組織の水腫，壊死と脱落の原因となることがある．

診断と治療

診断は，病歴，特に低湿度条件と臨床徴候に基づいてなされる．治療法は環境条件の変更を確認することと支持療法を行うことである．

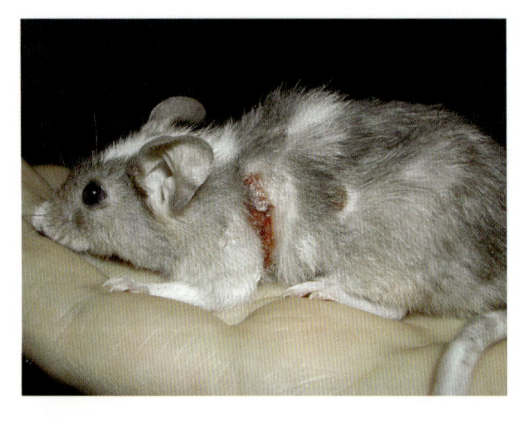

図22-6 マウスの脇腹の闘争による外傷．

その他の病態

免疫複合体性血管炎

二次的な潰瘍性皮膚炎を伴う免疫複合体性血管炎は，老齢のC57BL/6Nnia実験用マウスで報告されており（Andrewsら，1994），他の実験用マウス系統でもみられた．

耳介の特発性乾性壊疽

本病態は，若齢マウスでみられることがあり，低温とシラミ寄生に伴う過度のグルーミングと関連があるようである（Scottら，2001）．耳介の末端側1/3の紅斑が，急速に壊死と脱落に発展する．

脱毛症

マウスとラットでは多彩な外皮のタイプが認められる．主なタイプはスタンダードの短毛マウス，巻き毛のレックス(rex)と被毛を欠くヘアレスである．これは正常範囲内の多様性であり，臨床的疾患と間違えてはならない（図22-7）．さらに，尾のあるマウスと尾のないマウスがあり，正常な耳介のマウスと耳介が後方に折れた，いわゆる"ダンボ"マウスが認められている．

腫　瘍

皮膚腫瘍はマウスで珍しいが，多数の型の腫瘍が，特に実験動物用のマウス系統で報告されている（Peckham & Heider, 1999）．ペット用のマウスにおいては，扁平上皮癌が最も高頻度に起こる．真皮乳頭腫，線維腫，線維肉腫と間葉系腫瘍も報告されている．

処　方

チンチラに関する第16章，p.188 表16-1を参照．

図22-7 無毛"ダンボ（Dumbo）"マウス．無毛のマウス系統に特徴的な，後方に折れた大きな耳に留意．

参考文献

Andrews, A.G., Dysko, R.C., Spilman, S.C. *et al.* (1994) 'Immune complex vasculitis with secondary ulcerative dermatitis in aged C57BL/6Nnia mice'. *Veterinary Pathology*, 31,pp. 293-300.

Bourdeau, P.J., Houdre, L. and Marchand, A.M. (2003) 'Effficacy of Selamectin® spot-on for the control of *Myobia musculi and Myocoptes musculinus* infections in mice'. *WAAVP Nineteenth Conference*, New Orleans, p. 91.

Collins, B.R. (1987) 'Dermatologic disorders of common small non-domestic animals'. In: *Dermatology. Contemporary Issues in Small Animal Practice*, Vol. VIII, Nesbitt, G.H. (ed). Churchill Livingstone, pp. 235-294.

Conole, J., Wilkinson, M.J. and McKellar, Q.A. (2003) 'Some observations on the pharmacological properties of ivermectin during treatment of a mite infestation in mice'. *Contemporary Topics in Laboratory Animal Science*, 42:4, pp. 42-45.

Ellis, C. and Mori, M. (2001) 'Skin diseases of rodents and small exotic mammals'. *Veterinary Clinics of North America: Exotic Animal Practice*, 4:2, pp. 523-527

Le Blanc, S.A., Faith, R.E. and Montgomery, C.A. (1993) 'Use of topical ivermectin treatment for *Syphacia obvelata* in mice'. *Laboratory Animal Science*, 43:5, pp. 526-528.

Mahler, M. and Jelinek, F. (2000) 'Granulomatous inflammation in the tails of mice associated with *Mycobacterium chelonae* infection'. *Laboratory Animals*, 34, pp. 212.

Peckham, J. C. and Heider, K. (1999) 'Skin and subcutis'. In: *Pathology of the Mouse*, Maronpot, R.R. (ed). Cache River Press, Vienna, Il, pp. 555-612.

Scott, D.W., Miller, W.H. and Griffin, C.E. (2001) 'Dermatoses of pet rodents, rabbits and ferrets'. In: *Muller and Kirk's Small Animal Dermatology*, 6th Edn. W.B. Saunders Company, Philadelphia, pp. 1415-1458.

Weisbroth, S.H. (1982) 'Arthropods'. In: *The Mouse in Biomedical Research*, Vol. II, Foster, H.L., Small, J.D. and Fox, J.H. (eds). Academic Press, New York, pp. 385-402.

第 23 章
ウサギの皮膚疾患と治療

細菌性疾患

膿　瘍

原因と病理発生
　膿瘍は皮膚の傷を介しての細菌の侵入により生じるか，よりまれではあるが，菌血症により二次的に発生する．顔面の膿瘍は歯牙のまたは鼻涙管疾患を頻繁に伴う．通常，*Pasteurella multocida* と黄色ブドウ球菌（*Staphylococcus aureus*）が，ウサギの膿瘍からは分離され，プロテウス，緑膿菌，バクテロイデスとその他の細菌が時折見つかる．ウサギの膿は濃厚，粘稠性で，排膿するのが非常に難しく，通常は厚い膿瘍膜を形成する．

臨床徴候
　臨床徴候は，単発性または多発性の皮下結節で構成され，排泄洞または関連する傷が存在する場合としない場合がある．もし歯牙疾患または鼻涙管疾患を伴う場合は，顔面の腫脹，流涙と食欲不振がよくみられる徴候である（図 23-1）．

診断と治療
　診断は染色細針吸引標本の検査によって行うことが可能である．細針吸引検査は，ウサギの膿が乾酪様であるために 21 ゲージ針によって採取する必要がある．細胞診が混合感染症を示唆する場合は，適当な抗生物質を選択できるように，嫌気培養を含む，培養を実施することが望ましい．頭部X線撮影は，予後を判断するために，どんな顔面膿瘍についても不可欠である．典型的な皮下膿瘍は，完全な外科的切除が最善の治療法である．外科的切除が不可能な場合は，切開と消毒液での積極的洗浄に加えて，適切な全身的な抗生物質治療を実施する．ゲンタマイシンの膿瘍膜内への注入が効果的であるという報告がいくつかある（White ら，2003）．膿瘍が下部の骨を病変に巻き込んでいる場合は，予後は極めて悪い．
　多くの症例で，外科的創面切除，患歯の除去と抗生物質を含浸させたメタクリル酸メチル樹

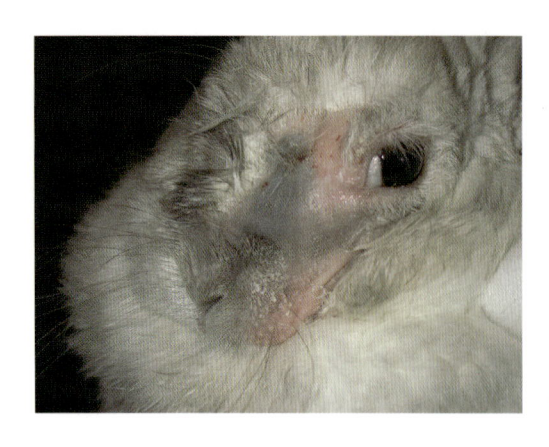

図 23-1　ウサギの顔面膿瘍.

脂ビーズの膿瘍腔への充填が成功している．著者は，高度の組織壊死を引き起こすため，水酸化カルシウムの使用を推奨しないが，一部の開業医は好んで用いている．

蜂窩織炎

原因と病理発生

急性蜂窩織炎は，通常，黄色ブドウ球菌または *Pasteurella multocida* の感染による（Jenkins, 2001）．

臨床徴候

臨床徴候は，通常，頭部，頸部または胸部の痛みを伴う浮腫性の皮膚腫脹である．ウサギは通常，発熱（40～42℃）し，沈うつとなり，食欲不振を示す．パスツレラも，より軽度の顔面の粘膜皮膚痂皮形成徴候を示す可能性がある（図 23-2）．

診断と治療

診断は，臨床徴候，押捺塗抹標本と培養と感受性試験の結果に基づく．治療は，細菌の培養

図 23-2　ウサギの顔面のパスツレラ感染症．
（原図：J. Fontanie）

と感受性試験の結果に基づく積極的な抗生物質治療と，体温を降下させるための水浴を含む支持療法からなる．生き残ったウサギでは，蜂窩織炎は膿瘍になるか，あるいは患部領域における壊死性の焼痂（厚く凝固した痂皮）を形成することがある．

湿性皮膚炎〔"ブルーファー病（blue fur disease）"〕

原因と病理発生

湿性皮膚炎は，大きな肉垂をもつ太りすぎの雌のウサギ，または，重度の歯牙疾患と過剰な流涎のあるウサギで頻繁にみられる．不適切な給水器でも皮膚がふやけた状態（浸軟）に至る可能性がある．皮膚が常に湿潤な状態であると，緑膿菌属が増殖しやすくなる．

臨床徴候

湿潤な被毛には，緑膿菌（*Pseudomonas aeruginosa*）または時に他の細菌が感染する．緑膿菌が感染に関与していると，被毛は特徴のある青色に変色する．

診断と治療

診断は，臨床徴候と細胞診に基づく．治療は患部の毛刈り，消毒液の使用（例，希釈クロルヘキシジンまたは酢酸を基材とするシャンプー）に加えて，根本原因について検討する．場合によっては，培養と感受性試験の結果に基づく全身的な抗生物質投与が必要である．

ウサギ梅毒／性器トレポネーマ症

原因と病理発生

ウサギ梅毒は，スピロヘータ，*Treponema cuniculi* に起因する．伝播は交尾による直接接触である．子ウサギは罹患している母ウサギの産道を通り抜ける時に感染する．潜伏期間は長く，通常，暴露後3～6週で病変が出現し，8～12週後に血清学的に抗体が陽転する．ウサギ梅毒は人獣共通感染症ではない．

臨床徴候

臨床徴候は比較的まれで，無症状感染が一般的であると考えられ，血清学的スクリーニングでウサギの25％までが感染していることが示唆されている（Jenkins, 2001）．病変は，会陰部周囲の発赤と水腫に始まり，小疱，潰瘍，痂皮と増殖性病変へ進展し，顔面周囲にもウサギ自身が感染を広げる．ウサギは無症候性キャリアーの可能性があり，最初の暴露後，しばしば数ヵ月あるいは数年後に，ストレスが疾患顕性化の引き金となる．

診断と治療

臨床徴候は非常に特徴的であるが，確定診断は掻爬標本からの病原体を暗視野背景下で顕微鏡観察するか，生検標本を塗銀染色法で特殊染色することで行う．人の梅毒〔梅毒トレポネーマ（*Treponema pallidum*）〕の検出のための血清学的試験を使用することができる．病変は自己限定的であり得るが，効果的治療法は7日ごとに1回，ペニシリンG（42,000～84,000IU/kg）を3回投与する．治療したウサギについては，抗生物質関連性の腸性毒血症徴候を厳密にモニターすべきである．病原体に暴露された全てのウサギを治療すべきである．

壊死桿菌症〔シュモール（シュモルル）病，Schmorl病〕

原因と病理発生

壊死桿菌（*Fusobacterium necrophorum*）に起因するまれな皮膚感染症である．壊死桿菌はウサギ糞便でよく見つかり，疾患は傷が糞便で汚染されることにより生じる．

臨床徴候

通常，顔面（図23-3）と頸部と，時折，足の腫脹，炎症，膿瘍形成，潰瘍と壊死が起き，下部の骨も時々病変に巻き込まれることがある．

診断と治療

診断は細菌培養によって行う．治療には創面切除と抗生物質投与があげられる．提案された一治療指針としては，40,000IU/kgのペニシリンの10～30日間皮下投与がある（Jenkins, 2001）．テトラサイクリン（Scottら，2001）と抗生物質を含浸させたPMMAビーズも使用された（Jenkins, 2001）．

真菌性疾患

皮膚糸状菌症

原因と病理発生

屋外飼育のウサギおよび実験用ウサギの皮膚糸状菌症は毛瘡白癬菌（*Trichophyton mentagrophytes*）に起因することが最も一般的であるのに対して，ペットで室内飼育のウサギでは石膏状小胞子菌（*Microsporum gypseum*）と犬小胞子菌（*M. canis*）が一般的である．人獣共通感染症の可能性があり，飼い主がアトピー体質である場合，または免疫抑制状態にある場合に危険性があるようである．

臨床徴候

ウサギは無症候性でもあり得る－104頭の健康なウサギの中の4頭の被毛から毛瘡白癬菌

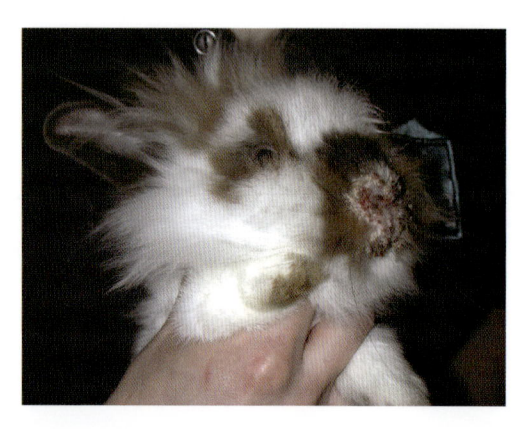

図23-3 ウサギの鼻の壊死杆菌感染症．

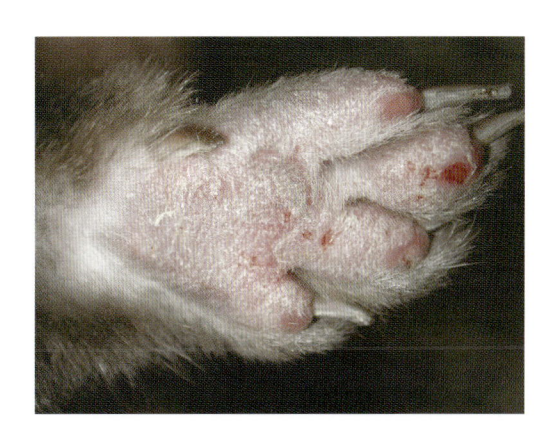

図 23-4 ウサギの足の毛瘡白癬菌に起因する皮膚糸状菌症.

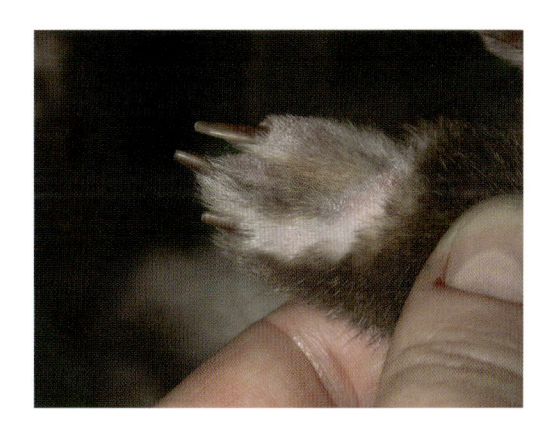

図 23-5 ウサギの足の毛瘡白癬菌に起因する皮膚糸状菌症.

(*T. mentagrophytes*) が培養されることを明らかにした研究が 1 つある（Vangeel ら，2000）．特に目と鼻の周囲と四肢に，感染による脱毛と痂皮性病変が起きることがある（図 23-4，図 23-5）．

診断と治療

診断は毛幹の顕微鏡検査と真菌培養に基づく．数株の犬小胞子菌（*M. canis*）のみが，ウッド灯下で蛍光を発し，白癬菌（*Trichophyton*）はどの株も，ウッド灯下で蛍光を発しない．毛瘡白癬菌用の間接酵素抗体法（ELISA）も開発されている（Zrimsek ら，1999）．

治療は 25 ～ 50mg/kg のグリセオフルビンの 1 日 1 回の投与で開始される．この治療法はグリセオフルビンの無認可の使用方法で，催奇形性があるので，妊娠動物には使用すべきではない．ウサギ群では接触のあった全てのウサギを治療すべきである．局所的なエニルコナゾール（0.2％）も使用されている．

ウイルス性疾患

粘液腫症

原因と病理発生

　粘液腫症は，二本鎖 DNA ポックスウイルスである，粘液腫ウイルスに起因する．カイウサギ（Oryctolagus cuniculi）において，粘液腫症は重度で，常に致命的な全身性疾患である．1950 年に，ウイルスは野生化したカイウサギの駆除を目的としてオーストラリアに導入された．1952 年に，粘液腫症はウサギをコントロールするためにフランスに導入され，残りの大陸，ヨーロッパ諸国と英国に広がった．粘液腫症は一般に米国内のウサギの臨床な問題とは見なされていないが，カリフォルニア州とオレゴン州での粘液腫症の記述がある．潜伏期間は 8 〜 21 日である．

　ウイルスは吸血性節足動物，通常，ウサギノミと蚊によって受動的に伝播される．媒介昆虫の体内では複製しない．接種部位で複製し，白血球に取り込まれて所属リンパ節に広がり，リンパ節内でさらに複製して，皮膚，脾臓，他のリンパ節，粘膜表面，精巣，肺と肝臓へ播種する．ウイルスは分泌物からも放出されるが，濃厚接触による伝播は非常にまれである．

臨床徴候

　臨床徴候は，眼瞼と生殖器の腫脹，乳状の眼性分泌物，発熱，無気力，元気消失と食欲不振である．顔面と耳のより全般的な腫脹が起こり，直径 1cm までの皮膚小結節も耳を含む顔面で見つかることがある（図 23-6）．通常 14 日以内に死亡し，死因は爆発的な細菌感染によると考えられる．より軽度な型の粘液腫症が，予め予防接種を受けたウサギでみられる．軽症例では，しばしば鼻橋と眼の周囲に痂皮病変が形成されるか，または体全体に多発性の皮下腫瘤が形成される．しばしば，罹患ウサギは看護をすることで延命する．

診断と治療

　診断は臨床徴候と病理組織検査に基づく．ウイルス分離により，確定診断することができる．

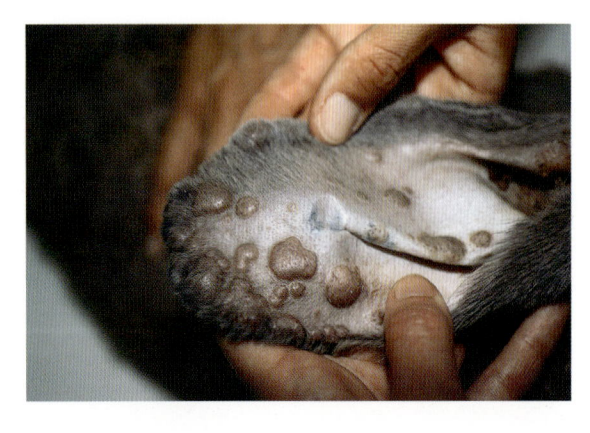

図 23-6　ウサギの耳の粘液腫症による結節性病変．（原図：Z. Alha i dari）

有効な治療法はなく，罹患したウサギについては動物愛護の見地から安楽死を選択すべきである．

コントロールには主に，交差免疫のあるショープ線維腫ウイルスの弱毒生ワクチンを接種するが，ワクチンの有効期間が短く，一部のウサギには無効である．健康なウサギにのみ予防接種をすべきで，免疫が成立するのには 14 日間かかる．ワクチンは妊娠ウサギには安全ではない．最初の投与は生後 6 週目あるいは 6 週後に行い，想定されるリスクに従って，6 ～ 12 ヵ月ごとにブースター投与を実施すべきである．良好な免疫反応を得るためには投与方法が重要で，10 分の 1 量を皮内に投与し，残りを皮下に投与する．皮膚を注射前に消毒薬またはアルコールで清布すべきではない．

媒介昆虫のコントロールにも注意を払うべきで，ノミのコントロールと同様に屋外飼育のウサギについては防虫網を使用する．猫によって持ち込まれるノミにより，屋内飼育のウサギが感染することがある．野生のウサギとの接触は避けられなければならない．

ショープ乳頭腫ウイルス

原因と病理発生

ショープ乳頭腫ウイルスは，パポバウイルスである．野生のカリフォルニアブラシウサギ（*Sylvilagus bachmani*）とワタオウサギ（*Sylvilagus floridanus*）に発生する．媒介昆虫が伝播に必要である．

臨床徴候

カイウサギ（*Oryctolagus cuniculus*）の感染は珍しいが，報告があり，耳と眼瞼周囲の複数の角様病変を引き起こす．

診断と治療

診断は臨床徴候とウイルス分離に基づく．病変の用手除去で通常は治癒し，回復したウサギは再感染に対して抵抗性を示す．実験感染では接種部位の約 75％が悪性転換し，扁平上皮癌となった．

ショープ線維腫ウイルス

原因と病理発生

ショープ線維腫ウイルスは，北米，南米の野生のウサギ（ワタオウサギ属）に自然発生しているポックスウイルスである．カイウサギは，時折，蚊を媒介昆虫として感染する．

臨床徴候

線維腫病変は，特に生殖器，会陰部，腹側腹部，足，鼻，耳介，眼瞼に単一または複数の扁平な皮下小結節として出現する．病変は，通常，接種約 30 日後に脱落する．新生子と幼若個体では，より広範な病変になる．

診断と治療

診断は臨床徴候とウイルス分離に基づく．治療は，病変が自然に退縮するため，ほとんどの

場合必要ではない．弱毒生ショープ線維腫ウイルスが，粘液腫症ワクチンとして使われる．

寄生虫性疾患

ダ　ニ

ウサギで重要な外部寄生虫には以下のものがあげられる．
- マダニ．
  - *Haemaphysalis leporis-palustris*（rabbit tick，continental rabbit tick）．
- ダ　ニ．
  - ズツキダニ科－被毛ダニ（*Leporacarus gibbus*）．
  - キュウセンヒゼンダニ科－ウサギキュウセンヒゼンダニ（ウサギ耳疥癬ダニ，ウサギショウセンコウヒゼンダニ）（*Psoroptes cuniculi*）．
  - ツメダニ科－ウサギツメダニ（*Cheyletiella parasitovorax*）．
- 他の重要性の低いダニ．
  - Psorergatidae － *Psorobia lagomorphae*．
  - ニキビダニ科－ウサギニキビダニ（*Demodex cuniculi*）．
  - ヒゼンダニ科－猫ショウセンコウヒゼンダニ（*Notoedres cati*），センコウヒゼンダニ（*Sarcoptes scabiei*）．
  - ツツガムシ科－ *Neotrombicula autumnalis*．
- 昆　虫．
  - シラミ．
    - *Haemodipsus ventricosus*．
  - ノ　ミ．
    - *Spillopsyllus cuniculi*（common European rabbit flea）．
    - 猫ノミ（*Ctenocephalides felis*）．
    - *Cediopsylla simplex*〔(common) Eastern rabbit flea〕．
    - *Odontopsyllus multispinous*（giant Eastern rabbit flea）．
    - *Echidnophaga gallinacea*（rabbit stick-tight flea）．

マダニ

原因と病理発生

多くの種のダニがウサギに寄生可能であり，最も頻繁に寄生がみられるダニは *Haemaphysalis leporis-palustris* である．しかし，棘の多い耳ダニ（spinose ear tick）－ *Otobius megnini* とマダニ属のような他のダニもウサギに見つかる可能性がある．

臨床徴候

重度寄生によって貧血が起きることがあり，ダニは粘液腫症，乳頭腫症と野兎病の媒介体と

しての働くことがある．耳ダニ寄生は，耳と鼓膜への重度の障害につながることがある．
診断と治療
診断は臨床徴候に基づいてなされる．ダニは手で取り除くか，0.4mg/kgの全身性アイバメクチンで治療可能である（Jenkins, 2001）．

ダ　ニ

ズツキダニ科

（被）毛ダニ

原因と病理発生
（被）毛ダニ〔*Listrophorus*（*Leporacarus*）*gibbus*〕は，一般に，重度寄生でも非病原性であると記載されている，非穿孔性の被毛のダニである．皮脂腺分泌物と毛の残渣を餌にしていると考えられている．被毛ダニ寄生のあるウサギを取り扱った人が皮膚炎になることがある．
臨床徴候
ダニは被毛全体に認められ，皮膚表面に散らばっているよりは，むしろ，単一の毛につかまっているのを発見される傾向にある（図23-7）．一般に寄生による症状はない．まれに，寄生が，脱毛，脂漏，換毛異常と関係していることがある（図23-8）（Jenkins, 2001；Pinter, 1999）．
診断と治療
診断はダニの同定に基づく．卵円形のダニで，歩脚も把握には適していない，卵円形である．治療法は述べられていない．

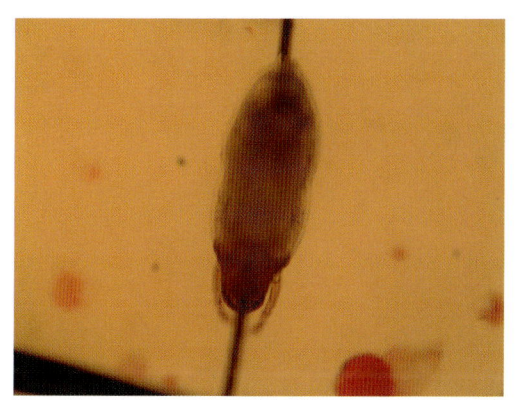

図 23-7　ウサギの毛につかまった状態のダニ (fur-clasping mite).

図 23-8　ウサギの被毛ダニ（*Leporacarus gibbus*）寄生．（原図：J.D. Littlewood）

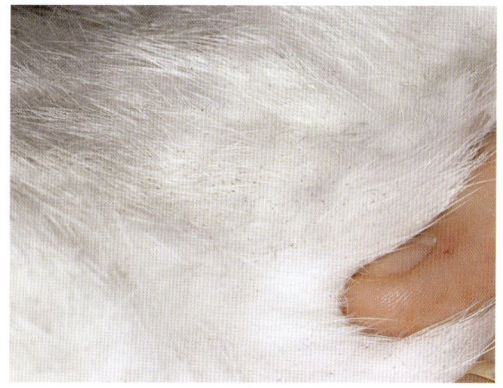

キュウセンヒゼンダニ科

ウサギキュウセンヒゼンダニ（ウサギ耳疥癬ダニ）

原因と病理発生
　ウサギキュウセンヒゼンダニはウサギの耳ダニである．激しい耳への刺激を引き起こす非穿孔性のダニである．生活環は3週間未満で，成ダニは周囲の温度と湿度に依存して，最高21日間，ウサギに寄生して生存する．剥離した表皮の残渣，特に脂分を餌にする．ダニの唾液と糞内の抗原性物質が，激しい炎症性反応を引き起こす可能性がある．伝播は直接接触による．

臨床徴候
　ダニ寄生により，ウサギは頭を振り，充血した耳を掻くようになる．耳の病変は軽度の痂皮形成を伴う紅斑徴候をもたらす（図23-9）．より進行した症例では，ダニに対する反応として，多量の滲出液が産生され，顔面と頸部に広がる可能性のある，耳道を満たす厚い痂皮形成に至る（図23-10）．さらに，鼓膜が穿孔することがあり，化膿性中耳炎（二次的細菌感染）と髄膜炎に至ることがある．

診断と治療
　ダニを耳鏡検査（図23-11）または，耳垢の顕微鏡検査によって観察することができる．ダニは卵円形で，脚の先端部に吸盤を伴う長い柄節を有する（図23-12）．推奨されている治療はアイバメクチン（0.4mg/kgを10～14日ごとに1回皮下注射することを3回繰り返す）ま

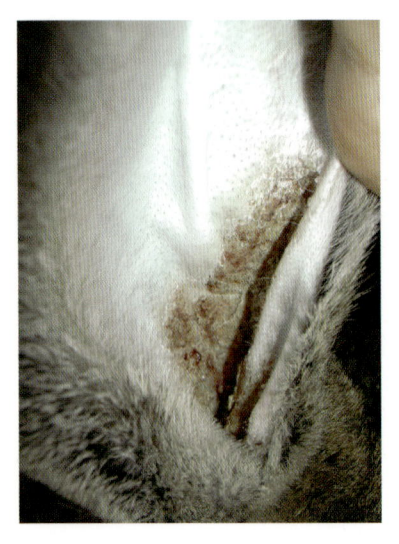

図23-9　ウサギキュウセンヒゼンダニ寄生の軽度例.

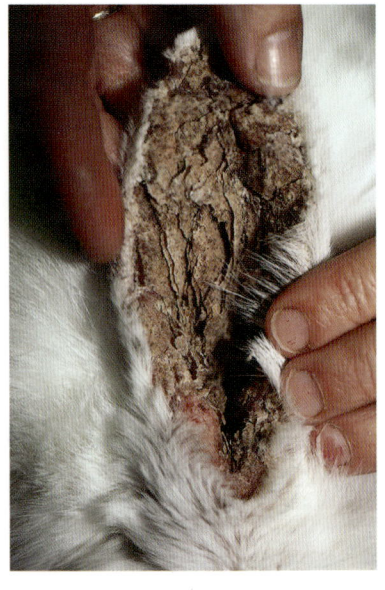

図23-10　ウサギの耳の重度のウサギキュウセンヒゼンダニ寄生.

第23章 ウサギの皮膚疾患と治療　279

図23-11　キュウセンヒゼンダニ属の顕微鏡像．

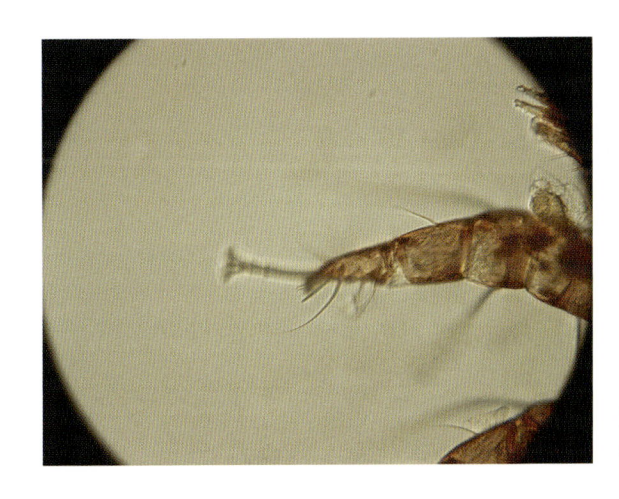

図23-12　キュウセンヒゼンダニの長い分節をもった吸盤．

たはモキシデクチン(0.2mg/kgを10日ごとに1回皮下注射することを2回繰り返す)(Whiteら，2003)．寄生が認められたウサギと接触したウサギは全て治療すべきである．軽度の感染はダニ駆除用の点耳薬で治療されるかもしれない．厚い痂皮は全身的な治療で寛解するが，必要に応じて，痂皮を取り除く前に鉱物油で柔軟化できる．そうしないと，耳道被覆上皮が傷害される．

ツメダニ科

ウサギツメダニ

原因と病理発生

　ウサギツメダニは，ウサギの被毛ダニである．かろうじて肉眼で見える大きさの非穿孔性のダニである．多くのウサギに寄生しているが，明白な徴候はない．ダニは，特に体背側の皮膚表面に生息している．ダニは組織液を吸うために針のような口の部分を皮膚に突き刺す．伝播

は直接接触である．ツメダニは人獣共通感染症で，人には丘疹性皮膚炎を引き起こす．生活環は 14 〜 21 日で，雌の成ダニは宿主から離れても少なくとも 10 日間，生き残ることができる．

臨床徴候

　病変は，背部に沿っての痂皮と落屑を伴い一般に重度ではないが，重度寄生により，軽い痒みと部分的な脱毛が生じる（図 23-13）．古典的には，"歩くフケ（walking dandruff）"と言われる．免疫学的に欠陥があるウサギの症例では，より重度のことがある（図 23-14）．

診断と治療

　診断はアセテートテープテストで簡単に行える．ダニは典型的には口の部分が鉤形で，鞍型である（図 23-15）．治療の第一選択肢は，アイバメクチンで 400 μg/kg を 10 〜 14 日ごとに 1 回皮下注射することを 3 回繰り返す．代替治療法には，セラメクチン（Harcourt-Brown, 2002），石灰硫黄剤薬液浴と局所的なペルメトリン製剤があげられる．寄生が認められたウサギと接触したウサギは全て治療すべきで，環境は完全に消毒すべきである．

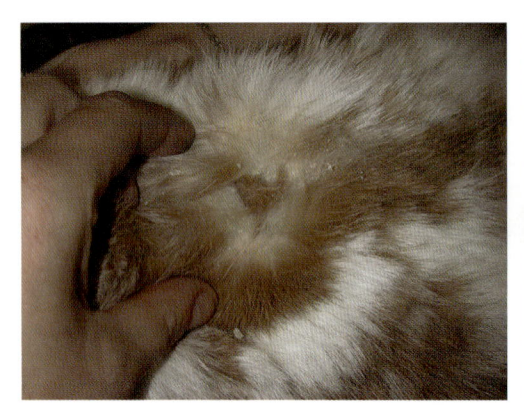

図 23-13　ツメダニ症のウサギの背部の落屑．

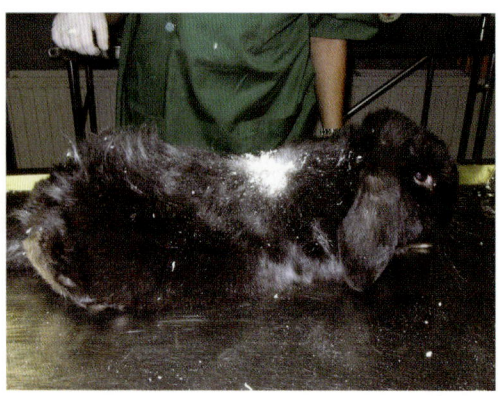

図 23-14　重度の全身性ツメダニ寄生．（原図：J. Fontanie）

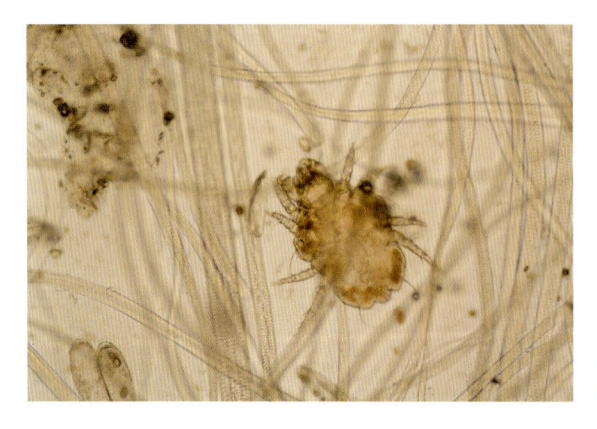

図 23-15　ツメダニ．（原図：J.D. Littlewood）

他のダニ

Psorergatidae

Psorobia lagomorphae の新亜種が，6 ヵ月齢のドワーフウサギに軽度の瘙痒症と脱毛症を起こすことが報告された（Bordeau ら，2001）．

ヒゼンダニ科

センコウヒゼンダニ（*Sarcoptes scabiei* var. *cuniculi*）と猫ショウセンコウヒゼンダニ（*Notoedres cati* var. *cuniculi*）が時折報告されるが，まれである．寄生は瘙痒性皮膚病を伴う．治療は，他のダニと同じくアイバメクチンで行う．

ニキビダニ科

ウサギニキビダニは滅多に見つからず，病的意義は知られていない（Harvey, 1990）．寄生を受けたウサギは，さまざまの程度の痒みを示すことがある．

ツツガムシ科

ツツガムシ（*Trombicula autumnalis*）は，屋外で飼育されているウサギに見つかり，激しい痒み，斑と膿疱形成を引き起こす（Harcourt-Brown, 2002）．

ノ ミ

原因と病理発生

Spillopsyllus cuniculi（"stick-tight" flea）（**訳者注**：*Spillopsyllus cuniculi* の英名は common European rabbit flea とも記載されていた．）はウサギノミで，粘液腫症の媒介体として重要である．猫ノミ（*Ctenocephalides felis*）はウサギも宿主とすることができ，ペットのウサギでより頻繁に見つかる．米国では，Eastern rabbit flea（*Cediopsylla simplex*），giant Eastern rabbit flea（*Odontopsyllus multispinous*）と stick-tight flea（*Echidnophaga gallinacea*）も見つかる．

臨床徴候

重度のノミ寄生は，外傷性脱毛と擦過傷として受診する瘙痒症と自傷につながる可能性がある．

診断と治療

診断はウサギに寄生するノミを捕獲すること（図 23-16）または，ノミの糞の存在を確認するための湿紙テストの結果が陽性であることによってなされる．もし，猫，犬あるいは環境が常法に従って対処されていれば，ウサギの治療は滅多に必要ではない．イミダクロプリド（Hutchinson ら，2001）とセラメクチン（Harcourt-Brown, 2002）はウサギのノミ治療に有効である．ルフェヌロンの長期使用も，安全であると報告されている（Jenkins, 2001）．フィ

図 23-16 ウサギノミ *Spillopsyllus cuniculi*.
（原図：J.D. Littlewood）

プロニル（Fipronil®）は副作用が報告されており，使用すべきではない．

シラミ

原因と病理発生

Haemodipsus ventricosus は，ペットのウサギでは珍しい．

臨床徴候

特に免疫抑制個体で貧血と痒みの原因になる．

診断と治療

治療には全身性アイバメクチンが使用可能で，イミダクロプリドが犬には効果的なようで，ウサギでも使用可能であろう．

その他の寄生虫

ハエウジ症（ハエ幼虫症）－ウジの発生

原因と病理発生

ウジの発生（flystrike）は，ウサギでは夏期に頻繁にみられる．英国では，ハエウジ病は主にキンバエ（greenbottle fly, *Lucilia caesar*, キンバエ属）に起因する．ハエウジ症は通常，原発性（例えば，無傷の皮膚）で，ハエは会陰部周囲の糞の蓄積部，殊に生殖器の片側の襞に集中する．ハエウジ症のウサギは，例外なく食糞をせず，それは多数の要因，つまり歯周病，肥満，背中の障害と加齢が原因である．重度の下痢と尿失禁による尿やけもハエを引きつける．

卵は12時間以内に孵化し，有害ではないL1ウジとなる．3日以内に，L1幼虫は，組織損傷を引き起こすL2とL3に脱皮する．少なくとも60％の湿度と9～11℃の温度が環境条件としてウジの発生に必要である．ウジは局所麻酔作用のある物質を分泌している可能性が考えられており，そのため，障害は滅多にウサギにとって苦痛があるものとしては観察されない．米国では，傷の端に産卵するニクバエ（*Wohlfartia vigil*）が最も一般的である．

臨床徴候

臨床徴候は，卵が孵って4日後に，存在するウジの数と寄生時間によって明らかになる．びらん，潰瘍と広範囲の組織障害がウジと関連している．

診断と治療

診断は，臨床徴候に基づいてなされる．最初の治療は，毛を刈り，患部をきれいにし，手でウジを除去し，希釈した消毒液で患部を洗浄する．中毒性ショックに対して直ちに支持療法を実施すべきである（重症例では暖めること，補液と副腎皮質ステロイド）．皮下と内部のウジと同時にこれから孵化する全てのウジを殺すために，皮下に0.4mg/kgのアイバメクチンも全身的に投与する．壊死組織の二次的な細菌（しばしばクロストリジウム）感染症が起こるので，適当な抗生物質のカバーが必要となる．局所銀サルファダイアジンクリームも推奨された（Jenkins, 2001）．食糞または尿貯留の根本原因をそれから検索すべきである．シロマジンは，ウサギのウジ発生防止用に承認される昆虫成長抑制剤である．ハエはシロマジンを忌避しないが，L1からL2への脱皮を妨げる．ペルメトリンは予防措置として2週ごとに使用できる滴下用の製品である．入手可能ないくつかの製品はハエ駆除剤も含んでいる．

ヒフバエ属

ヒフバエ属幼虫もウサギに寄生して瘻管性結節の原因となる．幼虫は，1匹ずつ取り出すべきである．

連節共尾虫

条虫である連節共尾虫（*Taenia serialis*）による連節共尾虫性嚢胞が，外科的に摘出可能な波動感のある皮下の腫脹としてウサギで報告されている（Fountain, 2000；Bennett, 2001；Wills, 2001）．

ウサギ蟯虫

ウサギ蟯虫（*Passalurus ambiguous*）は実験用ウサギに頻繁に存在し，時折，肛門領域の痒みに関連し，自傷と直腸脱を起こす．

環境性および行動性病態

潰瘍性足（底部）皮膚炎

原因と病理発生

潰瘍性足底部皮膚炎は，湿った床敷または格子床の上で飼われている太り過ぎた不活発なウサギで頻繁にみられる中足骨領域の慢性潰瘍性肉芽腫皮膚炎である．時折，掌部領域が罹患することがある．遺伝的要因が関与しているとも考えられ，粗毛（ガードヘア，guard hair）による防御の欠如している，レッキス種ウサギでは特に罹患しやすい．

臨床徴候

骨の上に密着している皮膚への圧力増加は，潰瘍性の傷を生じさせる，虚血と壊死を引き起こす（図23-17）．骨髄炎へ進行する可能性のある，黄色ブドウ球菌による二次感染が起こる．滑膜感染は，浅趾屈筋腱の変位に至る可能性がある（Harcourt-Brown, 2002）．

診断と治療

診断は，臨床徴候に基づいてなされる．病変の細胞診は，何らかの二次感染を同定するのに役立つ可能性がある．細胞診で桿菌がみられる場合は，培養を行うべきである．治療は原因検索に加えて，病変の創面切除と消毒，局所性で全身性の抗生物質治療，包帯と鎮痛である．病変の寛解は困難で，骨髄炎および腱の変位があるウサギの予後は不定で要注意である．

くり返しの毛咬みと過剰グルーミング

くり返しの毛咬み（barbering）と過剰グルーミングが，ウサギにみられることがあるが，一般的な問題ではない．ウサギは，優位なウサギによってくり返しの毛咬みをされることがある（Hillyer, 1997；Scarff, 2000）が，どちらかと言えば，下位のウサギ同士によるくり返しの毛咬みがみられるようである（Jenkins, 2001）．発情期または低線維性飼料を給餌されている場合には，ウサギが自らくり返しの毛咬みをすることがある．過剰グルーミングは，まれな

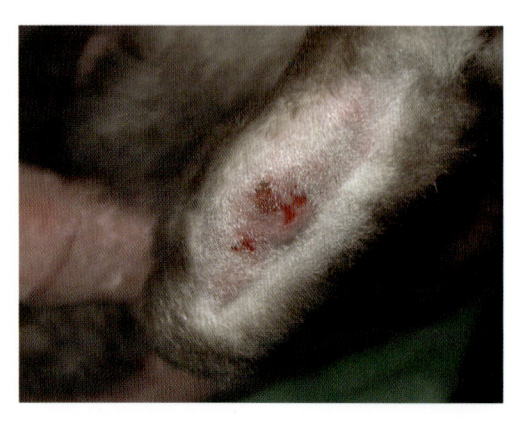

図23-17　太り過ぎのウサギの飛節の潰瘍化した傷．

行動異常である.

自己切断

強迫性自己切断が,高度に近交化されたチェッカードウサギ交配種〔checkered cross rabbit,**訳者注**:おそらくチェッカードジャイアント(checkered giant)種を指す.〕にみられ(Iglauerら,1995),それに対して筋肉内ケタミン投与とキシラジンが用いられた(Beyersら 1991).

腫　瘍

ショープ線維腫ウイルスとショープ乳頭腫ウイルスは発癌性がある(p.275,「ウイルス性疾患」参照).非ウイルス性の自然発生皮膚腫瘍はウサギでは珍しい.1研究において,トリコブラストーマ〔基底細胞腫瘍;**訳者注**:トリコブラストーマ(毛芽腫)と基底細胞腫瘍は分類上異なる〕が最も頻繁にみられる皮膚腫瘍とされている(Mauldin & Goldschmidt, 2002).皮膚リンパ腫が,ウサギで記載されている(Mauldin & Goldschmidt 2002;Whiteら,2000;Hinton & Regan,1978).

扁平上皮癌,皮脂腺癌,基底細胞癌,悪性黒色腫と乳頭腫が,ウサギで報告されるその他の皮膚腫瘍である(Scottら,2001;Mauldin & Goldschmidt,2002).

その他の病態

好酸球性肉芽腫

原因と病理発生

タイプⅡ好酸球性局面と同定される,好酸球性肉芽腫様病変が,ウサギ(ニュージーランドホワイト)で報告された(Henriksen, 1983).著者は,雑種の室内で飼育されているウサギで,1症例の好酸球性肉芽腫を確認した(未発表).病変は,アレルギー反応に対する二次的な自傷の結果として形成されたもののようである.

臨床徴候

臨床症状は,腹側腹部の自傷,体重減少と臍から会陰部にかけて広がる紅斑性,壊死性,潰瘍性のよく分画された病変である.

診断と治療

病変の診断は,押捺細胞診検査と病理組織学的検査によって可能である.対症療法と同時に感染症(皮膚糸状菌症)あるいは外部寄生虫症等の根本原因の検索を行うべきである.著者の見た例では,ツメダニとその卵が病変の辺縁部からの掻き取りで見つかった.酢酸メチルプレドニゾロンのデポ注射とダニに対するアイバメクチン治療で完全寛解が得られた.

皮脂腺炎

原因と病理発生

　4羽のウサギで皮脂腺炎が報告された（White, S.D. ら，2000）．病因は知られていない．類似した犬の病態では，皮脂腺炎は皮脂腺に対する免疫介在性病態に起因する．

臨床徴候

　非瘙痒性落屑と脱毛症が起こる．毛が簡単に抜け，著明な毛包円柱がみられる．

診断と治療

　診断は，臨床徴候，他の頻繁にみられる皮膚糸状菌症等からの除外診断と生検に基づいてなされる．病理組織学的には皮脂腺に対する炎症が明らかとなり，慢性症例では皮脂腺は消失する．2症例で，レチノイドと必須脂肪酸を用いた治療が試みられたが，無効であった．脂漏症に対するシャンプーを用いた局所療法は有効である可能性がある．

休止期脱毛症

原因と病理発生

　何らかの全身的なストレスの4～6週間後に広範囲にわたる脱毛が起こる．この病態は全身性疾患後または出産後によくみられる．

臨床徴候

　ウサギに痒みはない．擦り切れるあるいは引っ掻くことで抜けるというよりは，毛は簡単に抜け落ちて失われる．被毛は虫食い状の外観を呈する（図23-18）．

診断と治療

　診断は，臨床徴候，病歴と，特に皮脂腺炎と皮膚糸状菌症の除外診断に基づいてなされる．ウサギの刺激となっている事象から回復させれば，治療の必要はない．

図 23-18　全身性疾患のウサギの休止期脱毛症．

表23-1 ウサギの処方

薬物	用量	コメント
抗菌薬		
Cephalexin（セファレキシン）	11〜22mg/kg	腸炎になることがある
Chloramphenicol（クロラムフェニコール）	50mg/kg，筋肉内，1日2回	
Doxycycline（ドキシサイクリン）	2.5mg/kg，1日2回	
Enrofloxacin（エンロフロキサシン）	5〜10mg/kg，1日2回または10〜20mg/kg，1日1回	英国ではウサギへの投与は許可制である
Gentamicin（ゲンタマイシン）	4mg/kg，皮下，筋肉内，1日3回	
Marbofloxacin（マルボフロキサシン）	2〜5mg/kg，経口，皮下，1日2回	
Metronidazole（メトロニダゾール）	20mg/kg，1日2回	
Oxytetracycline（オキシテトラサイクリン）	15mg/kg，筋肉内，1日2回	
Penicillin（ペニシリン）	42,000〜84,000IU/kg，皮下，7日ごとに3回	ウサギ梅毒用
Trimethoprim/Sulphadiazine（トリメトプリム/スルファジアジン）	30mg/kg，1日2回	
抗真菌薬		
Griseofulvin（グリセオフルビン）	25mg/kg，経口，1日1回，28〜40日間	
抗寄生虫薬		
Ivermectin（アイバメクチン）	0.2〜0.4mg/kg，皮下，7〜14日ごと	
Moxidectin（モキシデクチン）	0.2mg/kg，皮下，10〜14日ごと	
Imidacloprid（イミダクロプリド）	猫の1回分の用量（40mg）を背部に2〜3スポットに分けて投与	最低10mg/kg
Selamectin（セラメクチン）	局所的に6mg/kg，月1回	
Lufenuron（ルフェヌロン），Cyromazine（シロマジン）	30mg/kg，経口，月1回．6％溶液	製造元の指示書に従うこと
Permethrin/pyrethrin（ペルメトリン/ピレトリン）	局所	子犬や子猫に安全な製品を使用すること

皮膚無力症

原因と病理発生

エーレルス-ダンロー症候群（Ehlers-Danlos syndrome）に類似したコラーゲンの欠陥による皮膚無力症がウサギで報告された（Harveyら，1990）．

臨床徴候

　ウサギは特に肩部付近で明らかな皮膚過伸展を呈する．皮膚への外傷がまた外傷を起こす．皮膚は，全般に"紙巻きタバコ用紙"タイプの瘢痕を伴って治癒する．ウサギの取り扱い，特に毛の手入れの時に，特別な注意が必要である．

診断と治療

　診断は臨床徴候に基づいてなされる．罹患個体からの皮膚の病理組織像には，しばしば注目すべき変化がない．確定診断には電子顕微鏡検査が必要である．事例報告として，他の家畜ではビタミンC添加が有効だったという報告がある．

隆起性皮膚斑

原因と病理発生

　加齢により，ウサギでは発毛中に隆起性皮膚斑（raised skin patch，**訳者注**：おそらくアイランドスキンと同義）が発生することがある（Collins, 1987）．

臨床徴候

　発毛の波（hair growth wave）の頻度がより低く，斑状になり，不規則な斑は周囲領域よりも，発赤し，血管に富む皮膚の肥厚した島として見える．前述の変化は増大した毛包の大きさと毛の成長期間における皮膚脈管拡大に起因する．

診断と治療

　診断は臨床徴候に基づいてなされるが，治療の必要はない．

皮膚線維症

原因と病理発生

　皮膚線維症が2頭の未去勢雄ウサギで報告されている．

臨床徴候

　両ウサギは背部皮膚の肥厚を示した（Hargreaves & Hartley, 2000；Mackay, 2000）．関連する痒みまたは脱毛症は存在しなかった．

診断と治療

　診断は臨床徴候と生検に基づいてなされるべきである．1症例の組織学的形態は未去勢雄の猫の頬部皮膚から生検においてみられた形態と類似し，著者は病変がホルモン関連性かもしれないということを提案した．治療は記述されていなかった．

参考文献

Bennett, H.（2001）'Coenurus cyst in a pet rabbit'. *Veterinary Record*, 147, p. 428.

Beyers, T.M., Richardson, J.A. and Dale Prince, M.（1991）'Axonal degeneration and self-mutilation as a complication of intramuscular use of ketamine and xylazine in rabbits'.

Laboratory Animal Science, 41:5, p. 519-520.

Bourdeau, P., Fain, A. and Fromeaux-Cau, C. (2001) 'An original dermatosis in a rabbit (*Oryctolagus cuniculus*) due to a newly discovered mite *Psorobia lagomorphae* nov. subsp. (abstract)'. In: *Proceedings of the Seventeenth European Society of Veterinary Dermatology and European College of Veterinary Dermatology Congress*, p. 188.

Collins, B.R. (1987) 'Dermatologic disorders of common small non-domestic animals'. In: *Contemporary Issues in Small Animal Practice: Dermatology*, Nesbitt, G.H. (ed). Churchill Livingstone, New York.

Fountain, K. (2000) '*Coenurus serialis* in a pet rabbit'. *Veterinary Record*, 147, p. 340.

Harcourt-Brown, F. (2002) *Textbook of Rabbit Medicine*. Butterworth Heinemann, Oxford.

Hargreaves, J. and Hartley, N. J.W. (2000) 'Dermal fibrosis in a rabbit'. *Veterinary Record*, 147, p. 400.

Harvey, R. G. (1990) '*Demodex cuniculi* in dwarf rabbits (*Orytolagus cuniculi*)'. *Journal of Small Animal Practice*, 31, pp. 204-207.

Harvey, R.G., Brown, P.F., Young, R.D. and Whitbread, T.J. (1990) 'A connective tissue defect in two rabbits similar to the Ehlers-Danlos syndrome'. *Veterinary Record*, 126, pp. 130-132.

Henriksen, P. (1983) 'Eosinophilic granuloma-like lesion in a rabbit'. *Nordisk Veterinaermedicin*, 35, pp. 243-244.

Hillyer, E.V. (1997) 'Dermatologic Diseases'. In: *Ferrets, Rabbits and Rodents. Clinical Medicine and Surgery*, Hillyer, E.V. and Quesenberry, K.E. (eds). W.B. Saunders Company, Philadelphia, pp. 212-219.

Hinton, H. and Regan, M. (1978) 'Cutaneous lymphoma in a rabbit'. *Veterinary Record*, 103, pp. 140-1.

Hutchinson, M.J., Jacobs, D.E., Bell, G.D. and Mencke, N. (2001) 'Evaluation of imidocloprid for the treatment and prevention of cat flea (*Ctenocephalides felis felis*) infestations on rabbits'. *Veterinary Record*, 148, pp. 695-696.

Iglauer, F., Beig, C., Dimigen, J., *et al.* (1995) 'Hereditary compulsive self-mutilating behaviour in laboratory rabbits'. *Laboratory Animals*, 29, pp. 385-393.

Jenkins, J. R. (2001) 'Skin disorders of the rabbit'. *Veterinary Clinics of North America: Exotic Animal Practice*, 4:2, pp. 543-563.

Mackay, R. (2000) 'Dermal fibrosis in a rabbit'. *Veterinary Record*, 147, p. 252.

Mauldin, E.A. and Goldschmidt, M.H. (2002) 'A retrospective study of cutaneous neoplasms in domestic rabbits (1990-2001) (abstract)'. *Veterinary Dermatology* 13, p. 214.

Pinter, L. (1999) '*Leporacarus gibbus* and *Spilopsyllus cuniculi* infestation in a pet rabbit'. *Journal of Small Animal Practice*, 40, pp. 220-221.

Scarff, D.H. (2000) 'Dermatoses'. In: *BSAVA Manual of Rabbit Medicine and Surgery*, Flecknell,

P.A. (ed). BSAVA, Gloucester, pp. 69-79.

Scott, D.W., Miller, W.H. and Griffin, C.E. (2001) 'Dermatoses of pet rodents, rabbits and ferrets'. In: *Muller and Kirk's Small Animal Dermatology*, 6th Edn. W.B. Saunders Company, Philadelphia, pp. 1415-1458.

White, S.D., Linder, K.E., Schultheiss, P., *et al.* (2000). 'Sebaceous adenitis in four domestic rabbits'. *Veterinary Dermatology*, 11, pp. 53-60.

White, S., Campbell, T., Logan, A., *et al.* (2000) 'Lymphoma with cutaneous involvement in three domestic rabbits'. *Veterinary Dermatology*, 11, pp. 61-67.

White, S.D., Bourdeau, P.J. and Meredith, A. (2003) 'Dermatologic problems of rabbits'. *Compendium on Continuing Education for the Practicing Veterinarian*, 25:2, pp. 90-101.

Wills, J. (2001) 'Coenurosis in a pet rabbit'. *Veterinary Record*, 148, p. 188.

Vangeel, I., Pasmans, F., Vanrobaeays, M., *et al.* (2000) 'Prevalence of dermatophytes in asymptomatic guinea pigs and rabbits'. *Veterinary Record*, 146, pp. 440-441.

Zrimsek, P., Kos, J., Pinter, L. and Drobnic-Kosork, M. (1999) 'Detection by ELISA of the hunoral immune response in rabbits naturally infected with *Trichophyton mentagrophytes*'. *Veterinary Microbiology*, 70, pp. 77-86.

第24章
ラットの皮膚疾患と治療

細菌性疾患

ブドウ球菌およびレンサ球菌感染症

原因と病理発生

　黄色ブドウ球菌（*Staphylococcus aureus*）とレンサ球菌はともに，ラットに皮膚疾患を引き起こすことが確認されている．咬傷（図24-1，図24-2）等の外傷，またはダニ寄生が一般的な原発性要因であるが，根本的な原因は発見されないことがよくある．

臨床徴候

　一部の病変は痂皮が形成され，終息するが，多くの病変は高度に瘙痒性で重度の自傷に至る．診断と治療は，「他の細菌」の項目を参照のこと．

他の細菌

　皮膚膿瘍も一般に咬傷と関連する．加えて，グラム陽性感染症，*Pasteurella pneumotropica*，*Klebsiella pneumoniae*，緑膿菌（*Pseudomonas aeruginosa*）と鼠らい菌（*Mycobacterium lepraemurium*）も見い出される（Scottら，2001；Ellis & Mori，2001）．

　ネズミコリネ菌（*Corynebacterium kutscheri*）は，フルンケル（せつ多発症）と皮膚の化膿性肉芽腫，と時に壊死と四肢脱落の原因となる可能性がある．

診断と治療

　診断は臨床徴候，病変の細胞診と培養の結果に基づいてなされるべきである．嫌気性細菌感染症あるいはマイコバクテリウム感染症が推定される場合は，診断機関にその件に関して連絡しておくべきである．

　全ての細菌性皮膚疾患の治療には，膿瘍の素因の排除，外科的排液またはなるべく切除すること，0.5～1.0％クロルヘキシジン等の局所的な抗菌剤と培養と感受性試験に基づく全身的

表 24-1 ラットの細菌性疾患の臨床徴候

病原体	症候群	臨床徴候
黄色ブドウ球菌	特に若齢雄の潰瘍性皮膚炎	皮膚潰瘍と自傷：典型的には頭部，顔面周囲と肩越し，体幹部に拡大
黄色ブドウ球菌（非定型，遅発育型）	SPF実験動物ラットの肉芽腫性皮膚炎と乳腺炎	肉芽腫性皮膚炎と乳腺炎（Kunstyrら，1995）
黄色ブドウ球菌とレンサ球菌 spp.	自傷または闘争による外傷	皮膚炎と膿瘍
Streptococcus moniliformis		水腫と四肢のチアノーゼ（Ellis & Mori，2001）

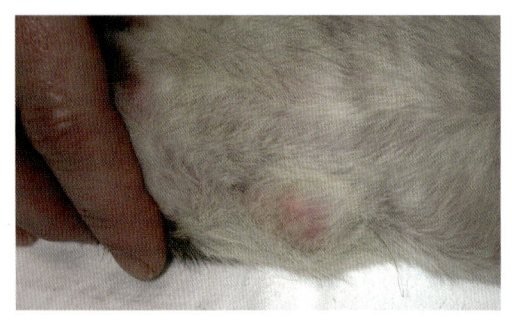

図 24-1 咬傷に起因するラットの膿瘍.

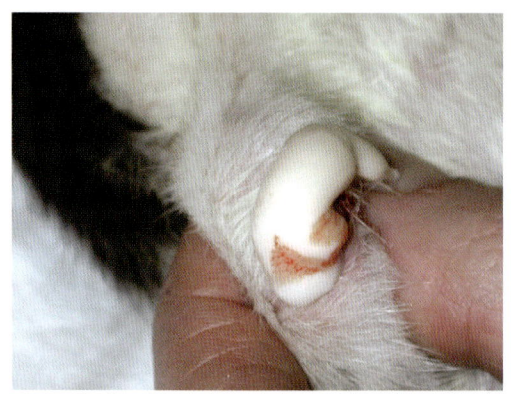

図 24-2 図 24-1 の膿瘍からの濃厚な乾酪性排出物.

な抗生物質投与があげられる．自傷を最小限にするために足の爪をトリミングすることも有用である（Wagnerら，1977）．

ウイルス性疾患

ポックスウイルス

原因と病理発生

　ポックスウイルス感染症は実験用ラットでは報告があるが，極めてまれである．

臨床徴候

　主に尾，足と鼻面の紅斑性丘疹の原因となる．患部では痂皮が形成され，時折，壊死性となり脱落することがある．

診断と治療

診断は病変の病理組織検査，電子顕微鏡検査とウイルス分離を実施することで行う．治療は支持療法と何らかの二次感染に対しての治療である．

コロナウイルス

原因と病理発生

コロナウイルスが唾液腺涙腺炎の原因として同定されている．

臨床徴候

ラットは，眼窩周囲腫脹，角結膜炎と眼球周囲炎が認められ，着色された涙が眼の周囲に溢れ出る．

診断と治療

診断は，病変の病理組織検査，電子顕微鏡検査とウイルス分離とともに臨床徴候に基づいて行うべきである．治療は二次感染に対する薬物療法と同時に支持療法を実施すべきである．

真菌性疾患

皮膚糸状菌症

原因と病理発生

皮膚糸状菌症はラットではまれであるが，毛瘡白癬菌（*Trichophyton mentagrophytes*）が最も頻繁に遭遇する原因体である．伝播は直接接触と感染媒介物との接触である．皮膚糸状菌は，至適状況下では長期間，環境中で感染力を保持できる．飼い主には，この感染症は人獣共通感染症としての可能性があることを警告すべきである．

臨床徴候

ラットは無症候性キャリアーとして，病変のないままである．臨床徴候は免疫抑制状態のラットでみられる可能性が高く，通常は背部と尾根部の脱毛と非瘙痒性落屑が認められることがある．

診断と治療

診断は，皮膚掻爬標本を10％水酸化カリウム（KOH）で処理し顕微鏡検査するか，または真菌培養の結果に基づいて行う．治療は経口的グリセオフルビン投与，あるいは培養が2回陰性となるまで，週に2回エニルコナゾールで体を洗うことである．罹患ラット群についての，環境への対処としては $1m^2$ につき50mgのエニルコナゾール溶液を毎週2回，20週間使用する．

外部寄生虫

ラットの重要な外部寄生虫には以下のものがあげられる．

- ダ　ニ．

- ケモチダニ科−ラットラドフォードケモチダニ（*Radfordia ensifera*）．
- ヒゼンダニ科−ネズミショウセンコウヒゼンダニ（*Notoedres muris*），ヒゼンダニ（*Sarcoptes scabiei var. cuniculi*），*Trixacarus diversus*，*Trixacarus caviae*．
- ワクモ科−*Liponyssoides sanguineus*．
- 昆　虫．
  - シラミ−吸血シラミ（*Polyplax spinulosa*）〔別名：ラットトゲジラミ（spined rat louse）〕．

ダ　ニ

ケモチダニ科

ラットラドフォードケモチダニ

原因と病理発生

特に頭部と頸部で被毛全体の毛の根元に寄生する．ダニは細胞外体組織を餌にしている．伝播は直接接触による．ラットラドフォードケモチダニの生活環は21〜23日と考えられている．

臨床徴候

寄生により，頭部と肩部周囲に痒みが起き，自傷性の潰瘍性痂皮性病変に至る．二次的な細菌性皮膚炎とアレルギー性皮膚炎がダニに関連している可能性がある（Ellis & Mori, 2001）．

診断と治療

診断はテープを皮膚に押し当てて剥がす方法（セロハンテープ法）と皮膚掻爬法でダニを同定することにより行う．ダニの体は卵円形で脚は顕著な爪を有する．形態はハツカネズミケモチダニ（*Myobia musculi*）に類似しているが，第二脚の先端に1本ではなく2本の爪をもつ．治療は，10〜14日ごとに，200〜400μg/kgのアイバメクチンを皮下投与し，これを2〜3回行う．アイバメクチン0.08％，の経口治療法があり，sheep drench（Oramec™, Merial Animal Health Ltd），4ml（3.2mg）を飲水1Lに添加し，1週投薬，1週休薬，1週投薬を行うのも効果的である（MacHole, 1996）．局所的なセラメクチンも使用されている．1つの研究では0日目と30日目に12mg/kgと24mg/kgを投与し90日目に100％の有効性を見い出している（Njaaら，1957）．

ヒゼンダニ科

ネズミショウセンコウヒゼンダニ（*耳疥癬ダニ*）

原因と病理発生

ネズミショウセンコウヒゼンダニ（ear mange mite）は穿孔性のダニで報告は珍しいが，著者はペットのラットにおいて極めて頻繁に遭遇している．生活環は19〜21日で，卵は4〜

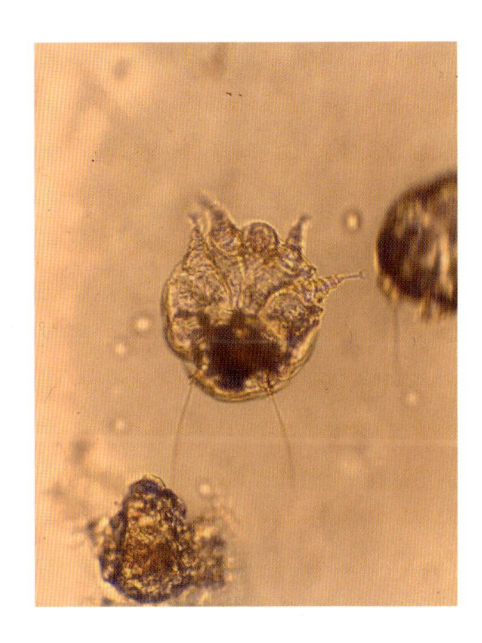

図 24-3　ラットのヒゼンダニ（ネズミショウセンコウヒゼンダニ）．

5日で孵化する．ダニは，通常，耳介と鼻に局在する．

臨床徴候

鼻と耳介の寄生は黄色の痂皮を伴う，疣状の丘疹性病変に至る．病変が尾，時に四肢と生殖器に形成されると，病変は紅斑性で小水疱性あるいは丘疹性である．

診断と治療

診断は，深部皮膚掻爬または生検で行う．ダニは，丸い体と前の一対のみが体の縁から突出する短い円錐形の脚を有する（図 24-3）．第一脚は脚先端部に吸盤のある長い柄がある．治療にはアイバメクチンを用いる．

他のヒゼンダニ科のダニ

ウサギヒゼンダニ（*Sarcoptes scabiei* var. *cuniculi*），*Trixacarus diversus*，*Trixacarus caviae* は，時折，報告されるが，まれである．これらの寄生がある時は，通常瘙痒性皮膚疾患を伴う．診断と治療法は，ショウセンコウヒゼンダニ（Notoedres）と同様である．

ワクモ科

Liponyssoides sanguineus

原因と病理発生

Liponyssoides sanguineus はマウスのダニで，マウスとラットの両方に記録されている．ワクモは，宿主を離れて床敷で大部分の時間を過ごす吸血性寄生虫である．ワクモ寄生による正

確な影響は知られていない．

臨床徴候

多数のワクモによる吸血活動は，劣悪な被毛状態，貧血，衰弱とその結果としての死につながると考えられる．

診断と治療

診断は，宿主に寄生するワクモと環境中のワクモの同定によって行われる．ダニは，吸血活動間と吸血後は赤褐色である．治療は環境を対象とすべきである．

ニキビダニ科

Demodex ratticola

原因と病理発生

Demodex ratticola は，口の周辺と鼻面の先端の毛包で見つかる毛包虫である．

臨床徴候

このダニが臨床的疾患を起こすかどうかは知られていない．

診断と治療

ダニは，顔面の皮膚掻爬標本と毛の引き抜きで同定される．ニキビダニは，短くずんぐりした脚を有する長い"葉巻き型"のダニである．治療は記述されていない．

他のダニ

ラットでもっともまれに見つかる他のダニとしては，環境中に生息し，餌を得る時だけホストに近づくイエダニ（*Liponyssus bacoti*）とハツカネズミケモチダニがあげられる（Scott ら，2001；Walberg ら，1981；MacHole，1996）．

昆 虫

シラミ

吸血シラミ

原因と病理発生

吸血シラミ（ラットトゲジラミ）は，吸血するシラミであって，ペットのラットで低頻度に見つかる．

臨床徴候

吸血シラミは，痒み，皮膚炎，落ち着きのない動きと貧血（図 24-4）を，特に若いか衰弱したラットあるいは劣悪な飼育下のラットに引き起こす．*Encephalitozoon cuniculi*, *Eperythrozoon coccoides* と *Haemobartonella muris* の媒介体となる可能性もある．

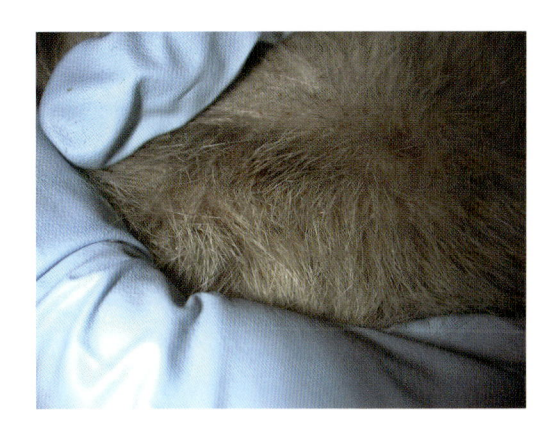

図 24-4　ラットの被毛のシラミ．

図 24-5　ラットのシラミ，ラットトゲジラミ．

診断と治療

　診断は，宿主の被毛中にシラミとその卵を同定することである（図 24-5）．

　治療は，全身性アイバメクチンまたはフィプロニル（Fipronil®）等の局所療法である．局所的なセラメクチン投与を著者は用いているが，非常に効果的である．

他の寄生虫

蟯　虫

ネズミ盲腸蟯虫

原因と病理発生

　感染は，蟯虫，ネズミ盲腸蟯虫（*Syphacia obvelata*）により起こる可能性がある．

臨床徴候

　臨床徴候としては肛門周囲の痒みと尾根部の断節（mutilation）を伴う．

診断と治療

診断は会陰部領域をセロハンテープ検査し，顕微鏡で検査して，バナナ形の卵を見つけ出す．治療はアイバメクチンで行う．

内分泌性疾患

まれに下垂体中間葉の腺腫は，過剰な ACTH 放出と副腎皮質機能亢進症をもたらすことがある．医原性クッシング病が，グルココルチコイド療法後に起こる可能性がある．

栄養性疾患

栄養性皮膚病変はペット用と実験用ラットともに珍しいが，実験的に作出することはできる（表 24-2 参照）．

診断と治療

診断は臨床徴候と餌の分析に基づいてなされる．治療は餌のバランスを修正することを目指して行うべきである．

環境性および行動性病態

くり返しの毛咬み

くり返しの毛咬みは，ラットでは，滅多にみられない．皮膚外傷と二次細菌感染に至る闘争は，特に雄の成ラット間で起こることがある．

潰瘍性足底部皮膚炎

原因と病理発生

後肢の足底部の表面の潰瘍性足底部皮膚炎が，時折ラットでみられる．肥満，劣悪なケージ

表 24-2 ラットの栄養性疾患

欠乏	臨床徴候
蛋白質	剥脱性皮膚炎，脱毛と毛の色素脱失
亜鉛	剥脱性皮膚炎，脱毛と毛の色素脱失
パントテン酸	剥脱性皮膚炎，脱毛と毛の色素脱失と色素性流涙過多症
リボフラビン	剥脱性皮膚炎，脱毛と，特に四肢の毛の色素脱失
ピリドキサミン	顔面，耳，肢と尾の剥脱性皮膚炎
ビオチン	眼球周囲の剥脱性皮膚炎と脱毛
ナイアシン	脱毛と色素性涙流過多症
必須脂肪酸	剥脱性皮膚炎とおそらく尾の壊死

の衛生状態または金網の床は，発症に寄与する因子である．

臨床徴候

紅斑と肉球肥厚とそれに続く潰瘍と二次的細菌感染がみられる．黄色ブドウ球菌の二次感染は，重度の症例では骨髄炎へ進行する可能性がある．

診断と治療

診断は臨床徴候に基づいてなされる．病変の細胞診は，何らかの二次感染を同定するのに役立つ．細胞診で杆状物が存在する場合は培養を実施すべきである．全ての感染症制御に対する処置を実施し，その後の治療としてはステロイド含有抗炎症剤投与と鎮痛がよく行われる．一部のラットは包帯に対して寛容であるが，多くはすぐ咬み切ってしまう．重度症例では安楽死を考慮すべきである．

リングテール

原因と病理発生

低環境湿度(20〜40％未満)が，尾の無血管性壊死と関連する．正確な病因は不明であるが，脂肪酸不足，低温，高温，遺伝，脱水と外傷の全てが関与している（Scottら，2001；Njaaら，1957；Dikshit & Sriramachariら，1957）．本病態は7〜15日齢の離乳前ラットにみられることがほとんどである．

臨床徴候

通常は尾の根元(図24-6)に1個以上の環状狭窄が発生する．尾の狭窄部より遠位の組織は，水腫性，炎症性で，時間が経過すると壊死に陥る．

診断と治療

診断は，臨床徴候と環境状況に基づいてなされる．治療法は支持療法を行うことである相対湿度を50％以上に維持することにより予防する．

図 24-6 離乳前ラットのリングテール．

耳介軟骨炎

原因と病理発生

　ラットのいくつかの系統では，耳介にタグを付ける等の外傷に関連した自然発生性，あるいはタイプⅡコラーゲンによる注射後に発生する耳介軟骨炎が報告されている．外傷または感染が原因となる可能性があるが，免疫介在性疾患である可能性も考えられている（McEwen & Barsoum, 1990）．

臨床徴候

　耳介は腫脹し，紅斑性で結節性，その後，肥厚し変形する．本病態は通常，炎症性あるいは疼痛性ではない．

診断と治療

　診断は，臨床徴候と病理組織検査の結果に基づいてなされる．顕微鏡的に，病変は軟骨融解と間葉系細胞の侵入を伴う肉芽腫性炎症巣である．治療は，抗炎症剤で行うべきである．

その他の病態

被毛の黄変化（Fur yellowing）

　老齢雄アルビノラットの被毛は黄色で，触感が粗剛となる．正確な原因は不明だが，皮脂腺分泌物の増量に起因すると考えられており，アンドロジェンの制御下にある（Tayama & Shisa, 1994）．

色素沈着性皮膚落屑

　背部と尾の褐色の皮膚落屑が数匹のラットで観察されることがあり，特に老齢の雄にみられる．1つの研究によれば，去勢により落屑が弱まり，雌へのアンドロジェン投与は鱗屑を褐色にする効果がある．

"尾抜け"

　ラットでは尾抜け（"tail slip"）は珍しいが，報告されており（Ellis & Mori, 2001），治療を誤ると脱手袋損傷の原因となる．治療は，損傷部位近位部の断尾である．

腫　瘍

　皮膚腫瘍はラットでは珍しいが，ほとんど全ての型の皮膚腫瘍が報告されている（Scottら，2001；Ellis & Mori, 2001；Mohrら，1992；Tucker, 1997）．間葉系腫瘍は，上皮系腫瘍より高頻度に発生する．

　扁平上皮癌と乳頭腫は，最も頻繁にみられる．扁平上皮癌は，しばしば耳から始まって，頭部まで広がる．基底細胞癌と扁平上皮癌は局所浸潤性であるが，滅多に転移しない．診断は，

通常摘出生検によってなされる.

処 方

チンチラに関する第 16 章，p.188 の表 16-1 を参照されたい．

参考文献

Collins, B.R. (1987) 'Dermatologic disorders of common small non-domestic animals'. In: *Contemporary Issues in Small Animal Practice: Dermatology*, Nesbitt, G.H. (ed). Churchill Livingstone, New York.

Dikshit, P.K. and Sriramachari, S. (1957) 'Caudal necrosis in suckling rats'. *Nature*, 181, pp. 63-64.

Ellis, C. and Mori, M. (2001) 'Skin diseases of rodents and small exotic mammals'. *Veterinary Clinics of North America: Exotic Animal Practice*, 4:2, pp. 523-527.

Kunstyr, I., Ernst, H. and Lenz, L. (1995) 'Granulomatous dermatitis and mastitis in two SPF rats associated with a slowly growing *Staphylococcus aureus* — a case report'. *Laboratory Animals* 29, p. 177.

McEwen, B.J. and Barsoum, N.J. (1990) 'Auricular chondritis in Wistar rats'. *Laboratory Animals*, 24, pp. 280-294.

MacHole, E.J.A. (1996) 'Mange in domesticated rats'. *Veterinary Record*, 138, p. 312.

Mohr, U., Dungworth, D.L. and Capens, C.C., (Eds) (1992) *Pathobiology of the ageing rat.* ILSI Press, Washington DC.

Njaa, L.R., Utne, F. and Braekkan, O.R. (1957) 'Effect of relative humidity on rat breeding and ringtail'. *Nature*, 180, p. 290.

Percy, D.H. and Barthold, S.W. (1993) *Pathology of Laboratory Rodents and Rabbits.* Iowa State University Press, Ames.

Tayama, K. and Shisa, H. (1994) 'Development of pigmented scales on rat skin: Relation to age, sex, strain and hormonal effect'. *Laboratory Animal Science*, 44, p. 240.

Tucker, M.J. (1997) 'The integumentary system and mammary glands'. In: *Diseases of the Wistar Rat.* Taylor and Francis, London, pp. 23-36.

Scott, D.W., Miller, W.H. and Griffin, C.E. (2001) 'Dermatoses of pet rodents, rabbits and ferrets'. In: *Muller and Kirk's Small Animal Dermatology*, 6th Edn. W.B. Saunders Company, Philadelphia, pp. 1415-1458.

Wagner, J.E., Owens, D.R., LaRegina, M.C. and Vogler, G.A. (1977) 'Self-trauma and *Staphylococcus aureus* in ulcerative dermatitis of rats'. *Journal of the American Veterinary Medical Association*, 171, pp. 838-841.

Walberg, J.A., Stark, D.M., Desch, C. and McBride, F. (1981) 'Demodicosis in laboratory rats (*Rattus norvegicus*)'. *Laboratory Animal Science*, 31, pp. 60-62.

日本語索引

あ

亜鉛欠乏症　185
アオウミガメ　117, 118, 119
アオウミガメ線維乳頭腫　116
アオサギ　9, 61
アオハシインコ　21
アカアシガメ　126
アカウミガメ　115, 117, 124
アカオボア　93
アカミミガメ　81, 112, 118
アゴヒゲトカゲ　97, 99
脚　6
アシクロビル　118
アスペルギルス症　30
アスペルギルス属　61, 62
アトピー　201
アナホリゴーファーガメ　115
アヒルウイルス性腸炎　56
アヒルペスト　56
油汚染　63
脂鰭　133
アミメニシキヘビ　91
アメリカドクトカゲ　107
アメリカネズミヘビ　93
アメリカワシミミズク　45
アルジェリアカナヘビ　104
アルジェリアスキンク　103
α-ケラチン層　70
アレルギー性皮膚炎
　ハリネズミの－　254
アレルギー性皮膚疾患
　鳥類の－　16, 39

い

イカリムシ　152
イグアナ　70, 98, 105
イグアナ科　69
イグアナ類　79
イクチオフォヌス　148
一次毛　166
イック　150
遺伝性脱毛　230
遺伝学的異常　42
胃内容　19
犬ジステンパーウイルス　193
イリドウイルス　149
インドシナウォータードラゴン　99
インドホシガメ　119
インピング　27

う

羽　8
ウイルス性疾患
　ウサギの－　274
　ハムスターの－　234, 248
　フェレットの－　193
　マウスの－　258
　モルモットの－　220
　ラットの－　292
ウイルス性乳頭腫
　水禽類の－　63
　トカゲの－　100
ウイルス性皮膚炎
　水禽類の－　62
　ヘビの－　86
　猛禽類の－　53
ウイルス性皮膚障害
　飼い鳥の－　31
ウエットフェザー　56, 59
ウオジラミ　152
羽根ダニ　20
ウサギ　163, 165, 167, 168, 170, 172, 173, 176, 269
ウサギキュウセンヒゼンダニ　278
ウサギ蟯虫　283
ウサギツメダニ
　ウサギの－　279
　モルモットの－　223
ウサギ梅毒　271
ウサギ耳疥癬ダニ　278
羽軸　10
羽軸根　9
羽軸ダニ
　飼い鳥の－　20, 24
　水禽類の－　56
　鳥類の－　15
　猛禽類の－　45, 47
ウジケダニ科　24
羽髄炎　61
羽髄細胞診　15
ウスズミインコ　31
産毛　166
羽包　9
羽包嚢胞　40
海ガモ　63
ウミスズメ　63
ウミバト　63
羽毛検査　14
羽毛消化法　15
羽毛ダニ
　飼い鳥の－　20, 24
　猛禽類の－　45
鱗
　魚類の－　136
　爬虫類の－　69
　－の配列異常　94
　－の無形成　94

え

栄養性疾患
　チンチラの－　184

ハリネズミの—　254
　　　マウスの—　265
　　　モルモットの—　227
　　　ラットの—　298
栄養性皮膚障害
　　　飼い鳥の—　34
エクトロメリア　258
壊死桿菌症　272
エジプトガン　58
エストロジェン過剰症　198
エピセリオシスチス　149
エボシカメレオン　107
鰓標本　140
エンジェルウイング　64
塩腺　71

お

尾
　　—の障害　81
黄色脂肪　185
黄色腫症　35
押捺塗抹法　16
黄変（化）
　　被毛の—　300
　　耳の—　185
オウム　30, 34, 41
オウム嘴羽病　31
オオサイチョウ　35
オオサシダニ科　20, 23,
　　47, 102, 103
オーストラリアアゴヒゲトカゲ
　　97
オーバーハウチェン　70
オオバタン　38
オオハナインコ　37
オオミミハリネズミ　246
オカメインコ　24, 28, 33,
　　42
オサガメ　70
おとがい腺　70
尾抜け
　　スナネズミの—　212
　　ラットの—　300
尾鰭　134
オルトレオウイルス　63

オルフェ　149

か

蚊　49
ガータースネーク　90
外骨腫症　75
外骨症　75
外傷
　　飼い鳥の—　25
　　魚類の—　156
　　水禽類の—　58, 61
　　爬虫類の—　81
　　ハリネズミの—　254
　　マウスの—　266
　　猛禽類の—　50
海水性白点病　150
疥癬ダニ
　　ハリネズミの—　249
　　マウスの—　261
外部寄生虫
　　飼い鳥の—　20
　　水禽類の—　56
　　スナネズミの—　208
　　チンチラの—　184
　　ハムスターの—　235
　　ハリネズミの—　249
　　フェレットの—　193
　　哺乳類の—　178
　　マウスの—　260
　　猛禽類の—　45
　　モルモットの—　220
　　ラットの—　293
潰瘍性足底部皮膚炎
　　ウサギの—　284
　　飼い鳥の—　28
　　モルモットの—　228
　　ラットの—　298
潰瘍性皮膚炎
　　飼い鳥の—　28
　　カメ目の—　113
化学的治療法　158
鉤爪　7
　　哺乳類の—　169
鉤爪の過剰発育
　　飼い鳥の—　41

　　カメ目の—　122
角質　164
顎鞘　71
顎放線菌症　192
過剰グルーミング　284
過剰発育
　　鉤爪の—
　　　飼い鳥の—　41
　　　カメ目の—　122
　　嘴の—
　　　飼い鳥の—　41
　　　カメ目の—　122
ガス病　156
画像診断法　18
ガチョウ　61, 63, 64
カツオブシムシ科　50
褐色過形成（蝋膜の—）
　　飼い鳥の—　39
カナヘビ　105
カナリア　28, 30, 33, 40,
　　41, 42
痂皮　75
カビアハジラミ　225
カビアマルハジラミ　225
カミツキガメ　118
カメ　77, 80, 82, 126
カメ目　70, 71, 73, 111
カメレオン　71, 82, 105
カメレオン科　69
ガラガラヘビ　94
ガラパゴスゾウガメ　115
カリフォルニアブラシウサギ
　　275
顆粒　164
環境性疾患　81
環境性病態
　　ウサギの—　284
　　マウスの—　265
　　モルモットの—　228
　　ラットの—　298
ガンジススッポン　114
カンジダ症　30
カンジダ属　61
感受性試験　16
乾性壊疽　104

索　引　305

肝臓疾患　41, 42
顔面症　45
顔面皮膚炎　210

き

寄生虫性疾患
　　ウサギの―　276
　　魚類の―　152
　　トカゲの―　101
　　爬虫類の―　79
　　ヘビの―　87
寄生虫同定　19
季節性脱毛症　200
キタパインヘビ　94
基底　164
基底層　70
基底膜
　　魚類の―　135
　　鳥類の―　3
キノボリトカゲ　104
キノボリトカゲ科　69
脚鱗　6
吸血シラミ　296
休止期脱毛症
　　ウサギの―　286
　　フェレットの―　200
キュウセンダニ科　194
キュウセンヒゼンダニ科　278
吸虫　153
吸虫類　79
鳩痘　33
キューバグリーンアノール　106
球包帯法　52
蟯虫
　　マウスの―　265
　　ラットの―　297
魚類　133, 138, 143
ギリシャリクガメ　78, 114, 119, 126
キンギョ　143, 149, 157, 158
キングヘビ　90
菌状息肉腫　242
禽痘　32

キンバエ　57

く

口腐れ　145
嘴　7
嘴の過剰発育
　　飼い鳥の―　41
　　カメ目の―　122
嘴の擦過傷
　　爬虫類の―　81
グッピー　151
グッピーキラー　150
クビカシゲガメ　113
クマノミ類　149
クラドスポリウム属　62
グラム陰性細菌性潰瘍　144
グラム陰性細菌性敗血症　143
グリーンアノール　107
グリーンイグアナ　97, 106
くり返しの毛咬み
　　ウサギの―　284
　　スナネズミの―　211
　　マウスの―　265
　　モルモットの―　228
　　ラットの―　298
クロカビ属　62
クロキンバエ　57
クロバエ
　　水禽類の―　56
　　猛禽類の―　49
クロバエウジ症　120

け

鶏冠　5
毛咬み
　　飼い鳥の―　36
　　チンチラの―　186
　　モルモットの―　228
毛ダニ　277
結合組織　5
齧歯類　165
ケヅメリクガメ　119
毛抜き検査　180
毛引き
　　飼い鳥の―　36

　　行動性―　54
ケモチダニ科
　　マウス　260
　　ラット　294
ケラチン構造　3
ケワタガモ　61
限局性石灰化症　125
原虫類　150
顕微鏡検査
　　魚類の―　139
　　鳥類の―　15
　　直接―　177
原油汚染　124

こ

コイ　148
　　―の春ウイルス血症　149
コイポックス　148
剛羽毛　10
膠原線維障害　91
好酸球性肉芽腫　285
抗酸菌症　146
咬傷
　　飼い鳥の―　25
　　カメ目の―　124
甲状腺機能亢進症
　　トカゲの―　106
　　ヘビの―　92
甲状腺機能低下症　200
口唇炎　230
光線過敏症　59
口蹄疫ウイルス　248
行動障害　37
行動性毛引き　54
行動性病態
　　マウスの―　265
　　モルモットの―　228
　　ラットの―　298
肛門腺　71
甲羅　70, 111
　　―の傷害　124
　　―のパターン　126
ゴーファーガメ　86, 117
ゴーファーヘビ　93
小型齧歯類　163

黒色細胞腫 241
黒色腫
　トカゲの− 107
　ハムスターの− 241
　ヘビの− 93
黒点病 154
コスチア 150
コッカトウ 33, 35
ゴノポディウム 134
コミドリコンゴウインコ 38
コロナウイルス 293
コンゴウインコ 33, 39

さ

サーコウイルス 31
鰓　蓋 133
細菌感染症
　カメ目の− 113
　哺乳類の− 177
細菌性感染 85
細菌性疾患
　ウサギの− 269
　チンチラの− 182
　ハムスターの− 233
　ハリネズミの− 246
　フェレットの− 191
　マウスの− 257
　モルモットの− 216
　ラットの− 291
細菌性足底部皮膚炎
　飼い鳥の− 28
　水禽類の− 60
　猛禽類の− 51
細菌性皮膚炎
　カメ目の− 111
　水禽類の− 60
　トカゲの− 97
　ヘビの− 84
　猛禽類の− 51
細菌性皮膚疾患
　スナネズミの− 206
細菌性皮膚病
　魚類の− 143
採　血
　鳥類の− 17

　哺乳類の− 176
細針吸引 76, 79
サイチョウ 35
細網細胞癌 107
サケ科 144, 145
擦過傷 75, 81
サプロレグニア症 147
サンゴ礁魚病 150

し

ジアルジア症 24
飼育環境 138
紫外線ランプ 177
耳介軟骨炎 300
趾下板 69
色素細胞 136
色素細胞腫瘍 157
色素産生細胞 71
色素沈着 10
色素沈着性皮膚落屑 300
色素胞腫 93
シクリッド 151
自己外傷 38
死後検査 140
自己切断 285
趾収縮症候群 40
自　傷 38
糸状虫上科 88
湿性皮膚炎 271
シナロアミルクヘビ 93
芝刈り機 124
脂肪酸欠乏症 184
脂肪肉腫
　トカゲの− 107
　ヘビの− 93
雌雄鑑別 18
臭　気 200
住血吸虫類 79
臭　腺 70
　正常− 239
　−の炎症 240
　−埋伏 229
銃　創 58
腫　脹
　皮膚の− 75

シュモール病 272
腫　瘍
　ウサギの− 285
　スナネズミの− 213, 214
　トカゲの− 107
　爬虫類の− 75
　ハムスターの− 241
　ハリネズミの− 255
　フェレットの− 202
　マウスの− 267
　モルモットの− 230
　ラットの− 300
腫瘍性病変 76
ショウセンコウヒゼンダニ 236
条虫類 79
上皮腫 107
上皮小体腺腫 126
小胞子菌属 177
ショープ線維腫ウイルス 275
ショープ乳頭腫ウイルス 275
触　毛 166
食物過敏症 201
シラミ
　ウサギの− 282
　水禽類− 56
　ハリネズミの− 253
　マウスの− 264
　猛禽類の− 48
　モルモットの− 225
　ラットの− 296
シラミバエ 49
臀　鰭 134
趾瘤症
　飼い鳥の− 28
　水禽類の− 58, 60
　猛禽類の− 51
　モルモットの− 228
シロテンカラカネトカゲ 103
シロハヤブサ 53
シロビタイムジオウム 38
真　菌 87
真菌感染症 177
真菌性疾患
　ウサギの− 272

索　引　307

　　スナネズミの― 208
　　チンチラの― 182
　　ハムスターの― 234
　　ハリネズミの― 247
　　フェレットの― 192
　　マウスの― 259
　　モルモットの― 218
　　ラットの― 293
真菌性皮膚炎
　　飼い鳥の― 30
　　カメ目の― 114
　　トカゲの― 98
　　ヘビの― 85
　　猛禽類の― 53
真菌性皮膚病
　　魚類の― 147
真菌培養 178
人獣共通感染症 195
腎機能 127
身体視認検査 139
真　皮
　　魚類の― 136
　　鳥類の― 3, 5
　　爬虫類の― 70
　　哺乳類の― 165
シンリンガラガラヘビ 92

す

水禽類 56
水酸化カリウム 180
水　質 155
水　腫 75
スイダニ科
　　マウス 261
　　モルモット 223
水　疱 75
水疱病 84
スキンク 70
ススカビ類 62
ズツキダニ科 277
スッポン 70, 112
ストレス 228
スナカナヘビ 107
スナネズミ 165, 169, 170,
　　173, 176, 188, 206

スナボア 90
スヌード 6
スピロメトラ属 79
スペクタクル 91

せ

正　羽 8
セイカーハヤブサ 50
生化学的パラメータ 19
性器トレポネーマ症 271
生検法
　　鳥類の― 16
　　哺乳類の― 181
正常臭腺 239
西部クロアシマダニ 101
セイブダイヤガラガラヘビ 92
セイブヒシモンガラガラヘビ 92
セイヨウオトギリソウ 59
セキセイインコ 20, 28,
　　31, 32, 33, 39, 40, 41,
　　42
セキセイインコ雛病 32
石灰沈着症 106
接触性皮膚炎
　　爬虫類の― 82
　　ハムスターの― 241
舌　虫 79
セネガルカメレオン 97, 102
背　鰭 133
前胃拡張症 34
線維腫 157
線維素性滲出物 98
線維肉腫
　　飼い鳥の― 35
　　ヘビの― 92
線維乳頭腫 116
センコウヒゼンダニ 195
前肛門（腺）孔 70
蠕　虫
　　カメ目の― 119
　　トカゲの― 102
　　ヘビの― 87
　　爬虫類の― 75

先天性脱毛症 174
　　スナネズミの― 213
前頭部突起 6
旋尾線虫類 79

そ

創傷治癒 137
総排泄腔 133
藻　類 116
側　線 133
足底部皮膚炎
　　潰瘍性―
　　　飼い鳥の― 28
　　細菌性―
　　　飼い鳥の― 28
　　　水禽類の― 58, 60
　　　猛禽類の― 51
側頭腺 71
疎性層 5

た

体腔鏡検査法 18
大腿（腺）孔 70
タイハクオウム 37, 38
タイマイ 117
タイワンアヒル 63
多巣性隆起性膿疱性病変 88
ただれ
　　鼻の― 210
脱　皮 72
　　―過程 72
　　―の頻度 73
　　―パターン 72
脱皮不全 77
　　カメ目の― 126
　　トカゲの― 104
脱毛症
　　チンチラの― 187
　　マウスの― 267
ダ　ニ 119
　　ウサギの― 276, 277
　　鳥類の― 20
　　トカゲの― 102
　　ハムスターの― 235
　　ハリネズミの― 249

ヘビの─　88
　　マウスの─　260
　　猛禽類の─　45
　　ラットの─　294
ダニ袋　102
打撲傷　156
弾性組織　5
単生虫　153

ち

チゴハヤブサ　7
チャクワラ　103
チュウゴクスッポン　113
チョウチョウオ類　149
腸内容　19
鳥類　3
鎮静
　　小型哺乳類の─　173
　　哺乳類の─　172
チンチラ　165, 169, 170,
　　172, 173, 176, 182

つ

接ぎ羽　27
ツクシガモ　58
ツツガムシ科
　　ウサギ　281
　　トカゲ　101, 102
ツメダニ科
　　ウサギ　279
　　モルモット　223

て

低温症　123
ティンバーガラガラヘビ　92
テキサスインディゴヘビ　93
テキサスゴーファーリクガメ
　　115
デキサメタゾン抑制試験　198
テグー　101, 107
テット病　151
テラピン　121
デルマトフィルス症　97
デルモシスチジウム　コイ
　　148

電子顕微鏡検査法　19
点状出血　75
テンチ　149

と

凍傷
　　水禽類の─　59
　　猛禽類の─　54
闘争性外傷　212
ドゥビアヒルヤモリ　107
頭部穴あき　146, 151
頭部側線びらん症　155
透明層　164
トカゲ　78, 79, 80, 81,
　　82, 97
トカゲダニ　101
トカゲ類　72, 73, 75
ドクトカゲ属　70
特発性乾性壊疽　267
換羽　11
ドラクンクルス上科　87
鳥疥癬
　　飼い鳥の─　20
　　猛禽類の─　45
鳥型結核菌　60
鳥結核病　60
トリコグラフィー　180
トリサシダニ
　　飼い鳥の─　23
　　猛禽類の─　47
トリサシダニ属
　　飼い鳥　20
　　猛禽類　45
トリヒゼンダニ属
　　飼い鳥　20
　　猛禽類　45
トリ皮膚ダニ　22
鳥ポリオーマウイルス　32

な

内視鏡検査　18
内部寄生虫
　　爬虫類の─　75
　　マウスの─　265
内分泌性疾患　237

　　スナネズミの─　209
　　ハリネズミの─　253
　　フェレットの─　196
　　モルモットの─　225
　　ラットの─　298
ナイルオオトカゲ　103
ナイルスッポン　114
ナキハクチョウ　58
ナマズ　146
ナミハリネズミ　246

に

ニキビダニ科
　　ウサギ　281
　　マウス　263
　　モルモット　224
　　ラット　296
ニキビダニ症　235
肉冠　5
肉眼検査　139
肉球　169
肉芽腫　75
肉髯　6
肉垂れ　6
肉阜　6
ニシキゴイ　143
二次毛　166
乳腺　170
乳頭腫
　　飼い鳥の─　33
　　魚類の─　157
　　トカゲの─　107
ニワカナヘビ　107
鶏　5, 10, 22
妊娠関連脱毛症　227

ぬ

ヌママムシ　93

ね

ネオンテトラ病　152
ネズミ　169, 170, 172
ネズミケクイダニ
　　マウスの─　261
　　モルモットの─　223

索　引

ネズミショウセンコウヒゼンダ
　　ニ　294
ネズミ盲腸蟯虫　297
熱　傷
　　飼い鳥の―　25
　　爬虫類の―　82
　　ハリネズミの―　254
粘液腫症　274
粘液腫性腫瘍　93
粘液層　134
粘着テープ　178
粘着テープ法検査　16

の

膿皮症
　　ハムスターの―　233
　　フェレットの―　191
　　モルモットの―　217
囊　胞　75
囊胞性卵巣疾患
　　スナネズミの―　209
　　モルモットの―　225
膿　瘍
　　ウサギの―　269
　　チンチラの―　182
　　爬虫類の―　75, 78
　　ハムスターの―　233
　　フェレットの―　191
　　モルモットの―　218
ノ　ミ
　　ウサギの―　281
　　ハリネズミの―　252
　　フェレットの―　195
　　マウスの―　265

は

ハープスツ小体　9
胚芽細胞層　3
胚芽層　70
パイク　149
敗血症性皮膚潰瘍性疾患　112
灰色斑病　118
パイソン　89
ハイタカ　45
ハイチアンボア　86

配列異常
　　鱗の―　94
パインヘビ　93, 94
ハ　エ　253
ハエウジ症
　　ウサギの―　282
　　カメ目の―　120
ハエ幼虫症　282
ハギ類　155
剥脱性皮膚炎　217
ハクチョウ　61, 64
ハクチョウシラミ　57
白点病　150
白皮症　94
禿　鼻　210
ハジラミ　56
バスクフサアシトカゲ　103
爬虫類　69, 75
ハツカネズミケモチダニ　260
ハツカネズミジラミ　264
ハツカネズミラドーフォードケ
　　モノダニ　261
発　毛　168
ハ　ト　33
鼻のただれ　210
羽　8
羽ダニ　22
"羽ばたき"スタイル　42
ハムスター　169, 170, 173,
　　176, 181, 188, 233
ハムスターポリオーマウイルス
　　234
ハヤブサ　53
腹　鰭　134
ハリネズミ　173, 176, 188,
　　246
春ウイルス血症　149
パントテン酸欠乏症　185
ハンドリング　173
半綿羽　10

ひ

ビーチフサアシトカゲ　103
皮　角　230
皮下骨　70

皮下膿瘍　98
皮下組織
　　魚類の―　137
　　哺乳類の―　165
ひ　げ　133
鼻　孔　133
皮　骨　70
皮脂腺炎　286
皮脂腺性臭腺　169
皮脂腺皮膚炎　207
皮　疹　23
尾　腺　7
ヒゼンダニ
　　フェレットの―　195
　　モルモットの―　222
ヒゼンダニ科
　　ウサギ　281
　　フェレット　195
　　ラット　294
ヒゼンダニ属
　　ハリネズミ　250
ビタミンA過剰症　121
ビタミンA欠乏症
　　飼い鳥の―　21, 34
　　カメ目の―　121
　　トカゲの―　105
ビタミンC欠乏症　227
ビタミンE欠乏症
　　水禽類の―　64
　　トカゲの―　106
皮内皮膚試験法　16
皮膚炎
　　細菌性―　51
皮膚角化亢進症　34
皮膚搔爬標本　140, 179
皮膚糸状菌症
　　ウサギの―　272
　　スナネズミの―　208
　　チンチラの―　182
　　ハリネズミの―　247
　　フェレットの―　192
　　マウスの―　259
　　モルモットの―　218
　　ラットの―　293
皮膚腫瘍

飼い鳥の— 35
　　カメ目の— 126
　　猛禽類の— 54
皮膚生検 76
皮膚穿孔性ダニ 45
皮膚潜伏性ダニ 20
皮膚ダニ
　　飼い鳥の— 20
　　猛禽類の— 45
皮膚乳頭腫 126
ヒフバエ属 283
鼻部皮膚炎 210
皮膚無力症 287
尾柄部 133
微胞子虫 152
ヒメウミガメ 117
ヒメコンゴウインコ 38
被毛粗剛 212
被毛ダニ
　　スナネズミの— 209
　　マウスの— 260
日焼け 156
表在性甲膿瘍 111
表在性ダニ 45, 47
表　皮
　　魚類の— 135
　　鳥類の— 3
　　哺乳類の— 163
表皮過形成 155
表皮向性リンパ腫 242
表皮層 3
ヒョウヒダニ科 20, 22
表皮扁平上皮乳頭腫
　　カメ目の— 118
　　ヘビの— 86
ヒョウモントカゲモドキ 104
ヒラタウミガメ 117
ヒラタヘビクビガメ 118
ヒラリーカエルガメ 114
びらん 111
ヒ　ル
　　カメ目の— 120
　　魚類の— 153
　　水禽類の— 56, 58
鰭腐れ 145

ふ

フィンチ 33
フェレット 165, 167, 170, 172, 173, 176, 191
副腎皮質機能亢進症
　　スナネズミの— 209
　　ハムスターの— 237
　　ハリネズミの— 253
　　フェレットの— 196, 199
プソレルガティデ科 263
ブドウ球菌感染症
　　マウスの— 257
　　ラットの— 291
ブドウ球菌性膿皮症 216
ブドウ球菌性皮膚炎
　　スナネズミの— 206
　　ハリネズミの— 246
ブドウ球菌性蜂窩織炎 191
ブ　ユ 49
ブラストミセス皮膚炎 193
ブラックスネーク 92
ブラッシング 178
フラッシング行動 139
フラミンゴ 59
ブルーファー病 271
ブルーフェレット症候群 202
フルンケル 191
プレートトカゲ 70
プレーリーガラガラヘビ 92
フレット文様 42
フレンチモルト 32
フロリダスッポン 115
糞便検査 19
粉綿羽 10

へ

β-ケラチン層 70
ベニコンゴウインコ 22
ヘ　ビ　77, 78, 79, 80, 81, 82, 84, 85, 86
ヘビダニ 77
　　トカゲの— 101
　　ヘビの— 88
ヘビ類 71, 72, 73

ヘモプロテウス属 49
ヘルペスウイルス
　　カメ目の— 118
　　水禽類の— 56
ベルベット 150
ヘルマンリクガメ 117, 122
変　色
　　皮膚の— 75
扁平上皮癌
　　飼い鳥の— 35
　　カメ目の— 126
　　トカゲの— 107
　　ヘビの— 93
　　猛禽類の— 54

ほ

ボ　ア 86
ボアコンストリクター 86, 92
蜂窩織炎 270
ボウシインコ 32, 34, 42
房状脚症 20
紡錘形細胞癌 54
包　帯 26
抱卵斑 6
ボールパイソン 84, 85, 90, 91
保護毛 166
ボタンインコ 28, 31
ボタンインコポックスウイルス 32
ポックスウイルス
　　カメ目の 117
　　水禽類の— 62
　　トカゲの— 101
　　猛禽類の— 53
　　モルモットの— 220
　　ラットの— 292
哺乳類 172
ポピドンヨード浴 85
ホルモン性皮膚障害 39

ま

マウス 165, 169, 170, 173, 176, 188, 257

索　引

マウスファンガス　145
マウスポックス　258
麻　酔
　　魚類の―　139
　　小型哺乳類の―　173
　　哺乳類の―　172
マダニ
　　ウサギの―　276
　　カメ目の―　119
　　水禽類の―　56, 57
　　トカゲの―　103
　　ハリネズミの―　251
　　フェレットの―　195
　　ヘビの―　89
　　猛禽類の―　47
マタマタ　118
マツカサトカゲ　103, 107
マレーハコガメ　125
マングローブスネーク　93

み

ミクロフィラリア線虫　102
ミシシッピーニオイガメ
　　115, 126
ミズヘビ　90
ミドリカナヘビ　107
ミドリニシキヘビ　90
耳疥癬ダニ
　　フェレットの―　194
　　ラットの―　294
耳ダニ　236
ミミヒゼンダニ　194

む

無形成
　　鱗の―　94
ムタビリスアガマ　103
胸　鰭　134

め

メラニン沈着症　94
メラノサイト　71
綿　羽　10
免疫複合体性血管炎　267
メンフクロウ　7, 9

綿毛症候群　186

も

毛　環　189
毛　球　187
猛禽類　45
毛状羽　10
毛瘡白癬菌　182
毛包腫　230
モニター　82
モモアカノスリ　51, 54
モルモット　165, 169, 170,
　　172, 173, 176, 188,
　　216
モルモットズツキダニ　222

や

ヤッコ類　149, 155
ヤモリ　70, 82, 104, 105
ヤモリ科　69
ヤモリダニ科　102, 103

ゆ

疣贅性乳頭腫症　126
輸液療法　82

よ

床敷関連性皮膚炎　241
溶血性貧血　49
腰　腺　42
腰腺嵌頓　42
ヨウム　25, 30, 31, 39
ヨーロッパオオナマズ　149
ヨーロッパヌマガメ　126
翼　状　8
ヨツユビハリネズミ　246
ヨロイトカゲ　70

ら

ラッセルクサリヘビ　92
ラット　166, 173, 176,
　　188
ラッド　149
ラットラドフォードケモチダニ
　　294

ラトケ腺　70
卵胞ホルモン過剰症　198

り

リクガメ　80, 124
立　鱗　154
隆起性皮膚斑　288
竜骨突起亀裂形成　27
流動パラフィン　180
リングテール
　　マウスの―　266
　　ラットの―　299
鱗状脚症
　　飼い鳥の―　20
　　猛禽類の―　45
鱗状嘴症
　　飼い鳥の―　20
　　猛禽類の―　45
リンパ肉腫　35
リンフォシスチス　149
鱗竜類　71

れ

レインボーボア　90
レオウイルス3型　259
レックス　167
レティキュレーテッドパイソン
　　93
レンサ球菌感染症
　　マウスの―　257
　　ラットの―　291
レンサ球菌性蜂窩織炎　191
連節共尾虫　283

ろ

蝋　膜　6
　　―の褐色過形成　39
ローチ　149

わ

ワキモンユタトカゲ　101
ワクモ科
　　飼い鳥　20, 22
　　マウス　262
　　猛禽類　45, 46

ラット　295
ワタオウサギ　275
ワタボウシミドリインコ　22
"わら"スタイル　42
ワンダリングガータースネーク
　　93

外国語索引

A

Acanthdactylus scutellatus 103
Acanthodactylus boskianus asper 103
Acarus farris 209
ACTH 197，198，237
Actinomyces bovis 233
acyclovir 118
Aegypoecus 48
Aeromonas hydrophila 61，89
Aeromonas salmonicida 141，143，144
African pygmy hedgehog 246
after feather 11
Agama bibroni 103
Agama impalearis 103
Agama mutabilis 103
Agapornis sp. 31
Agapornis spp. 28
Agkistrodon piscivorus 93
Alopochen aegyptiacus 58
Amblyomma 103
Amblyomma dissimile 119
Amblyomma marmoreum 119
Amblyomma sparsum 119
American anole 100，107
American rat snake 93
Amphibolurus barbatus 97
Amyloodinium ocellatum 150
anagen 168
Anaticola spp. 56
Androlaelaps fahrenholzi 250
angel-wing 64
Anolis carolinensis 107
Anolis porcatus 106
Aphanomyces spp. 115
Aponomma 103
Aponomma exornatum 103
Aponomma gervaisi 119
Aponomma hydrosauri 103
Aponomma latum 89
Aponomma transversale 89
Ara chloroptera 22
Ara severa 38
Archaeopsylla erinacei 249，252
Argasidae科 104
Argas brumpti 104
Argulus 159
Argulus spp. 152
Ascaris platycerca 19
Aspergillus 98
Aspergillus flavus 30
Aspergillus fumigatus 30，63
Aspergillus nidulans 30
Aspergillus niger 30
Aspergillus spp. 53，115
Aspergillus terreus 30
Aspideretes gangeticus 114
Atelerix albiventris 246
atlasagame 103
Atopomelidae 222
autarchoglossan lizards 71

B

bald nose 210
ball bandage 52
ball python 84
barbering 211，228，265，284
basal layer 164
Basicladia chelonum 116
Basicladia crassa 116
Basidiobolus ranarum 115
Beauveria bassiana 115
bedding-associated dermatitis 241
Beneckea chitinovora 113
Benedenia 153
black bottles 57
black snake 92
blisters 84

blood fluke　79
blue ferret syndrome　202
blue fur disease　271
Boa constrictor　93
Boiga dendrophila　93
Bollinger　62
bosc's fringe-toed lizard　103
bosc's lizard　103
bristle　10
Brooklynella hostilis　150
Brotogeris pyrrhoptera　22
brown tree snake　100
Buceros bicornis　35
budgerigar fledgling disease　32
bumble foot　228
burrowing mite　45

C

Cacatua alba　38
Cacatua moluccensis　38
Californian desert tortoise　117
Calliphora　49
Calliphora spp.　253
Calotes mystaceus　97
Candida albicans　30，220
Candida guillermondii　100
Candida spp.　115
Caparinia erinacei　250
Caparinia tripilis　247，249
carcinoma planocellulare　107
Caretta caretta　115，117
casque　35
castor bean tick　249
catagen　168
Caviocoptes caviae　221
Cediopsylla simplex　276，281
ceylonese terrapin　126
Chalcides ocellatus　103
Chamaeleo calyptratus　107
Chamaeleo senegalensis　102
Chameleo senegalensis　97
Chelonia mydas　116
Chelydra serpentina　118
Chelys fimbriata　118
Cheyletiella parasitovorax　220，276

Cheyletiella spp.　184
Chilodonella spp.　150
Chinese water dragon　99
Chirodiscoides caviae　220，222
Chondropython viridis　90
Chrysosporium anamorph of *Aphanoascus fulvescens*　99
Chrysosporium anamorph of *Nannizziopsis vriesii*　100
Chrysosporium evolceanui　99
Chrysosporium keratinophilum　100
Chrysosporium spp.　100
Chrysosporium tropicum　100
Chrysosporium zonatum　99
Chuckwalla　103
Citrobacter freundii　112
Cladosporium spp.　115
clear layer　164
cleavage zone　72
Clemmys spp.　126
Cnemidocoptes pilae　20，45
Colpocephalum　48
common European rabbit flea　276
common musk turtle　126
common tegu　107
Coniothyrium spp.　115
constricted toe syndrome　40
Constrictor constrictor　92
continental rabbit tick　276
Coracopsis vasa greater　31
corium　165
corn snake　100
Corynebacterium kutscheri　257，291
Corynebacterium pseudiphtheriticum　257
Corynebacterium pyogenes　79，218，228
cotton fur syndrome　186
Craspedorrhynchus　48
Crotalus atrox　92
Crotalus horridus atricaudatus　94
Crotalus horridus horridus　92
Crotalus viridis viridis　92
Cryprocaryon irritans　150
Cryptococcus neoformans　220
Ctenocephalides canis　195
Ctenocephalides felis　195，235，237，276，

281
Cuora amboinensis kamaroma　125
cutaneous horn　230
Cuterebra spp.　194
Cygnus buccinator　58
cyprinid herpes virus 1　148，157

D

Dactylogyrus spp.　153
day gecko　100
Degeeriella　48
Demodex aurati　235
Demodex caviae　220，224
Demodex criceti　235
Demodex cuniculi　276
Demodex erinacei　249，250
Demodex meroni　208
Demodex musculi　260，263
Demodex ratticola　296
depluming mites　22
dermal bone　70
Dermanyssus gallinae　20，23，45，46，260
dermatophilosis　97
Dermatophilus congolensis　97
dermis　165
Dermocystidium koi　148
Diopsittaca nobilis　38
dorsal spines　106
down　10
Dracunculus insignis　194
Dracunculus spp.　87
Dropsy　154
Dubininia melopsittaci　24
duster feather　42
dysecdysis　78，104

E

ear mange mite　294
Eastern blue-tongued skink　100
Eastern European hedgehog　255
Eastern rabbit flea　276，281
Eastern water skink　100
Echidnophaga gallinacea　276，281
Edwardsiella ictaluri　146
Egyptian long-eared hedgehog　246

Ehlers-Danlos syndrome　287
Elaphe obsoleta rossalleni　93
emerald lizard　107
Encephalitozoon cuniculi　296
Eperythrozoon coccoides　296
epibranchial bones　58
Epicrates spp.　86，90
Eretmochelys imbricata　117
Erinaceus concolor　255
Erinaceus europaeus　246
Escherichia coli　28，79，191，246
Eublepharis macularius　104
Eulaelaps stabularis　250
Eumeces algeriensis　103
European hedgehog　246
European pond terrapin　126
European pond turtle　126
Eutrombicula lipovskyana　102
Everglade's rat snake　93

F

Falcolipeurus　48
Falco cherrug　50
femoral pore　70
Filarioidea　88
filoplume　10
flank gland　239
Flavobacterium columnae　140，141，145，147
flystrike　282
FMD　248
Foleyella furcata　102
fret lines　42
fret marks　15
fringe-toed lizard　103
fur-slip　187
fur chewing　186，228
fur ring　189
Fur yellowing　300
Fusarium oxysporum　100，115
Fusarium semitectum　115
Fusarium solani　115，116
Fusarium spp.　115
Fusobacterium necrophorum　272

G

Galapagos giant tortoise　115
garter snake　90, 100
Geckobiella　103
Geckobiella texana　101
Geochelone carbonaria　126
Geochelone elegans　119
Geochelone elephantopus　115
Geochelone sulcata　119
Geoemyda trijuga　126
Geotrichum candidum　115
Geotrichum spp.　115
giant Eastern rabbit flea　276, 281
gila monster　107
Gliricola porcelli　220, 225
Glugea spp.　152
gnatotheca　31
Gopherus agassizi　117
Gopherus berlandieri　115
Gopherus polyphemus　115
Gopher tortoise　86
granular layer　164
greenbottle fly　282
green bottles　57
green tree python　90
green turtle fibropapillomas　117
grey heron　9
grey patch disease　118
GRH　204
group G Streptococcus　257
GTFP　117
guard hair　284
Gyrodactylus spp.　153
Gyropus ovalis　220, 225

H

Haemaphysalis　103
Haemaphysalis leporis-palustris　276
Haemaphysalis otophila　104
Haemobartonella muris　296
Haemodipsus ventricosus　276, 282
Haemogamasus nidi　250
Haemogamasus pontiger　250, 263
hair-clasping mites　222

hair growth wave　288
Haitian boa　86
Hapalotrema mehrai　119
Hapalotrema postorchis　119
HaPV　234
hard tick　103
Harpyrhychus spp.　47
HCG　204
hedgehog flea　249
Heloderma suspectum　107
Hemiechinus auritus auritus　246
Hemiechinus spp.　255
Hemipyrella fernandica　253
herbst corpuscle　9
Herpesvirus cyprini　148
hip gland　239
Hirstiella　103
Hirstiella trombidiiformis　103
Holomenopon sp.　56
horny layer　164
Hyalomma　103
Hyalomma aegyptium　119
Hyalomma Dromedarrii　103
Hyalomma franchinii　103, 119
Hyalomma impeltum　103
Hypoderma spp.　194
hypodermis　165

I

Ichthyobodo necator　150
Ichthyophonus hoferi　148
Ichthyophthirius multifiliis　150
Iguana iguana　97, 106
imping　27
inner layer　72
iridophores　71
Ixodes　103
Ixodes festai　103
Ixodes hexagonus　249, 251
Ixodes pacificus　101
Ixodes ricinus　47, 57, 193, 195, 249, 251
Ixodes trianguliceps　249, 251
Ixodidae 科　103
Ixodiderma　103

J

juvenile larvae 87

K

king snake 90
Klebsiella pneumoniae 291
Kurodaia 48

L

Lacerta agilis 107
Lacerta viridis 107
Laelaps echidnina 263
Laemobothrion 48
Lampropeltis triangulum sinaloae 93
Lepidochelys kempii 117
Lepidochelys olivacea 117
lepidorthosis 154
Leporacarus gibbus 276, 277
Lernaea 159
Lernaea cyprinacea 152
Liponyssoides sanguineous 209
Liponyssoides sanguineus 260, 262, 294, 295
Liponyssus bacoti 296
Listrophorus gibbus 277
lizard mite 101
Lucilia 49
Lucilia caesar 282
Lucilia spp. 120, 253
lumpy jaw 192

M

Mackenzie brush technique 178
Macronyssidae 科 88
macule 176
Malasssezia ovale 220
MCH 136
melanophores 71
Melopsittacus undulatus 20
mental gland 70, 169
mesostigmatid mites 250
Microsporum audouini 177
Microsporum canis 177, 183, 192, 234, 247, 272, 273

Microsporum distortum 177
Microsporum gypseum 183, 208, 247, 272
Microsporum incurvata 177
mite 20
mite pocket 102
monitor lizard 82, 103
MSH 136, 197
Mucorales spp. 115
Mucor circinelloides 100
musk gland 70
mutilation 297
Mycobacterium avium 60
Mycobacterium avium type B 115
Mycobacterium chelonae 257
Mycobacterium chelonei 85
Mycobacterium fortuitum 146
Mycobacterium kansaii 113
Mycobacterium lepraemurium 291
Mycobacterium marinum 146
Mycobacterium spp. 114, 233
Myobia 178, 260
Myobia musculi 260, 294
Myobiidae 科 88
Myocoptes 262
Myocoptes musculinus 220, 260

N

Natator depressus 117
Natrix spp. 90
Neobenedenia 153
Neoliponyssus saurarum 88
Neospirorchis schistosomatoides 119
Neotrombicula autumnalis 276
Neotrombicula californica 101
new inner epidermal generation 72
northern fowl mite 47
northern sparrowhawk 45
Nosopsylla spp. 260, 265
Notoedres 295
Notoedres cati 235, 250, 276
Notoedres cati var. *cuniculi* 281
Notoedres muris 263, 294
Notoedres notoedres 235, 236
Notoedres oudemansi 250
notoedric mange 236

Nymphicus hollandicus　24

O

oberhautchen　70
Odontopsyllus multispinous　276，281
Ophidilaelaps spp.　88
Ophionyssus acertinus　103
Ophionyssus lacertinus　88
Ophionyssus mabuyae　88
Ophionyssus natricis　88，101
Ophioptes oudemansi　88
Ophioptes parkeri　88
Ophioptes tropicalis　88
Ornithodoros compactus　119
Ornithodoros foleyi　104
Ornithonyssus bacoti　235，263
Ornithonyssus spp.　23
Ornithonyssus sylvarium　47
orthoreovirus　63
Oryctolagus cuniculi　274
Oryctolagus cuniculus　275
osteoderm　70
osteoscute　70
Otobius megnini　276
Otodectes cynotis　193，250
outer generation layer　72

P

Paecilomyces　98
Paecilomyces spp.　115
Parabuteo unicinctus　54
Passalurus ambiguous　283
Pasteurella multocida　218，269，270
Pasteurella pneumotropica　233，257，291
Pasteurella tularensis　264
patagia　8
patch　176
Penicillium　98
Penicillium spp.　115
Phelsuma dubia　107
philtrum　220
Phormia　49
Pimeliaphilus　103
pin feather　8
Piscicola geometra　153

Piscinoodinium pillulae　150
Pituophis catenifer　93
Pituophis melanoleucus　93
Pituophis melanoleucus melanoleucus　94
Platemys platcephala　118
Pleistophora hyphessobryconis　152
plumules　10
Polyplax serrata　260
Polyplax spinulosa　294
powder　10
prairie rattlesnake　92
precloacal pore　70
Proparorchidae　79
Proteus vulgaris　84
Protolichus lunula　24
Psammodromus algirus　104
Pseudechis sp.　92
Pseudemydura umbrina　113
Pseudolynchia　49
Pseudomonas aeruginosa　83，84，218，271，291
Pseudomonas sp.　111
Pseudomonas spp.　28，61，113
Psittacus erithacus　31
Psorergates muricola　260，263
Psorergatidae　276
Psorobia lagomorphae　276，281
Psoroptes cuniculi　276
Pterygosoma　103
Python regius　84，91
Python reticulatus　91，93

Q

quill mite　15

R

rabbit stick-tight flea　276
rabbit tick　276
Radfordia affinis　260
Radfordia ensifera　294
raised skin patch　288
Rathke's gland　70
red-fronted parakeet　21
red factor canary　42
red mite　46，103

reticulum cell carcinoma   107
Rhabdovirus carpio   149
rhamphotheca   31
ringtail   266
rostral abrasions   81
rough coat   212
Russell's viper   92

S

Salmonella marina   79
sand lizard   107
Saprolegnia   115, 147
Sarcoptes scabiei   193, 220, 222, 235, 263, 276
Sarcoptes scabiei var. *cuniculi*   281, 294, 295
scaly beak   20
scaly beak face   45
scaly leg   20, 45
scansor   69
Scaphothrix   103
Sceloporus jarrovii   102
scent-gland impaction   229
scent gland   71, 81
Schizangiella serpentis   116
Schmorl 病   272
schreckstoff   135
sebaceous scent gland   169
self-inflicted trauma   38
semiplume   10, 11
Serinus canaria   28
Serratia marcescens   79
shaft louse   56
shingleback skink   107
shiny beak   31
Side-blotched lizard   101
Simulium sp.   49
skin ring   90
sleepy lizard   103
snake mite   88, 101
snood   6
soft-bodied tick   119
soft tick   104
sore nose   210
Spillopsyllus cuniculi   276, 281, 282

spined rat louse   294
spinose ear tick   276
spinous layer   164
Spironucleus spp.   151
Spirorchid   119
Spirorchidae   79
Spirorchidae 科吸虫   119
spirorchid fluke   79
Sporotrichum spp.   115
spotted lizard   103
Staphylococcus aureus   191, 206, 216, 233, 246, 257, 269, 291
Staphylococcus epidermidis   216
Staphylococcus spp.   28, 246
Staphylococcus xylosus   206
Sternotherus odoratus   115, 126
stick-tight flea   281
stinkpot musk turtle   126
stratum basale   135, 164
stratum compactum   136
stratum corneum   164
stratum germinativum   135
stratum granulosum   164
stratum lucidum   164
stratum spinosum   164
stratum spongiosum   136
straw feather   42
Streptococcus spp.   233
stum-tailed lizard   107
subcutis   165
surface mite   45
SVC   149
Sylvilagus bachmani   275
Sylvilagus floridanus   275
Syphacia obvelata   265, 297
Syringophilidae   24

T

Tadorna spp.   58
Taenia serialis   283
tail slip   212, 300
tassle foot   20
telogen   168
temporal glands   71
Testudo elegans   119

Testudo graeca 119
Testudo hermanni 117
Tetrahymena corlissi 150, 151
Thamnophis elegans terrestris 93
Theromyzon tessalatum 58
the new inner epidermal generation 72
tick 20, 195
Tiliqua scincoides 100
timber rattle snake 92
Trachemys scripta 118
Trachydosaurus rugosus 103, 107
Treponema cuniculi 271
Treponema pallidum 271
Trichodina 150
Trichodina 類 150
Trichodinella 150
Trichoecius rombousti 260, 262
trichography 211
Trichophyton 273
Trichophyton erinacei 247
Trichophyton mentagrophytes 182, 192, 208, 218, 234, 259, 272, 273, 293
Trichophyton mentagrophytes var. *erinacei* 247
Trichosporon beigelii 100
Trichosporon spp. 115
Trichosporon terrestere 100
Trinoton spp. 56
Trionychidae 112
Trionyx ferox 115
Trionyx triunguis 114
Trixacarus caviae 220, 221, 235, 294, 295
Trixacarus diversus 294, 295
Trombicula autumnalis 249, 250, 281
tropical rat mite 263
Tumpinambis teguixin 101

Tupinambis teguixin 107

U

Uronema marinum 150
Uronema sp. 151
uropygial 42
Uta stansburiana 101

V

Varanus niloticus 103
veiled chameleon 107
vesicle 84
Vibrio chitinovora 113
Vipera russelli 92

W

walking dandruf 280
Wandering garter snake 93
Western blacklegged tick 101
Western diamondback rattlesnake 92
Western terrestrial garter snake 93
wet feather disease 56
Wohlfartia vigil 283

X

xanthophores 71
Xenopsylla 265
Xenopsylla spp. 260

Y

Yarrow's Spiny Lizard 102
Yarrow ハリトカゲ 102
Yellow ears 185
Yellow fat 185

Z

Zonurobia 103

| エキゾチックペットの皮膚疾患 | 定価（本体 19,000 円＋税） |

2008年3月1日　第1版第1刷発行　　　　　　　　　　　　　　　＜検印省略＞

監訳者　　小　方　宗　次
発行者　　永　井　富　久
印　刷　　㈱平 河 工 業 社
製　本　　田 中 製 本 印 刷㈱
発　行　　文 永 堂 出 版 株 式 会 社
　　　　　〒113-0033　東京都文京区本郷2丁目27番3号
　　　　　TEL　03-3814-3321　FAX　03-3814-9407
　　　　　振替　00100-8-114601番

ⓒ 2008　小方宗次

ISBN 978-4-8300-3215-8

文永堂出版の小動物獣医学書籍

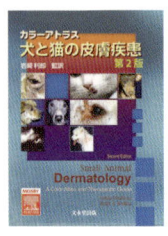

Medleau & Hnilica/Small Animal Dermatology
A Color Atlas and Therapeutic Guide 2nd ed.

カラーアトラス 犬と猫の皮膚疾患 第2版
岩﨑利郎 監訳

A4判変形　532頁
定価 29,400円（税込み）　送料 650円

好評の「カラーアトラス犬と猫の皮膚疾患」を大幅に改定。各疾患についてのカラー写真は，複数の症例を用いて様々な病態を実践に則して掲載。また，各皮膚疾患の治療方法から予後にいたるまで分かりやすく解説。さらに，新たに「治療前・治療後」の章を設け，治療前と治療後の写真を掲載。1300点以上に及ぶカラー写真は正しく犬と猫の皮膚疾患カラーアトラスの決定版と言えるものです。臨床獣医師必携の一冊。

Davis & Shell / Common Small Animal Diagnoses　An Algorithmic Approach

フローチャートによる　小動物疾患の診断
武部正美 訳

A4判横綴じ　272頁
定価 12,600円（税込み）送料 510円

用いるべき検査方法，判定基準，類症鑑別がフローチャート方式で順次提示され，効率的かつ的確に診断に向かって進んで行くことができる，画期的な診断のガイドブック。

Kirk N. Gelatt/ Color Atlas of Veterinary Ophthalmology

獣医眼科アトラス
太田充治 監訳

B5判　426頁
定価 25,200円（税込み）　送料 510円

実際の診療の場においてのリファレンスとして，また記録した写真や画像を分類したり，整理したりする折のリファレンスとして大いに活用できる眼科の実践書です。

Raskin & Meyer/Atlas of Canine and Feline Cytology

カラーアトラス　犬と猫の細胞診
石田卓夫 監訳

B5判　392頁
定価 24,150円（税込み）送料 510円

犬と猫の臨床において細胞診の診断的価値が高い疾患を中心に各器官別に解説。細胞診による顕微鏡所見が，800点以上の異常像・正常像のカラー写真を掲載しています。

Sheldon, Sonsthagen & Topel/
Animal Restraint for Veterinary Professionals

獣医療における動物の保定
武部正美 訳

A4判変形　240頁
定価 12,600円（税込み）送料 400円

獣医療の現場で欠かせない重要な技術である動物の保定方法のすべてを豊富なカラー写真を用いて解説。臨床獣医師をはじめ動物看護士および学生の皆様にもお勧め。

Dziezyc & Millichamp/
Color Atlas of Canine and Feline Ophthalmology

カラーアトラス 犬と猫の眼科学
斎藤陽彦 監訳

A4判変形　264頁
定価 18,900円（税込み）送料 510円

頻繁に遭遇する眼病変と同様に数多くの正常所見，さらにまれにしか遭遇しない病態の写真など，臨床に必要な眼の写真を網羅したアトラスです。

Macintire, Drobatz, Haskins & Saxon/
Manual of Small Animal Emergency and Critical Care

小動物の救急医療マニュアル
小村吉幸・滝口満喜 監訳

B5判　592頁
定価 15,750円（税込み）　送料 510円

小動物の救急医療において重要な事項を簡条書きで分かりやすく解説。犬および猫の臨床において出会う緊急ならびに重篤な問題のすべてが600頁に近いボリュームで解説されている本書は動物病院に必備の1冊です。

Paterson/Skin Diseases of Exoticpets

エキゾチックペットの皮膚疾患
小方宗次 監訳

B5判　約330頁
定価 19,950円（税込み）送料 510円

エキゾチックペット皮膚疾患に関して，診療に欠かせない情報を網羅。鳥類，爬虫類，魚類，小型哺乳類について記載されている。皮膚病変，病理組織，原因となるダニなどカラー写真も豊富。

小動物の治療薬
桃井康行 著

B5判　284頁
定価 9,870円（税込み）　送料 400円

日本の小動物臨床の現場に即した処方ガイド。日本の現状に小動物の薬用量の情報を整理し，薬の価格や剤型も網羅してあり，治療薬選択の際に役立つ1冊。薬剤や薬用量について必要な情報を迅速に手に入れる手助けとなります。

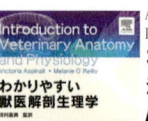

Aspinal・O'Reilly/
Introduction to Veterinary Anatomy and Physiology

わかりやすい 獣医解剖生理学
浅利昌男 監訳

A4判変形　246頁
定価 9,450円（税込み）　送料 400円

全体に数多くの美しくわかりやすい模式図を配置。"臨床解剖学"的な記述として動物の病気における解剖学的な側面を説明する部分や獣医臨床で普通に使われる看護のためのプロトコール，ある例では，より興味深い動物界のことなど，いろいろ役に立つ情報がちりばめられている。エキゾチック動物の記載も充実。

●ご注文は最寄りの書店，取り扱い店または直接弊社へ

文永堂出版

〒113-0033　東京都文京区本郷2-27-3
http://www.buneido-syuppan.com

TEL 03-3814-3321
FAX 03-3814-9407